参与编写人员

周求宽　刘明军　刘　衍　李唐兵
林福海　王　鹏　康　琛　贾蕗路
陈　田　邹建章　刘玉婷

DIANLI SHEBEI
DAIDIAN JIANCE JISHU
JI YINGYONG

周求宽 刘明军 刘 衍 等编著

电力设备
带电检测技术及应用

暨南大學出版社
JINAN UNIVERSITY PRESS

中国·广州

图书在版编目（CIP）数据

电力设备带电检测技术及应用/周求宽，刘明军，刘衍等编著．—广州：暨南大学出版社，2017．1
ISBN 978－7－5668－1926－0

Ⅰ．①电… Ⅱ．①周… ②刘… ③刘… Ⅲ．①电力设备—带电测量 Ⅳ．①TM4 ②TM93

中国版本图书馆 CIP 数据核字（2016）第 208685 号

电力设备带电检测技术及应用
DIANLI SHEBEI DAIDIAN JIANCE JISHU JI YINGYONG
编著者：周求宽　刘明军　刘　衍　等

出 版 人：徐义雄
策划编辑：陈绪泉
责任编辑：陈绪泉　崔思远
责任校对：黄　颖　邓丽藤
责任印制：汤慧君　周一丹

出版发行：暨南大学出版社（510630）
电　　话：总编室（8620）85221601
营销部（8620）85225284　85228291　85228292（邮购）
传　　真：（8620）85221583（办公室）　85223774（营销部）
网　　址：http：//www.jnupress.com　http：//press.jnu.edu.cn
排　　版：广州良弓广告有限公司
印　　刷：深圳市新联美术印刷有限公司
开　　本：787mm×1092mm　1/16
印　　张：17
字　　数：342 千
版　　次：2017 年 1 月第 1 版
印　　次：2017 年 1 月第 1 次
定　　价：78.00 元

前　言

电力设备带电检测一般采用便携式检测设备，在运行状态下，对设备状态量进行现场检测，从而对被检测电力设备的健康状况进行科学诊断。其检测方式为带电短时间内检测，有别于长期连续的在线监测。现场实践表明，电力设备带电检测是发现设备潜伏性运行隐患的有效手段，是电力设备安全、稳定运行的重要保障。与传统巡检和停电试验相比，带电检测在发现电力设备运行隐患方面具有显著优势，目前已成为支撑电力设备状态评价的重要技术手段之一。

为提高电力设备带电检测技术人员学习的系统性和针对性，确保带电检测工作规范、扎实、有效开展，在对国内外文献进行总结梳理的基础上，结合江西电网近年来的带电检测案例，国网江西省电力科学研究院组织编写了《电力设备带电检测技术及应用》一书。全书包括八章，分别为“红外热像检测技术”“六氟化硫气体红外成像检漏技术”“紫外光谱成像检测技术”“避雷器泄漏电流检测技术”“油中溶解气体分析技术”“超声波局部放电检测技术”“特高频局部放电检测技术”“暂态地电压局部放电检测技术”，介绍了八种带电检测技术的基本原理及诊断方法，结合江西电网的带电检测成功应用案例，分析了各类带电检测技术的适用性。

本书可供电力工程技术人员学习及培训使用，也可供大专院校相关专业人员学习参考。由于时间仓促，书中难免有疏漏之处，恳请广大读者批评指正。

作　者

2016 年 10 月

目录

CONTENTS

第一章 红外热像检测技术

第一节 红外热像检测技术概述

一、红外技术发展历程

1800年，英国人William Herschel在可见光谱红光以外的区域，发现有显著的热作用存在。后来用特殊的感光底片拍摄光谱，证实在红光区域外侧的确有“热像”存在，称为“红外线”，也就是“红外辐射”。

但是由于技术上的困难，对红外辐射的认识一直停留在初级阶段，直到20世纪中期，由于军事、科学和工业上的需要才形成了红外物理这一专门学科，大大地提高了人们对红外辐射的产生、物体红外辐射特性的规律、红外辐射与物质的相互作用、红外辐射的传输及探测等问题的认识，为红外理论的实际应用打下了良好的基础。

红外技术最初应用于军事方面。红外前视系统（Forward-Looking Infrared System）的研究和在战场上的应用，大大加快了红外光学系统和红外探测器的设计与生产，使红外理论研究跨入了军备生产领域，并且形成了以红外装置设计、红外器件生产和红外产品开发应用为主要内容的红外技术。

应用红外物理理论和红外技术成果对设备热状态进行检测，首先是从电力工业开始的。20世纪60年代中期，瑞典国家电力局和阿格（AGA）公司合作把红外前视系统加以改进，并用于对运行电力设备热状态的诊断，开发出第一台工业用的红外热像仪。与此同时，各种各样用于设备热状态诊断的红外测温装置也相继出现。这些红外测温产品不仅可以进行温度测量，更重要的是应用于设备热状态检测。20世纪70年代，红外检测技术又引进了军事领域中夜视装备的开发成果，出现了以电子扫描和热电保测为基础的红外热电视。

目前，红外检测技术与电子计算机技术、图像处理技术相结合，系统通过与可见光组成的多功能传感器，配用多功能目标捕捉处理器以及信息处理技术，对目标实现高速、自动、可靠的探测、识别、测距、定位、跟踪及故障诊断。

二、技术特点

（一）技术优势

1. 灵敏度高

现代红外探测器对红外辐射的检测灵敏度很高，因此以这类探测器为基础构成的红外热像仪器对温度也具有很高的分辨率，如使用红外诊断仪器可以发现设备有0.1℃的温度差别。

2. 诊断效率高

由于红外探测器的响应速度可以高达纳秒级，因此可以迅速采集、处理和显示设备的红外辐射，大大提高对设备诊断的效率。

3. 可以与计算机联合工作

新型的红外诊断仪器输出的设备热状态信息，大都是经过处理的数字化信息，或者仪器本身包含微型计算机。因此，红外诊断技术在使用现有的计算机图像处理技术成果的基础上大大扩展了其功能和应用范围。

（二）技术缺点

1. 确定温度值困难

使用红外诊断技术可以诊断出设备热状态的微小差异和细微变化，但是很难准确地测定设备上某一点的温度值。其根本原因是设备的红外辐射除与设备温度有关外，还受其他许多因素的影响，特别是设备表面状况的影响。所以，如要精准地确定设备温度值，单纯使用红外诊断技术是不够的。

2. 难以确定设备内部的热状态

设备的红外辐射主要是设备表面的红外辐射，主要反映设备表面的热状态，而不能直接反映出设备内部的热状态。所以，如果不使用红外光纤或窗口作为红外辐射传输途径，红外诊断技术通常就只能直接诊断出设备暴露于大气中的部分的过热故障或热状态异常。

三、应用情况

早在20世纪80年代，国外已将红外热成像技术广泛应用于电力设备的故障检测及飞机巡线，而且成立了专门的协会、学会以及专门的检测机构，并从事红外诊断的有偿服务。

我国电力设备热成像检测技术始于20世纪80年代初，红外检测在发、输、变电等各个方面的应用都很有成效。除试验研究部门外，生产运行部门也积极投入到研究应用红外检测的行列当中。

我国已经开展了大量的电力设备红外检测诊断试验研究，进行了大量现场检测，取得了十分显著的成效。与此同时，这些部门正在探索一套对电力生产行之有效的红外诊断技术，且已经制定了电力红外诊断技术规范。然而，必须清醒地认识到，虽然红外诊断技术在我国电力行业的发展取得了可喜的进步，但如果从设备诊断工程学的角度来评价当今的电力设备故障红外诊断技术水平，应该说还是处在经验层次的初级阶段。

为了促进红外检测新技术在电力行业的迅速推广、应用和健康发展，除了要进一步拓宽应用领域和扩大适用范围以外，还应该在提高诊断技术水平方面做更多的工作。因此，今后还应该在以下三个方面开展更多、更扎实的研究工作。

（一）诊断标准化的研究

由于电力设备运行状态和故障的红外在线监测结果将受到运行工况（如负荷率）、检测条件（如检测距离、方位、环境温度、湿度、风力、风向和背景辐射等环境条件因素）的严重影响，如果不把在各种条件下检测的结果进行标准化处理，那么对于给定的某种设备故障，将会得到不同的诊断结论。尽管某些先进的红外热像仪都增设了测试距离和大气衰减等修正功能，但其修正的可靠性和精确程度往往是有限的。因此，为了保证诊断结果的科学性和唯一性，应该研究红外监测结果的标准化处理方法。只有这样，才有可能真正做到诊断标准化和结果唯一化。

（二）诊断数学的研究。

诊断数学是研究诊断信息的选择、采集、处理和判断的数学原理与方法。要想把电力设备故障的红外诊断以及故障判定方法从现在的经验层次提高到理论层次，就必须针对电力设备故障红外诊断的具体特点，认真研究故障信息的数学处理方法。

（三）诊断智能化研究

为了消除目前电力设备故障红外诊断中对故障判定的人为性和经验性影响，应该深入开展红外诊断中的模式识别等逻辑诊断方法的研究，以便实现故障诊断的智能化。

四、仪器介绍

红外热像仪是当今红外检测与诊断技术所应用的最先进的仪器，分为光机扫描红外热像仪和焦平面数字式红外热像仪两大类。近几年焦平面数字式红外热像仪发展迅速，克服了光机扫描系统的复杂性和不可靠性，有逐步取代光机扫描红外热像仪的趋势。

按照使用方式的不同，红外热像仪可分为以下四类：

（1）手持式红外热像仪：主要用于日常巡检和精确测温。

（2）固定式红外热像仪：主要应用于无人值守变电站，以红外热成像监测和可见光视频报警为主。

（3）机载吊舱式红外热像仪：主要应用于城市配网和线路巡检。

（4）机器人红外热像仪：集机电一体化、多传感器融合技术、机器人视觉技术、红外检测技术于一体的智能系统。

第二节　红外热像检测基本原理

一、红外线的基本知识

（一）红外辐射

通常把波长大于0.75μm、小于1 000μm的这一段电磁波称作“红外线”，也称为“红外辐射”。

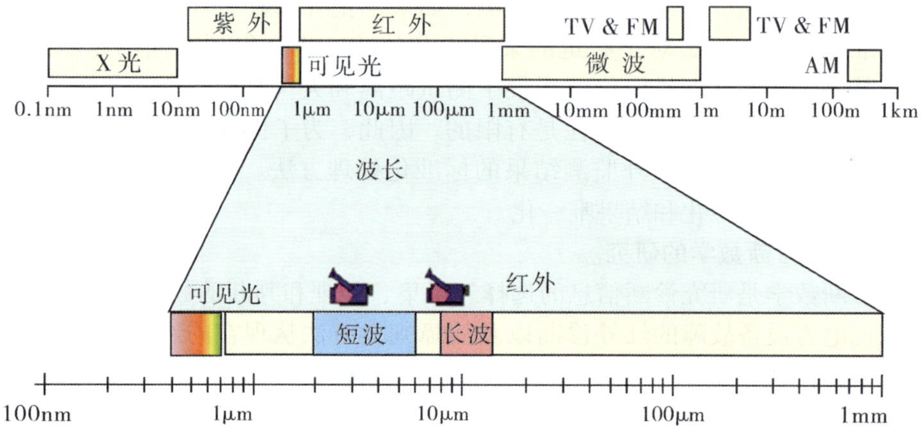

图1－1　电磁辐射频谱图

红外辐射是自然界存在的一种最为广泛的电磁波辐射。自然界一切绝对温度高于绝对零度的物体，不停地辐射出红外线，辐射出的红外线带有物体的温度特征信息，这就是利用红外技术探测物体温度高低和温度场分布的理论依据和客观基础。

（二）黑体

实验表明，物体表面的材质不同，则其红外辐射或吸收的能力也不同。如果有一个理想的物体，它对红外线的辐射率、吸收率与红外线的波长都无关，且等于1（即全部吸收或全部辐射），那么这种理想的辐射体和理想的吸收体称为黑体。

黑体是一个理想的辐射体，真正的黑体并不存在。黑体100%吸收所有的入射辐射，也就是说，它既不反射也不穿透任何辐射，黑体100%辐射自身的能量。

（三）辐射率

在理论研究和工程实践中，常用物体的辐射率（或称为发射率）来定量地描述物体辐射的能力，它等于物体的实际辐射强度和同温度下黑体辐射强度之比值，常用符号ε表示。

$$\varepsilon = \frac{I}{I_b} \tag{1-1}$$

式中：I —— 物体辐射强度；

I_b——黑体辐射强度；

ε——物体的辐射率。

很明显，实际物体的辐射率一般都小于1，但是有些物体的辐射率很接近1，如石墨粗糙的表面及黑色的漆面等；而另一些物体的辐射率却很小，如抛光的铝表面，其辐射率仅为0.05。

影响物体辐射率的因素很多，如红外线波长，物体的厚度，物体表面的温度、粗糙度、平整度、颜色等。

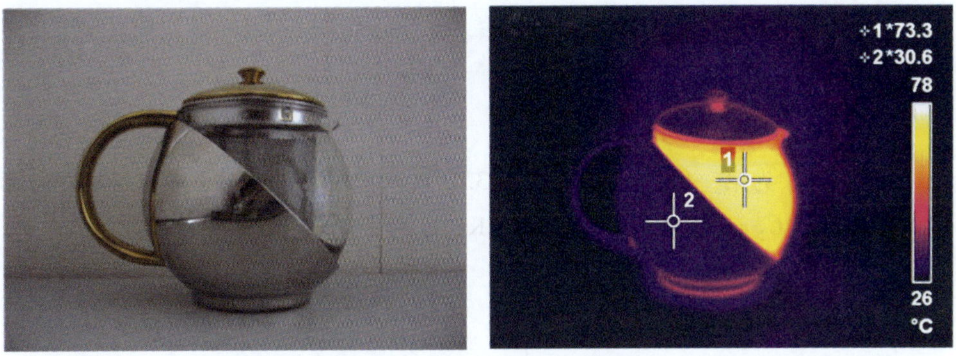

图1-2　可见光与红外图像

图中茶壶装满热水，尽管两部分的温度相同，但茶壶右边玻璃的表面辐射率比左边不锈钢的高，这也意味着物体右边的散热效率要比左边的高。如果用红外热像仪观看，右边看上去要比左边热。

一般来说，物体吸收外界辐射的能力与物体辐射自身能量的能力相等，即$\alpha = \varepsilon$。也就是说，如果一个物体吸收辐射的能力强，那么它辐射自身能量的能力就强，反之亦然。所以，一个不透明的差的吸收体既是一个好的反射体，同时也是一个差的辐射体。

（四）物体红外辐射的基本规律

1. 基尔霍夫定律

德国的物理学家基尔霍夫根据大量的实验资料总结出一条有关物体热辐射的定律：当几个物体处于同一温度时，各物体辐射红外线的能力正比于其本身吸收红外线的能力，并且任何一个物体的红外辐射能量密度可用下面的公式来表示：

$$\omega_\lambda = \propto \omega_b \tag{1-2}$$

式中：ω_λ——物体在单位时间内红外辐射的能量密度；

ω_b——黑体在同一温度下单位时间内红外辐射的能量密度；

$\propto$——物体红外的吸收系数，它总是小于1。

2. 普朗克辐射定律

普朗克辐射定律是描述温度、波长和辐射功率之间的关系，是所有定量计算红外辐射的基础。一个绝对温度为 T(K) 的黑体，单位表面积在波长 λ 附近单位波长间隔内向整个半球空间发射的辐射功率 $M_b(T)$ 与波长 λ、温度 T 满足下列关系：

$$M_b(T) = C_1\lambda^{-5}\left[\frac{1}{\exp\left(\frac{1}{\frac{C_2}{\lambda T}}\right)}\right] \tag{1-3}$$

式中：C_1 为第一辐射常数，$C_1 = 3.741\ 5 \times 10^8 \mathrm{W \cdot m^{-2} \cdot \mu m^{-4}}$；$C_2$ 为第二辐射常数，$C_2 = 1.438\ 79 \times 10^4 \mathrm{\mu m \cdot K}$；$C$ 为光速。

3. 斯蒂芬—玻尔兹曼定律

$$M_b(T) = \int_0^\infty M_{\lambda b}(T)\,\mathrm{d}\lambda = \varepsilon T^4 \tag{1-4}$$

如果用 $M_b(T)$ 表示黑体单位表面积向整个半球空间发射的所有波长的总辐射功率，斯蒂芬—玻尔兹曼定律指出，物体红外辐射的能量密度与其自身的热力学温度（T）的四次方成正比，并与它的表面辐射率（ε）成正比。

物体温度越高，红外辐射越多，反之，物体温度越低，辐射越低。辐射率也一样，即使物体温度相同，高辐射率物体的辐射要比低辐射率物体的辐射多。所以物体的温度及表面辐射率决定着物体的辐射能力。

4. 维恩位移定律

黑体的红外辐射具有各种不同的波长，每种波长的红外辐射能量大小也不相同。人们通常把对应于辐射能量最大的波长，称为辐射的峰值波长（$\lambda_{\max}$）。维恩由实验得出了峰值波长与黑体温度间关系的公式：

$$\lambda_{\max} = \frac{2\ 897}{T} \tag{1-5}$$

式中：T——黑体温度（K）；

λ_{max}——峰值波长（μm）。

5. 朗伯余弦定律

所谓朗伯余弦定律，就是指黑体（或任何其他辐射体）在任意方向上的辐射强度与观测方向相对于辐射表面法线夹角的余弦成正比。

$$I_\theta = I_0 \cos\theta \tag{1-6}$$

式中：I_θ 为在与辐射表面法线夹角为 θ 方向上的辐射强度；I_0 为 $\theta = 0$ 时的辐射强度。

对于辐射面积很小的黑体而言，在法线方向的辐射强度可表示为：

$$I_0 = \frac{1}{\pi} M_b(T) \Delta A \tag{1-7}$$

式中：ΔA 为黑体辐射源的辐射面积。

该式表明，黑体在辐射表面法线方向的辐射最强，因此，在实际做红外检测时应尽可能选择在被测表面法线方向进行。

（五）实际物体的红外辐射

实际上黑体并不存在，实际的物体并不是黑体，但它具有我们上面所说物体的所有特性，即具有吸收、辐射、反射、穿透红外辐射的能力。但对大多数物体来说，红外辐射不透明，即 $\tau = 0$。所以对于实际测量来说，辐射率 ε 和反射率 ρ 满足：

$$\varepsilon + \rho = 1 \tag{1-8}$$

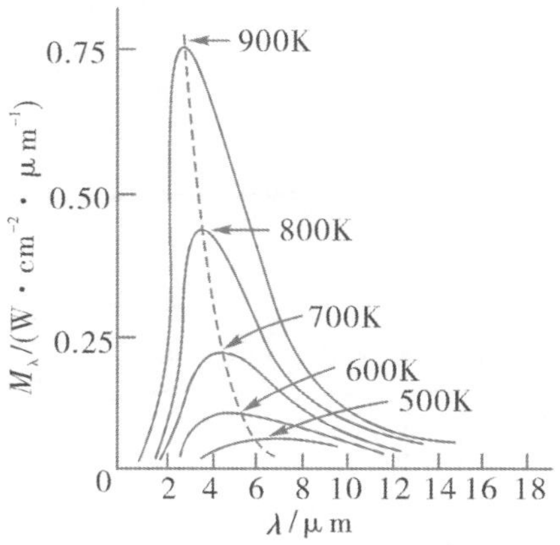

图1-3 不同温度下的黑体光谱辐射度

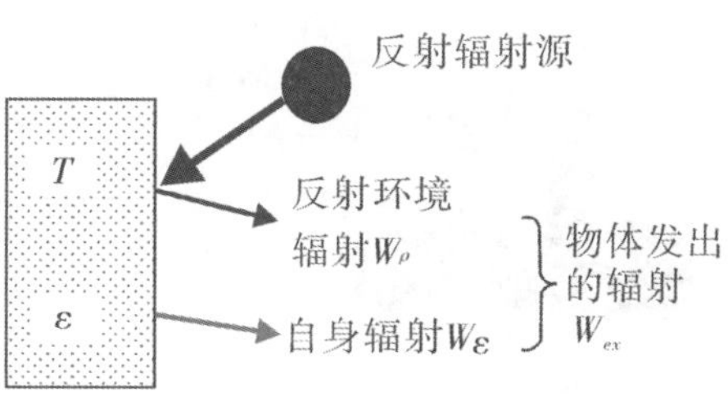

图1-4 实际物体的红外辐射

实际物体的辐射由两部分组成：自身辐射和反射环境辐射，如图 1 –4 所示。光滑表面的辐射率较高，容易受环境影响（反光）；粗糙表面的辐射率较高。不同的材料、温度、表面光度、颜色等，所发出的红外辐射强度都不同（辐射率不同）。

在检测过程中，由于辐射率对测温影响很大，因此必须选择正确的辐射系数。电力设备辐射率一般在 0.85 ~0.95 之间。

对运行的电力设备进行红外测温探测，多数情况下是通过比较来判断的，因此一般只需求出相对温度值的变化或相对温差的比值，而无须过分强调被测物体的红外辐射率。但若要精确测量目标物体的真实温度，必须事先知道和了解物体的红外辐射率 ε 的范围。否则，测出的温度与物体的实际温度将有较大的误差。

二、红外检测原理

对设备热状态进行红外检测，首先必须将红外辐射转变为易于分析和处理的电信号。这种能够将红外辐射转变为电信号的器件，通常叫作红外探测器。一般来说，当红外辐射照射到物体上时，除了一部分被物体表面反射外，还有一部分被物体吸收。红外辐射进入物体后，它的能量将传递给物体内的原子、分子等粒子。这些粒子得到这部分能量后，其总动能将增加，无规则的运动将变得更激烈，在宏观上表现为物体温度升高。通常把物体吸收红外辐射后温度升高的效应叫作红外辐射对物体产生的一次效应。物体吸收红外辐射除了产生温度升高的一次效应外，同时还伴随着其他物理、化学性质的变化，如体积、折射率、电导率、二次发射等。这些性能的改变，称为物体吸收红外辐射后产生的二次效应。

其次是对电力设备运行情况的确定和分析。必须从观察者的角度准确地确定设备红外辐射的分布，即再现设备红外辐射的分布情况。通常，把从观察者角度重现设备红外辐射的物理过程称为红外成像。

红外热像仪可将不可见的红外辐射转换成可见的图像。物体的红外辐射经过镜头聚焦到探测器上，探测器产生电信号，电信号经过放大并数字化到热像仪的电子处理区域，再转换成我们能在显示器上看到的红外图像。其基本原理如下图所示：

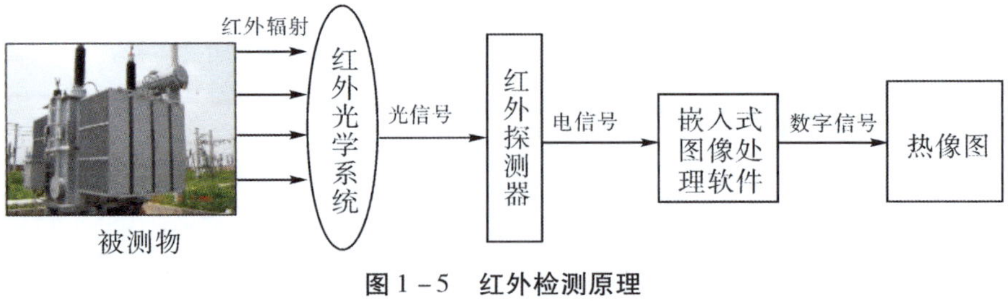

图 1 –5　红外检测原理

三、电力设备发热机理

对于高压电气设备的诸多故障，如果从红外检测与诊断的角度来讲，大体可以分为两大类，即外部故障和内部故障。外部故障是指裸露在设备外部各部位发生的故障（如长期暴露在大气环境中工作的裸露电气接头故障、设备表面污秽以及金属封装的设备箱体涡流过热等）。因这类故障直接暴露在红外监测仪器的视场范围内，故红外检测时很容易就可以获取直观的故障信息。内部故障则是指封闭在固体绝缘、油绝缘及设备内部的各种故障。由于这类故障部位受到绝缘介质或设备壳体的阻挡，所以通常难以像外部故障那样从设备外部直接获得直观的故障信息。但是，根据各种电气设备的内部结构和运行工况，依据传热学理论，分析传导、对流和辐射三种热交换形式沿不同传热路径的传热贡献（多数情况下只考虑金属导电回路、绝缘油和气体介质等引起的传导和对流），并结合模拟试验、大量现场检测实例的统计分析和解体验证，也能够获得电气设备内部故障在设备外部的温度布规律或热（像）特征，从而对设备内部故障的性质、部位及严重程度作出判断。因此，必须研究电气设备故障的主要模式、产生原因。

（一）电阻损耗增大

根据焦耳定律，电流通过导体存在的电阻将产生热能，其发热功率为：

$$P = K_f I^2 R \tag{1-9}$$

式中：P——发热功率（W）；

I——通过的负荷电流（A）；

R——载流导体的直流电阻（Ω）；

K_f——附加损耗数。

理想情况下，假如导电回路中的各种连接件、接头或触头接触电阻低于相连接导体部分的电阻，那么连接部位的电阻损耗发热不会高于（甚至低于）相邻载流导体的发热。然而，一旦某些连接件、接头或触头因接触不良造成接触电阻增大，则从式（1-9）可以看出，该连接部位与周围导体部位相比，会产生更多的电阻损耗发热功率和更高的温升，从而造成局部过热。

（二）介质损耗增大

电气绝缘介质，由于交变电场的作用，使介质极化方向不断改变而消耗电能并引起发热，由此产生的发热功率为：

$$P = U^2 \omega C \tan\delta \tag{1-10}$$

式中：U——施加的电压（V）；

ω——交变电压的角频率；

C——介质的等值电容（F）；

$\tan\delta$——绝缘介质损耗因数或介质损耗角正切值。

由于绝缘电介质因介质损耗产生的发热功率与所施加的工作电压的平方成正比，而与负荷电流大小无关，因此称这种损耗发热为电压效应引起的发热。介质损耗的微观本质是电介质在交变电压作用下产生的两种损耗：一种是电导引起的损耗；另一种是由极性电介质中偶极子的周期性转向极化和夹层介质界面极化引起的极化损耗。

引起绝缘电介质材料介质损耗增大的主要原因包括以下两点：

（1）固体绝缘材料材质不佳或老化。许多高压电气设备中的导电体绝缘材料材质不佳，或在长期运行中由于高温与氧化作用而发生老化，甚至出现开裂或脱落，导致绝缘性能劣化，材质发软或变脆，分解或进水受潮等。

（2）液体绝缘介质性能劣化、受潮以及绝缘介质本身的化学变化（如绝缘油受热与氧化，产生有机酸和蜡状物等）。

（三）铁磁损耗增大

对于由绕组或磁回路组成的高压电气设备，由于铁芯的磁滞、涡流而产生的电能损耗称为铁磁损耗或铁损。如果由于设备结构设计不合理、运行不正常，或者由于铁芯材质不良、铁芯片间绝缘受损，出现局部或多点短路，可分别引起回路磁滞或磁饱和，或在铁芯片间短路处产生短路环流，增大铁损并导致局部过热。另外，对于内部带铁芯绕组的高压电气设备（如变压器和电抗器等），如果出现磁回路漏磁，还会在铁制箱体产生涡流发热。由于交变磁场的作用，电器内部或载流导体附近的非磁性导电材料制成的零部件有时也会产生涡流损耗，因而导致电能损耗增加和运行温度升高。此类发热后于电磁效应引起的发热。

（四）电压分布异常和泄漏电流增大

有些高压电气设备（如避雷器和输电线路绝缘子等）在正常运行状态下都有一定的电压分布和泄漏电流，但是当出现某些故障时，将改变其分布电压 U_d 和泄漏电流 I_g 的大小，并导致其表面温度分布异常。此时的发热虽然仍属于电压效应发热，但发热功率由分布电压与泄漏电流的乘积决定：

$$P = U_d I_g \tag{1-11}$$

（五）缺油及其他

油浸高压电气设备由于渗漏或其他原因（如变压器套管未排气）而造成缺油或假油位，严重时可以引起油面放电，并导致表面温度分布异常。这种热特征除放电时引起发热外，通常主要是由于设备内部油位面上下介质（如空气和油）热物性参数值不相同。除了上述各种主要故障模式以外，高压电气设备还会由于特殊运行方式，如过负荷、电压变化过大、单相运行等而引起故障。此外，还会由于设备冷却系统设计不合理、堵塞及散热条件差等引起热故障。

第三节 电力设备红外热像检测及诊断方法

一、检测方法

到目前为止，电力设备采用红外检测故障的方法基本可归结为四种。

（一）表面温度判断法

这种方法是遵照已有的标准，对显示温度过热的部位进行检测判断。凡温度（或温升）超过标准则可根据设备温度超标的程度、设备负荷率的大小、设备的重要性及设备承受机械应力的大小来确定设备缺陷的性质，对在小负荷率下温升超标或承受机械应力较大的设备要从严定性。这种方法可以判定部分设备的故障情况，但还没能充分表现出红外判断技术可超前判断的优越性。下面的相对温差判断法就可弥补表面温度判断法的不足。

（二）相对温差判断法

此法是为排除负荷及环境温度不同时对红外判断结果的影响而提出的。当环境温度低，尤其是负荷电流小的情况下，设备的温度值并没有超过规定。但大量事实证明，此时的温度值并不能说明该设备没有缺陷或故障不存在，往往在负荷增长或环境温度上升后，就会引发设备事故。故对电流制热型设备还可采用相对温差判断法来判断故障存在与否。

相对温差是指设备状况相同或基本相同（指设备型号、安装地点、环境温度、表面状况和负荷电流等）的两个对应测点之间的温差与其中较热点温升值的百分数。

$$K_C = \frac{\tau_1 - \tau_2}{\tau_1} \times 100\% \tag{1-12}$$

式中：τ_1 为发热点的温升，τ_2 为正常相对应点的温升。

（三）同类比较法

同类比较法是指在同类设备之间进行比较的方法。所谓同类设备的含义是指同一回路的同型设备或同一设备的三相，它们的工况、环境温度及背景热噪音相同。具体做法就是对同类设备的对应部位温度值进行比较，能比较容易地判断出设备是否正常。在进行同类比较时，要注意不能排除有三相设备同时产生热故障的可能性，尽管这种情况出现的概率相当低。同类比较法适用范围广，包括电流型和电压型设备，也包括对设备内、外部故障的判断。

在同一电气回路中，当三相电流对称和三相（或两相）设备相同时，比较三相（或两相）电流致热型设备对应部位的温升值，判断设备是否正常。若三相设备同时出现异常，可与同回路的同类设备相比较。当三相负荷电流不对称时，应考虑负荷电流的影响。

对于型号规格相同的电压致热型设备，可根据其对应点温升值的差异来判断设备是否正常。电压致热型设备的缺陷宜用允许温升或同类允许温差的判断依据确定。一般情况下，当同类温差超过允许温升值的30%时，应定为重大缺陷。当三相电压不对称时应考虑工作电压的影响。

（四）档案分析法

档案分析法就是将测量结果与设备的红外技术档案相比较而进行分析。它更有利于对重要的、结构复杂的设备进行正确诊断。这种方法的基础是要为被诊断的设备建立红外检测技术档案，在诊断设备有无异常时，可分析该设备在不同时期的红外检测结果，其中包括温度、温升和温度场分布有无变化，掌握设备发热的变化趋势。同时还应参考其他检测结果，如色谱分析检测结果和电气量检测结果等的变化情况，进行综合判断。

二、影响电力设备红外检测的因素

（一）大气影响

红外辐射在传输过程中由于大气的吸收作用总会发生一定的能量衰减。大气中的水蒸气（H_2O）、二氧化碳（CO_2）、臭氧（O_3）、一氧化氮（NO）、甲烷（CH_4）等会吸收一定波长的红外线。大气吸收程度随空气湿度的变化而变化，被测物体的距离越远，大气湿度对测量的影响就越大。检测最好在无雨无雾、空气湿度低于80%的环境条件下进行。

（二）大气悬浮颗粒影响

大气中尘埃及悬浮粒子的存在是红外辐射在传输过程中能量衰减的又一个原因。这主要是由于大气尘埃及其他悬浮粒子的散射作用，使红外线辐射偏离了原来的传播方向而引起的。

散射是指由悬浮粒子吸收能量并重新辐射出去的同时改变了辐射的方向和辐射的偏振度。悬浮粒子的大小与红外辐射的波长（0.76～17μm）相近，当这种粒子的半径在0.5～8μm之间时，如果相近波长区域红外线在这样的空间传输，就会严重影响红外接收系统的正常工作，所以红外检测应在无尘或空气清新的环境条件下进行。

（三）风力影响

当被测的电气设备处于室外露天运行时，在风力较大的环境下，由于受到风速的影响，存在发热缺陷的设备的热量会被风力加速散发，使裸露导体及接触件的散热条件得到改善，散热系数增大，从而使热缺陷的设备的温度下降。

（四）辐射率影响

一切物体的辐射率都在大于0和小于1的范围内，其数值的大小与物体的材料、表面光洁度、氧化程度、颜色厚度等有关。辐射率与测试方向有关，最好保持测试角在30°之内，不宜超过45°。当不得不超过45°时，应对辐射率做进一步修正。

（五）邻近物体热辐射的影响

当环境温度比被测物体的表面温度高很多或低很多时，或被测物体本身的辐射率很低时，邻近物体的热辐射的反射将对被测物体的红外热像测量造成影响。

（六）太阳光辐射的影响

当被测的电气设备处于太阳光辐射下时，由于太阳光的反射和漫反射在3～14μm波长区域内，且它们的分布比例并不固定，因这一波长区域与红外诊断仪器设定的波长区域相同而极大地影响红外测温仪器，特别是红外成像仪器的正常工作和准确判断。同时，由于太阳光的照射造成被测物体的温升将叠加在被测设备的稳定温升上。所以红外测温最好选择在天黑或没有阳光的阴天进行，这样红外检测的效果相对好得多。

（七）设备负荷率影响

设备负荷率愈高，缺陷部位温升愈高，缺陷暴露愈明显。因此，进行红外检测诊断时，为了比较设备在不同负荷下的温度，应建立一个标准。

三、电力设备现场检测要求及注意事项

（一）检测要求

1. 检测人员要求

红外测温仪器的使用操作人员应做到：①熟悉红外检测技术的基本原理，红外仪器的工作原理、工作过程、操作步骤、使用要求；②接受专业培训，学会正确的使用操作方法，掌握一定的应用技巧；③了解电力设备的工作原理、内部结构、外部接线、电压等级、负荷情况、电流分布及运行情况。

2. 检测工作要求

电力设备处于正常运行状态下进行的测温检测，提前制订检测计划，实施检测计划。同时，为了加快检测速度、提高检测效率和保证检测效果，应根据各种电气设备特点，有目的地检测某些重点部位，并选择合适的位置进行检测。所谓重点检测部位，特指根据电气设备运行特点和长期运行中的统计，容易发生故障的设备部位。

3. 环境要求

红外检测的环境条件主要是指环境温度、湿度、气压、天气条件、周围环境等参数。环境温度一般不低于5℃，环境湿度一般要求小于80%，检测

时风速不大于 5m/s。一般在阴天或晚间无风无尘的环境下进行检测。

（二）注意事项

（1）检测时应力求避开雨、雪、雾、大风和强光（阳光和灯光）的干扰，使检测结果准确。

（2）检测地点应选在与被测设备面尽量垂直相对处，距离尽量近，要保持固定不变，即历次检测应定方向、定距离、定高度，且力求背景热辐射均匀，减少热源干扰。

（3）检测时应选择适宜的温度范围和温度分辨率，使设备的热异常信息不丢失且分辨力最佳，以便于诊断。

（4）记录检测时设备的电压、负荷，环境温度及风力情况。另外，除记录热异常的设备热像或温度值外，还应记录相同工况下正常设备的热像或温度值（如三相中的其他相，或同型号设备等）。

（5）拍摄注意事项：①聚焦到位，被测设备刚好充满画面，四周留有适当空间。②应尽可能拍摄到被测设备所有可能出现发热故障的部位。如变压器套管应将引线接头、将军帽、瓷套和升高座拍入红外图像中，电压互感器应将引线接头、瓷柱和电磁单元拍入红外图像中。③三相设备各相应在相同距离进行单独拍摄，各保存一张图谱。

四、电力设备常见的故障类型及红外诊断方法

（一）变压器设备

1. 变压器本体

（1）变压器强油循环未打开。变压器本体温度按上热下冷的温度梯度分别，横向有明显的温度差异，如图 1－6 所示。

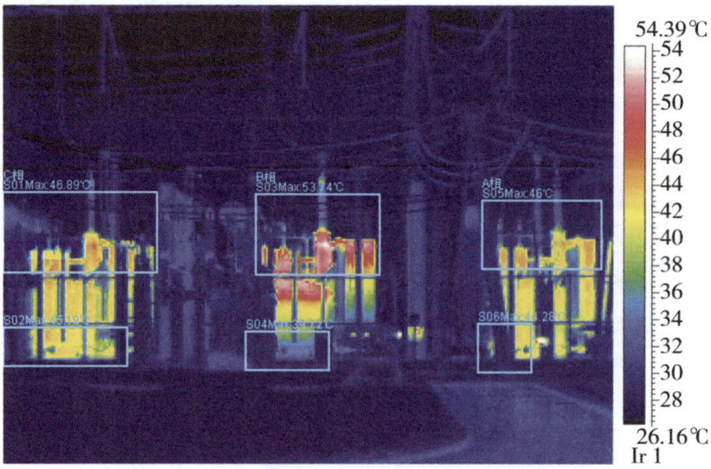

图 1－6　500kV 主变本体三相温度分布不一致
B 相强油循环未打开

（2）漏磁引起的本体局部发热或油箱螺栓发热。由于设计或制造不良，变压器内磁回路会出现漏磁，该漏磁在箱壳上将产生电动势并形成以外壳螺栓（或钟罩螺栓）为环流路径的箱体环流，从而造成箱壳局部过热。这种故障的热像特征是呈现以漏磁穿过并形成环流的区域（螺栓）为中心的热场分布。

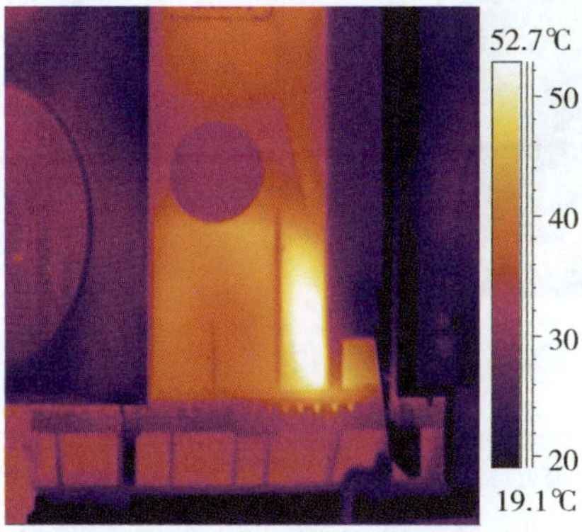

图 1－7　220kV 主变本体箱体表面局部过热，漏磁形成的涡流

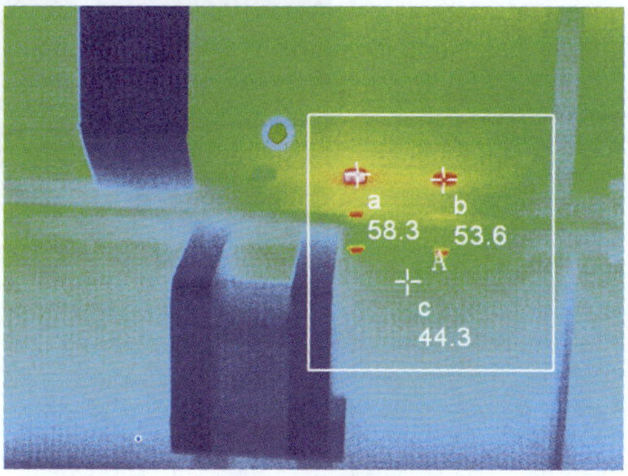

图 1－8　220kV 主变本体螺栓温度过高漏磁形成的涡流

2. 套管

（1）内外电气接头接触不良。外部接头发热的热像特征是以故障接头为中心有过热现象，可按相关规定的最高允许温度或者相对温差判断法进行诊断；内部接头发热的热像特征是三相之间套管将军帽位置有明显温差，可根据同类比较法进行诊断。

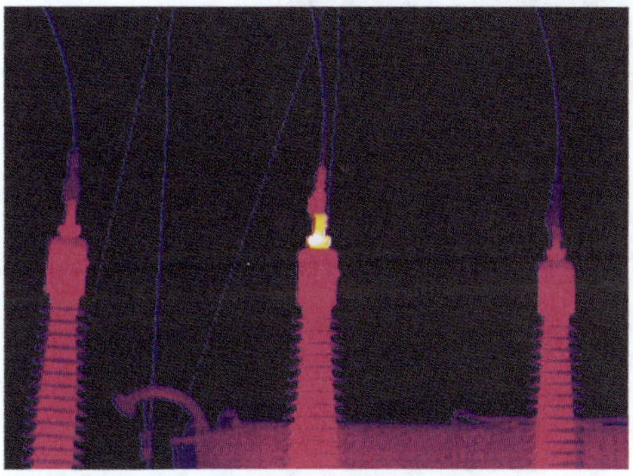

图 1－9　220kV 变压器套管接头发热外部接触不良

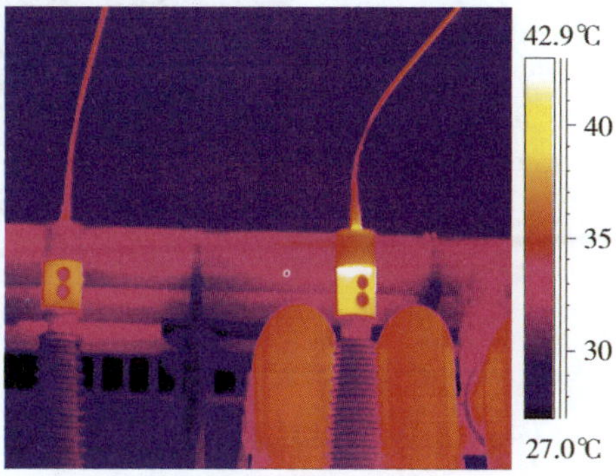

图 1－10　220kV 主变套管内接头发热内部接触不良

（2）套管绝缘受潮，介质损耗增大。表现为局部或整体温度异常，可以通过同类比较法进行诊断。单台设备从上到下温度分布应均匀，无局部发热，相间相同部位温差小于2K。

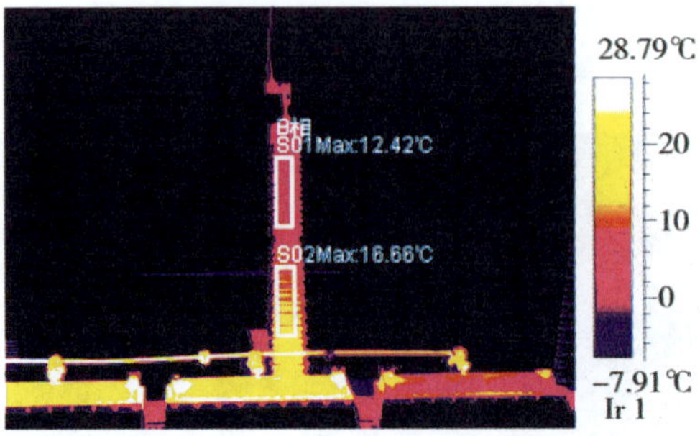

图1－11　220kV主变套管局部温度过高介质损耗增大

（3）充油套管缺油。不论是电容式套管还是纯瓷套管，当套管油位明显降低时，因在油与空气分界面上的介质不同，两者导热系数、热容量和吸热性能不同，所以在油面处必然形成一个较大的温度梯度，从而使得缺油或存在假油位的套管在实际油位处形成一个有明显温度突变的清晰热像特征，如图1－12所示。

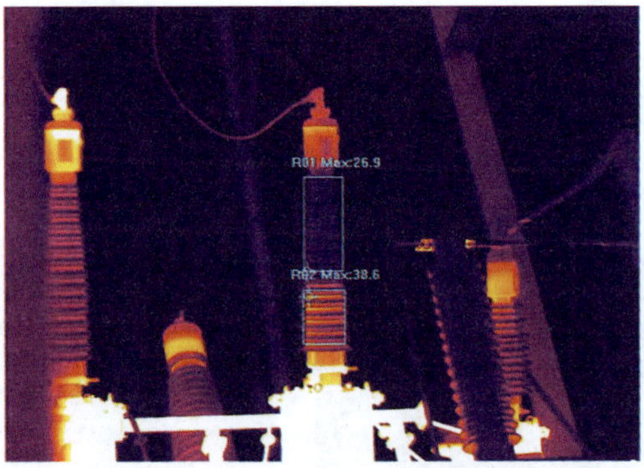

图1－12　220kV主变套管油面有明显的分界线套管漏油

（4）末屏引线对地放电故障。观察套管末屏引线有无发热情况。

（5）套管互感器故障引起升高座温度高。观察套管升高座三相之间是否有明显温度差异，根据同类比较法进行诊断。

3. 冷却器

常见的故障类型：①散热器与变压器本体连接阀门没有打开或管道堵塞；

②冷却器风扇电机温度异常；③强油循环潜油泵过热。

上述冷却器故障都能在红外热像上清晰地显现出来，它们出现故障时的热像特征是以故障部位为中心的热场分布。例如，如果潜油泵过热，则相应部位在热谱图上有一个明显的热区；管道堵塞或阀门未开，无热油循环的部分管道或散热器在热谱图上呈现一个低温的暗区。

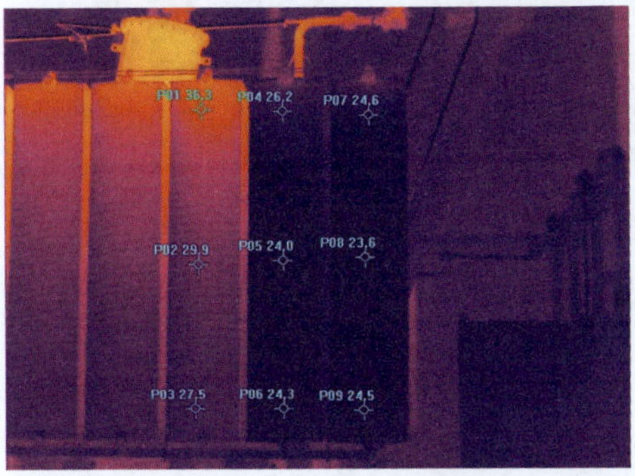

图 1－13　主变本体散热片温度分布不一致油阀门没打开

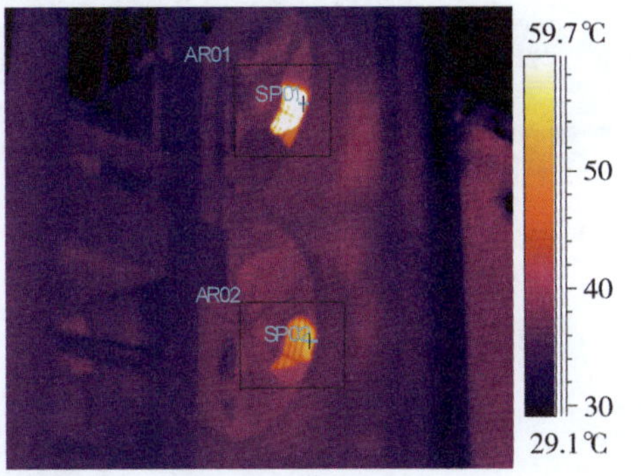

图 1－14　散热器风扇轴心温差大于 15K 风扇内部缺陷

4. 油枕

（1）油枕低油位。由于运行中变压器的绝缘油温度较环境温度高，热传导作用下油枕的油位可以通过油枕表面温度分界线来判断。

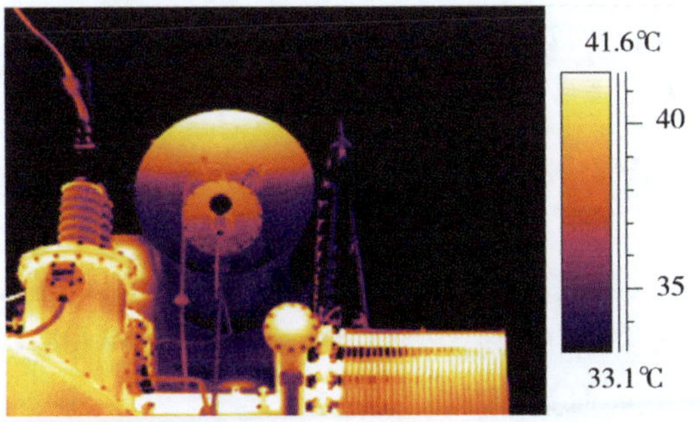

图 1－15　500kV 变压器油枕油位低

（2）油枕隔膜脱离。通过油枕表面温度分界线来判断。

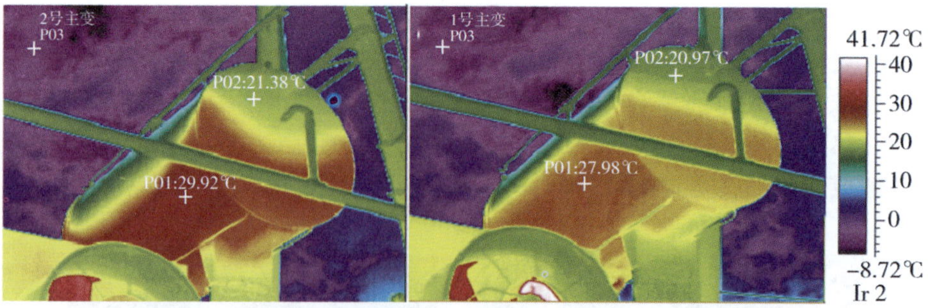

图 1－16　220kV 主变压器油枕油位呈曲线（右图为正常相）
油枕隔膜脱落

（3）油枕与本体间的连通阀门关闭。通过观察油枕阀门两侧油管是否存在明显温差可以实现诊断。

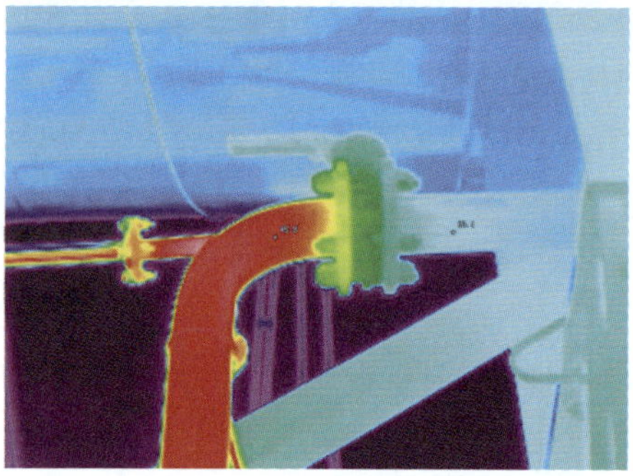

图 1－17　220kV 主变油枕阀门两侧温差较大
阀门未开

（二）开关类设备

1. 外部电气接头接触不良

外部电气接头接触不良表现为接头发热，其热像特征是以故障接头为中心存在过热现象，可根据相对温差判断法和表面温度判断法进行诊断。

2. 内部触头接触电阻过大

动、静触头间的接触电阻过大引起发热，其热像是一个以顶帽下部为最高温度的热谱图；中间触头的接触电阻过大引起发热，其热像是一个以下部瓷套基座法兰为最高温度的热谱图；静触头基座与铝帽内台面接触不良而引起的发热，其热像是一个以顶帽中部为最高温度的热谱图。该类缺陷可根据相对温差判断法和同类比较法进行诊断。

3. 充油断路器缺油

缺油故障的热像是一个在油位面处有清晰突变的热谱图。

4. 断路器内部受潮

当断路器存在受潮故障时，其热像显示有整体发热的特征。断开负荷电流后若相间温差仍无改变，则可认为内部有受潮故障。

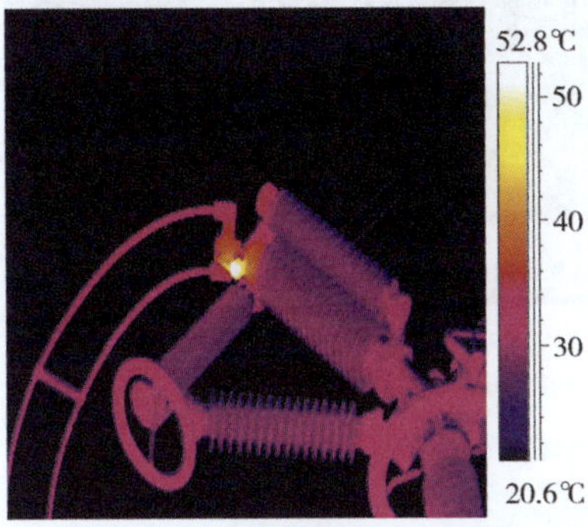

图 1－18　500kV 断路器接头表面发热异常
接触不良

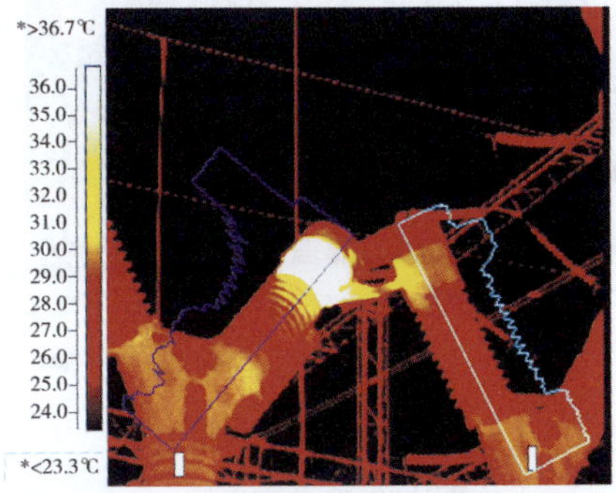

图 1－19　220kV 断路器顶帽温度异常
动静触头接触不良

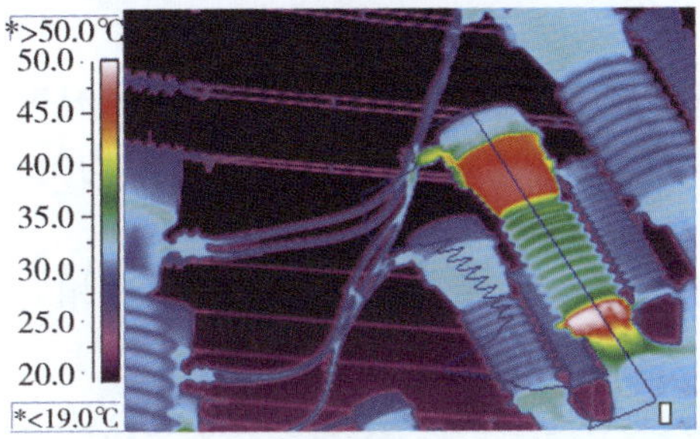

图 1－20　220kV 断路器下法兰发热
中间触头接触不良

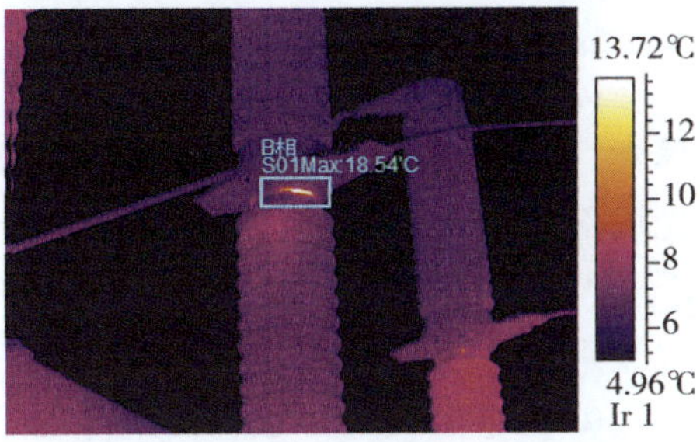

图 1－21　110kV 断路器法兰与瓷套
连接处温差大于 11K
裂纹或密封受潮

5. 隔离开关

常见的故障类型：①引线连接部件接触不良；②隔离开关刀口、转头、拐臂等接触电阻过大。

隔离开关各结构部件基本外露，所以它的故障都属于外部故障，热像特征是温度分布以故障点为最高温度中心，可根据相对温差判断法和表面温度判断法进行诊断。

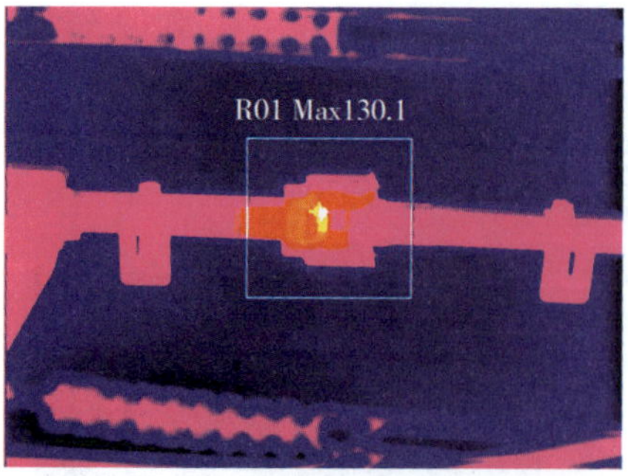

图 1-22　220kV 隔离开关刀闸口发热接触不良

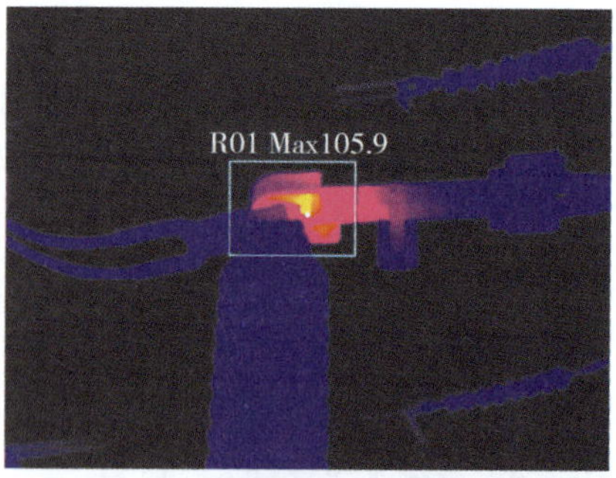

图 1-23　110kV 刀闸转动帽处温度达到 105.9℃接触不良

（三）四小器类设备

1. 电压互感器

（1）内外电气接头接触不良。外部接头发热的热像特征是以故障接头为中心存在过热现象，可按相关规定的最高允许温度进行诊断。内部接头发热可根据同类比较法进行诊断。

（2）CVT 的电容单位绝缘受潮、介质损耗增大。表现为局部或整体温度异常，可以通过同类比较法进行诊断。单台设备温度应从上到下分布均匀，无局部发热，相间相同部位温差小于 2K。

（3）CVT 电磁单元内部元件故障。表现为电磁单元发热，可以通过相对温差判断法进行诊断。

（4）电磁式电压互感器绝缘受潮、介质损耗增大。表现为局部或整体温度异常，可以通过相对温差判断法进行诊断。

（5）电磁式电压互感器线圈及铁芯故障。主要是线圈匝间短路及铁芯片间局部短路引起的过热故障，此类故障的热像特征是以储油柜为中心的整体发热。

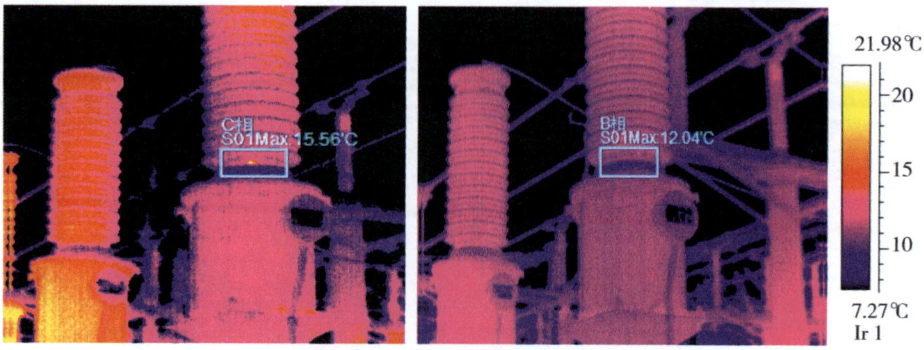

图 1-24　110kV 电压互感器瓷套连接处局部发热，相间温差大于 3K 局部密封不实、受潮

2. 电流互感器

(1) 引线连接部件接触不良。表现为接头发热，其热像特征是以故障接头为中心存在过热现象，可根据相对温差判断法和表面温度判断法进行诊断。

(2) 内部接头接触不良和绝缘受潮、介质损耗增大。缺陷均表现为整体或局部发热，可根据相对温差判断法和表面温度判断法进行诊断。单台设备温度应从上到下分布均匀，无局部发热，相间相同部位温差小于2K。

(3) 末屏接地不良引起的末屏温度过高。通过观察末屏温度有无异常升高实现诊断。

(4) 充油互感器缺油。与其他高压电气设备缺油故障一样，电流互感器缺油的热像特征也是在油位面附近有明显温度梯度（或温度分界线）。

(5) 涡流损耗引起的附件发热。通过观察附件温度有无异常升高实现诊断。

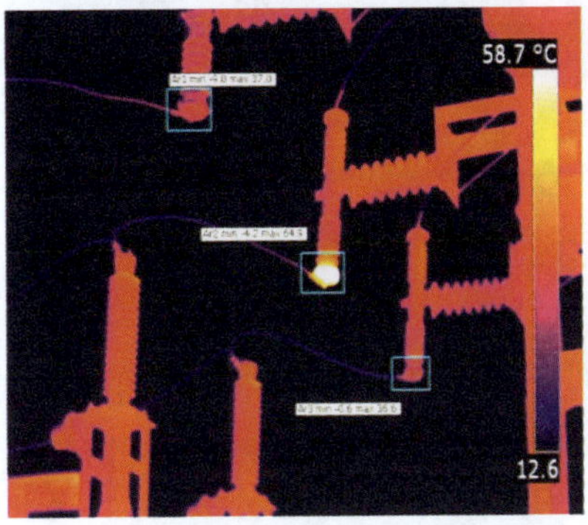

图1－25 电压互感器高压保险温度高接触不良

图1－26 220kV电流互感器本体最大温差法3.1K电容层间局部放电

3. 避雷器

常见的故障类型：①绝缘受潮，介质损耗增大；②存在裂纹、阀片劣化等内部故障引起的局部发热。

对相同位置进行三相横向比较，温度差异达到0.5～1K，可诊断为严重及以上缺陷。单台设备温度应从上到下分布均匀，无局部发热。

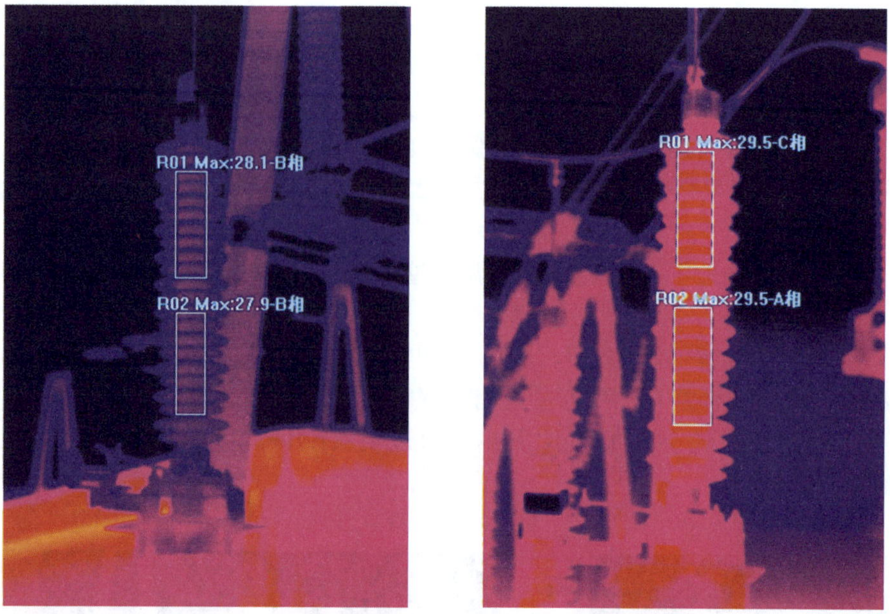

图 1－27　110kV 避雷器本体相间温差大于 2K
整体绝缘受潮

4. 电容器设备

（1）引线连接部件接触不良。外部接头热像特征是以故障接头为中心存在过热现象，可根据相对温差判断法和表面温度判断法进行诊断。内部接头发热可能表现为小套管整体发热。

（2）介质损耗增大，内部放电引起温度异常。采用同类比较法观察各电容器本体温度分布情况，若整体发热可判断为介质损耗增大引起的；若局部发热可判断内部元件有故障或存在局部放电缺陷。

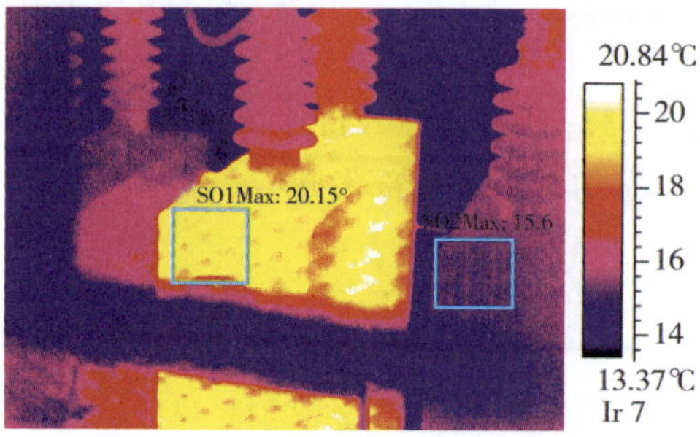

图 1－28　35kV 电容器整体发热
介损偏大

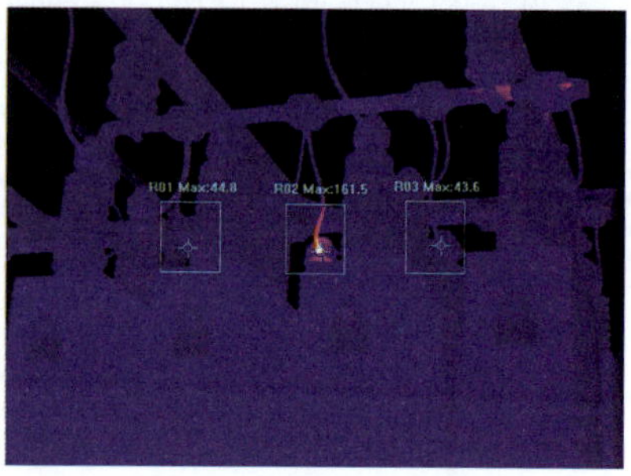

图 1－29　10kV 电容器引线连接部件发热
引线接触不良

5. 干式电抗器

（1）干式电抗器线圈匝间放电或短路。表现为局部或整体温度异常，通过观察电抗器本体温度是否分布均匀，三相横向比较有无明显温差来诊断。

（2）金属附件因电抗器漏磁引起温度异常。通过观察附件温度有无异常升高实现诊断。

（四）绝缘子

1. 支柱绝缘子

支柱绝缘子常见的故障类型是由表面污秽和材质劣化引起的发热，正常绝缘子表面温度分布均匀，该类缺陷出现后瓷瓶表面会出现局部或整体温升异常，一般采用同类比较法进行诊断。

2. 悬式瓷绝缘子

悬式瓷绝缘子常见的故障类型也是由表面污秽和材质劣化引起的发热。低值绝缘子在运行中的热像特征是以钢帽为中心的热像（亮如灯笼），零值绝缘子的热像特征是与相邻良好绝缘子相比呈暗色调（负温升）热像。绝缘子出现表面污秽时，其本身绝缘电阻及分布电压与在气候干燥条件下并无太大改变；但当严重污秽时，因瓷瓶表面污秽层使表面电阻降低，通过瓷瓶表面的爬电泄漏电流明显增加，从而导致瓷瓶温升增高。其热像特征是瓷瓶温升明显高于无污秽绝缘子瓷瓶温升的绝缘子，均可诊断为污秽绝缘子。

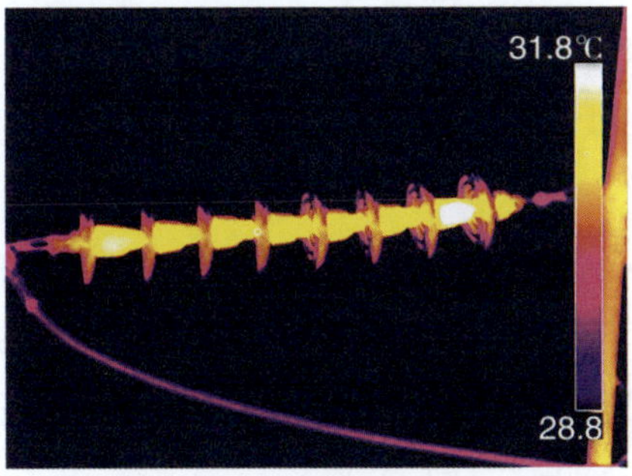

图 1－30　110kV 绝缘子串红外热像低值绝缘子

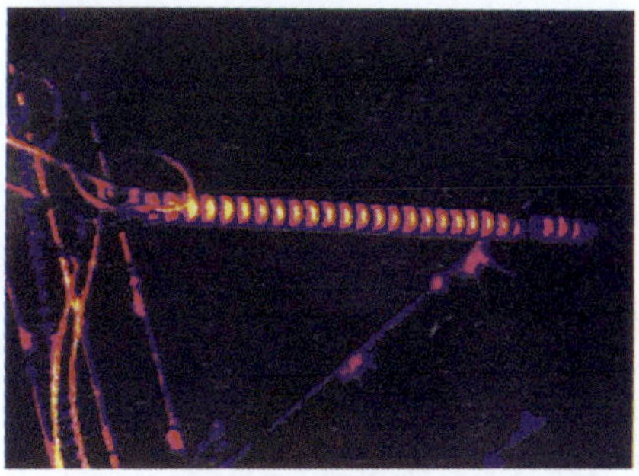

图 1－31　500kV 瓷绝缘子温度分布异常零值绝缘子

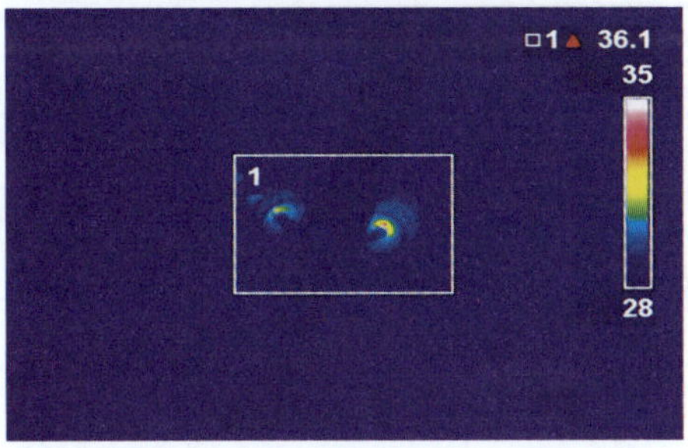

图 1－32　220kV 母线悬式绝缘子局部发热表面污秽

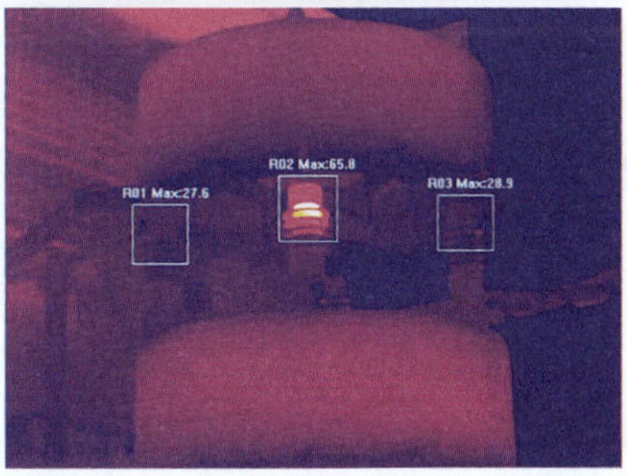

图 1－33　35kV 站用变引线支柱绝缘子瓷瓶存在裂纹

（五）输电线路

（1）耐张线夹、持续管、修补管和并沟线夹、T 型线夹接触不良，导线断股、松股。红外热像特征是以故障点为中心的热像，一般采用同类比较法或者相对温差判断法来进行诊断。

（2）合成绝缘子破损、受潮引起发热。合成绝缘子在球头部位或绝缘良好和绝缘劣化结合处允许温差为 0.5～1K。

（3）悬式瓷绝缘子劣化、污秽引起发热。诊断方法见“（四）绝缘子”。

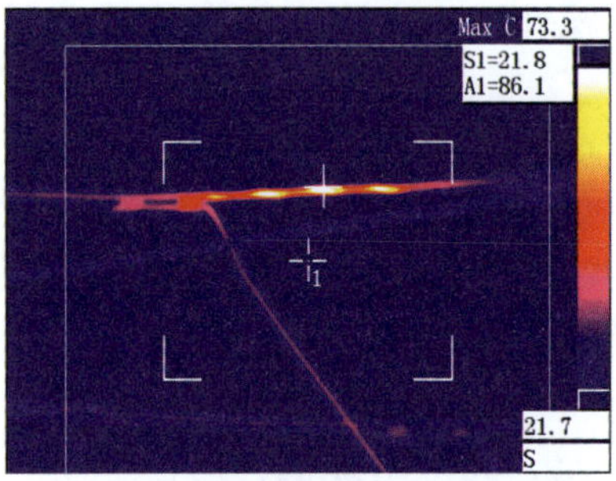

1－34　35kV 输电线路引流线相对温差大于 90%
导线松股

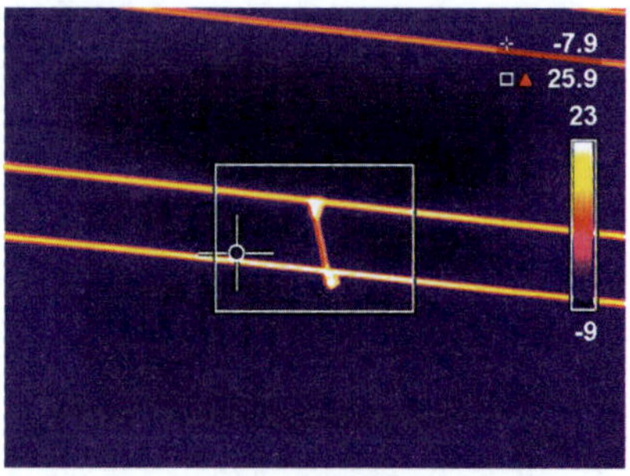

1－35　220kV 输电导线间隔棒相间温差大于 15K
接触不良

第四节　典型应用分析

一、220kV 变电站 220kV Ⅰ段母线 B 相避雷器绝缘受潮

（一）案例概况

2015 年 9 月 15 日，运维单位在某 220kV 变电站进行红外精确测温时发现，220kV Ⅰ段母线 B 相避雷器上节顶部存在明显的局部过热点。

2015 年 9 月 16 日，220kV Ⅰ段母线避雷器持续运行电流检测发现，B 相避雷器全电流与阻性电流显著增大，A、C 相避雷器全电流与阻性电流变化不大。

2015 年 10 月 8 日，停电诊断试验发现，220kV Ⅰ段母线避雷器 B 相上节绝缘电阻，直流 1mA 电压、75% U_{1mA} 泄漏电流等测试值均不满足规程要求，诊断该避雷器上节存在严重绝缘受潮或阀片老化缺陷。

2015 年 10 月 10 日更换了缺陷避雷器，12 日解体检查发现，该避雷器上节金属件锈蚀严重，潮气由锈穿的防雨罩进入导致内部受潮，表明避雷器缺陷为严重受潮缺陷。该避雷器由河南南阳氧化锌避雷器厂生产，型号为 Y10W－200/520，1998 年 1 月 1 日出厂，1999 年 10 月 20 日投运。

（二）检测分析方法

1. 带电测试情况

2015 年 9 月 15 日避雷器红外检测谱图如下，分别按同相不同部位、不同相同一部位红外谱图进行对比分析。三相全景红外热像图见图 1－36，B、A、C 相红外热像图分别如图 1－37、图 1－38、图 1－39 所示。

由谱图分析可知，220kV Ⅰ 段母线 B 相避雷器上节顶部最高温度为 31.5℃，下节中部最高温度为 23.3℃，温差为 8.2℃，同时与上节中部最高温度（21.9℃）相差 8.8℃。同间隔的 A、C 相避雷器上节与下节最高温度差分别为 0.5℃、0.3℃；上节顶部与上节中部最高温度差分别为 0.4℃、0.5℃。B 相上节顶部存在明显的局部过热点，初步诊断 220kV Ⅰ 段母线避雷器 B 相上节有绝缘受潮或阀片老化缺陷。

图 1－36　三相避雷器全景红外谱图

图 1－37　B 相避雷器整体红外谱图

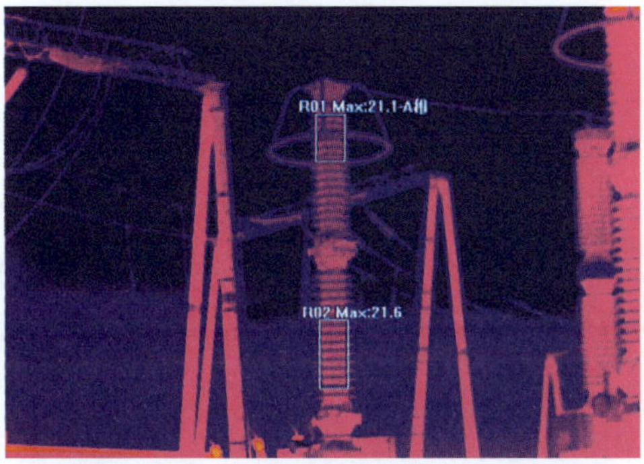

图 1－38　A 相避雷器整体红外谱图

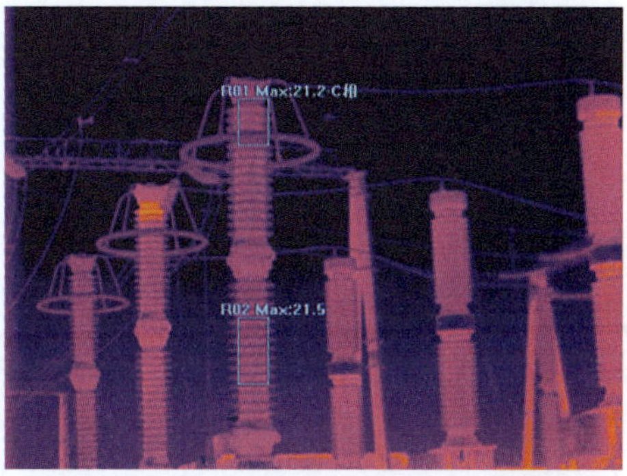

图 1－39　C 相避雷器整体红外谱图

2015 年 9 月 16 日避雷器泄漏电流带电测试数据见表 1－1。采用同组设备三相横向比较进行分析，220kV Ⅰ 段母线避雷器 B 相全电流比 A、C 相大 1 倍多，阻性电流比 A、C 相大 10 倍左右，分析判断 B 相避雷器可能存在严重绝缘缺陷，需停电开展诊断性试验进一步分析。

表 1－1　220kV Ⅰ段母线避雷器泄漏电流带电测试数据　　单位：μA

设备编号	出厂编号	全电流峰值	全电流有效值	阻性电流峰值	阻性电流有效值	检测日期
A 相	0044	1 050	747	85	51	2015－09－16
B 相	0045	**1 779**	**1 258**	**709**	**502**	2015－09－16
C 相	0046	1 105	782	47	33	2015－09－16
A 相	0044	1 042	737	121	85.6	2015－03－09
B 相	0045	1 007	712	118	83.5	2015－03－09
C 相	0046	1 110	771	127	89.8	2015－03－09

2. 停电诊断性试验

220kV Ⅰ段母线避雷器停电绝缘电阻试验数据见表 1－2。B 相上节绝缘电阻仅为 5.42MΩ，远低于 2 500MΩ。

表 1－2　220kV Ⅰ段母线避雷器绝缘电阻试验数据　　单位：MΩ

设备编号	出厂编号	部位	出厂试验	交接试验	本次诊断试验	技术要求
A 相	0044	上节	无	50 000	10 000	上、下节不低于 2 500MΩ，底座不低于 10MΩ
		下节	无	50 000	10 000	
		底座	无	2 500	10 000	
B 相	0045	上节	无	50 000	5.42	
		下节	无	50 000	10 000	
		底座	无	2 500	10 000	
C 相	0046	上节	无	50 000	10 000	
		下节	无	50 000	10 000	
		底座	无	2 500	10 000	

220kV Ⅰ段母线避雷器直流 1mA 电压 U_{1mA} 测试值见表 1－3，B 相上节仅为 7.4kV，例行试验数据与出厂值的初值差为－95.1%，严重超标。

表 1－3　220kV Ⅰ段母线避雷器直流 1mA 电压 U_{1mA}

设备编号	出厂编号	部位	出厂试验（kV）	交接试验		本次诊断试验		技术要求
				数据（kV）	初值差（%）	数据（kV）	初值差（%）	
A 相	0044	上节	151.4	151.6	0.13	151.3	－0.06	直流 1mA 电压不小于 148kV，且与出厂值相比，变化不大于 ±5%
		下节	150.8	151.5	0.46	151.1	0.19	
B 相	0045	上节	151.0	151.2	0.13	**7.4**	**－95.1**	
		下节	150.5	150.9	0.27	150.8	0.20	
C 相	861614A	上节	151.4	152.2	0.52	151.8	0.26	
		下节	152.1	153.5	0.92	151.6	－0.33	

注：初值取出厂试验数据。

220kV Ⅰ段母线避雷器 75% 直流 1mA 参考电压下的泄漏电流见表 1－4，B 相上节高达 751μA，远远超过规程要求的 50μA。

表 1－4　220kV Ⅰ段母线避雷器 75% 直流 1mA 电压下的泄漏电流　单位：μA

设备编号	出厂编号	部位	出厂试验	交接试验	本次诊断试验	技术要求
A 相	0044	上节	无	17	22	≤50
		下节	无	20	24	
B 相	0045	上节	无	16	**751**	
		下节	无	17	20	
C 相	0046	上节	无	19	23	
		下节	无	17	24	

3. 解体检查

根据带电检测及停电试验结果，判定 220kV Ⅰ段母线 B 相避雷器存在绝缘受潮或阀片老化缺陷，运维单位于 2015 年 10 月 10 日对缺陷避雷器进行了更换，并进行了解体检查。

解体检查发现 B 相避雷器上节顶盖锈蚀严重，如图 1－40（a）所示，且吸潮剂已受潮变色，如图 1－40（c）所示。另外，抽出电阻片芯体发现避雷器内壁表面布满了明显的水渍，见图 1－40（b）。

（a）顶盖锈蚀情况

（b）避雷器内壁有明显水渍

（c）吸潮剂已受潮变色

图 1－40　顶盖锈蚀、避雷器内壁表面水渍及吸潮剂受潮情况

（三）经验体会

（1）红外测温检测、避雷器持续运行电流带电检测和避雷器停电检测都可以反映避雷器内部的绝缘受潮缺陷。

（2）对于红外检测技术，采用单相对比、同类比较的方法比较有效，温度对比应采用局部最高温度对比更有效，同时应结合其他带电或停电检测技术进行验证确诊。

二、110kV 变压器套管缺油缺陷

（一）案例概况

2015 年 11 月 25 日，运维单位对某 110kV 变电站#2 主变进行红外精确测

温，发现 A 相套管本体上下温差较大，套管有一处明显的油面分界线，热像特征明显，怀疑该设备可能存在缺油缺陷。设备型号：SZ10－40000/110；制造厂家：南京电力变压器厂；出厂编号：A0410150；出厂日期：2005 年 1 月；投运日期：2005 年 7 月 4 日。某变电站 110kV#2 主变 2015 年 8 月 26 日进行例行试验，电气试验正常。

（二）检测分析方法

2015 年 11 月 25 日对某 110kV 变电站#2 主变进行红外精确测温时，发现 A 相套管本体上下温差接近 10℃，上半部分与 B 相比较约低 7℃（见图 1－41），套管有一处明显的油面分界线，热像特征明显，套管有轻微渗油痕迹，初步怀疑该设备存在缺油缺陷。

随即安排人员进行现场检查，但无法看清套管油位。运检部立即组织停电。经近距离查看套管油位，发现确实存在缺油情况。随即安排进行套管补油，补油后套管油位可见。

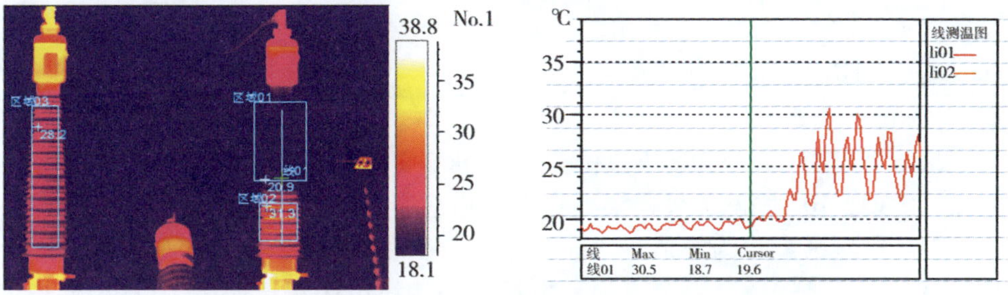

（a）热像图　　　　（b）线温分布图

图 1－41　某变电站 110kV#2 主变 A 相套管与 B 相比较图

图 1－42　#2 主变 A 相套管油位情况

图 1－43　#2 主变 A 相套管补油后油位情况

补油后对A相套管进行常规电气试验，数据如表1-5所示。

表1-5　A相套管进行常规电气试验数据

试验日期	主绝缘（MΩ）	末屏绝缘（MΩ）	介质损耗因数 tanδ（%）	电容量 C_x（pF）
2015-12-09	10 000+	10 000+	0.271	280.2
2015-08-26	10 000+	10 000+	0.289	280.1

从试验数据看，与上次数据相比无明显变化。由于缺陷发现及时，并未对套管绝缘造成损坏。

（三）经验体会

对充油设备应加强日常巡视，查看油位情况，若无法看清应及时借助精确红外检测仪进行检测。

三、110kV盘形悬式瓷绝缘子劣化

（一）案例概况

2015年9月12日，运维单位在某220kV变电站开展站内绝缘子红外精确测温时发现，101间隔1号构架小号侧C相绝缘子串发热异常，初步判断该绝缘子中导线侧第1片为零值绝缘子，第2片为低值绝缘子。2015年12月26日，该串绝缘子进行了停电更换，更换后的绝缘电阻测试结果与红外热像检测结果一致。

（二）检测分析方法

1. 带电测试情况

2015年9月12日，红外测温发现101间隔1号构架大号侧上层C相绝缘子发热，温度曲线如图1-44所示。

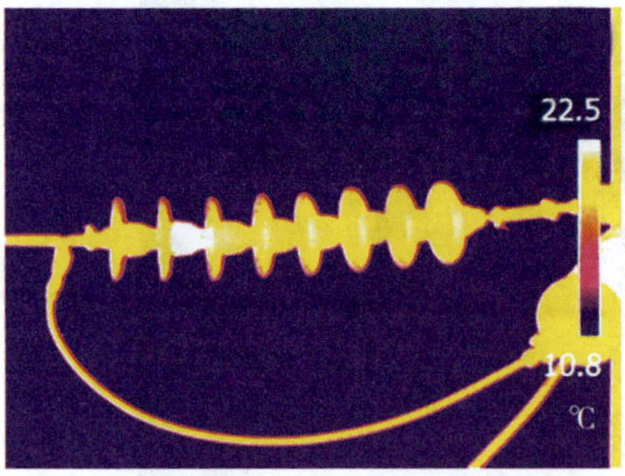

图1-44　红外谱图

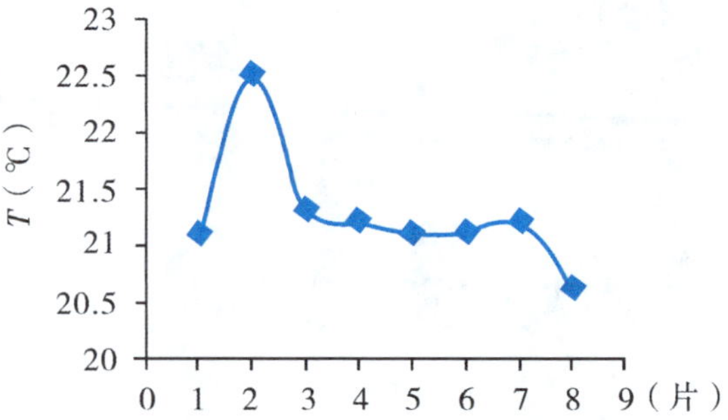

图1-45　温度曲线

正常情况下，运行中的绝缘子串钢帽的温度曲线与电压分布的趋势近似，呈现两端高、中间低的特点。而低值、零值绝缘子的出现，会使得绝缘子串的电压分布发生改变，绝缘子串的温度特征也会不同。其中低值绝缘子的存在，使得整串绝缘子的温度分布出现一个局部高点；零值绝缘子的存在，使得整串绝缘子的温度分布出现一个局部低点。

该串绝缘子中，导线侧第 2 片的钢帽温度较相邻两片绝缘子的平均温度高 1. 3K，根据规程 DL/T 664—2008《带电设备红外诊断技术应用规范》判定为低值绝缘子；导线侧第 1 片的钢帽温度较第 3 片绝缘子的平均温度低 0. 1K，不符合正常绝缘子温升规律，疑为零值绝缘子。

2. 停电消缺处理

2015 年 12 月 26 日，停电消缺处理对 101 间隔 1 号构架大号侧上层 C 相绝缘子整体更换，并对更换下来的绝缘子的绝缘电阻进行测量，见表 1 - 6。

图 1 - 46　更换前的绝缘子

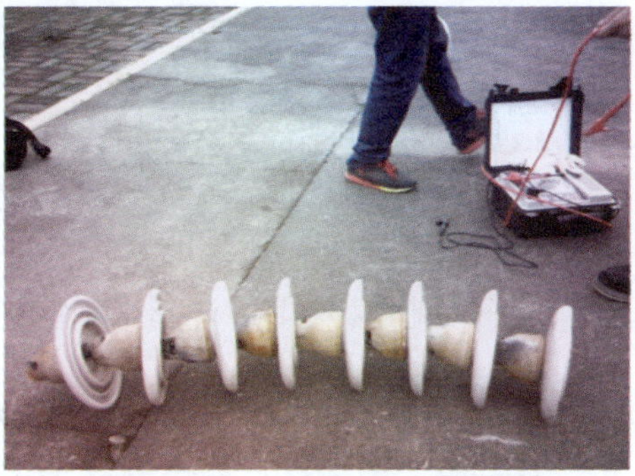

图 1 - 47　更换下来的绝缘子

表 1 - 6　绝缘电阻测试结果　　单位：GΩ

位置编号	1 号	2 号	3 号	4 号	5 号	6 号	7 号	8 号
绝缘电阻	0. 013	0. 182	3. 150	2. 195	4. 613	3. 037	5. 042	3. 202

3. 综合分析

按照 DL/T 393—2010《输变电设备状态检修试验规程》中 110kV 瓷绝缘子的绝缘电阻应不低于 0. 3GΩ 的标准，与红外成像检测分析结果相符合。

2015 年 12 月 27 日，绝缘子更换投入运行后的红外测温成像检测结果如图 1 - 48 所示。

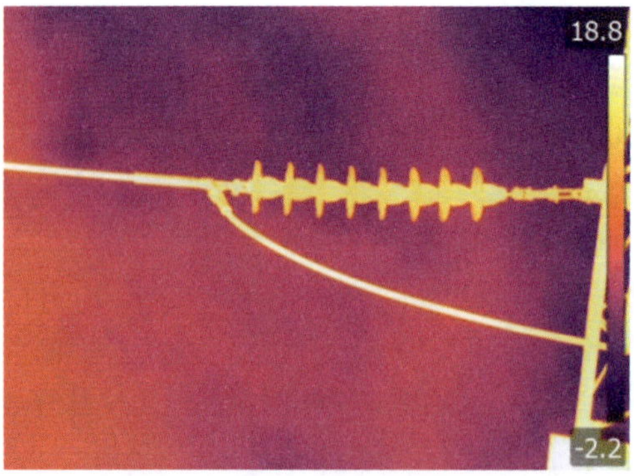

图1-48　处理后的红外测温

（三）经验体会

（1）DL/T 664—2008《带电设备红外诊断技术应用规范》。该标准提出，运行中的低值绝缘子比正常绝缘子温度高，零值绝缘子温度较正常绝缘子低，判断标准为温差1K。但是，受环境因素、表面污秽等因素的影响，劣质绝缘子与正常绝缘子的温差可能小于1K。

（2）正常情况下，运行中的绝缘子串钢帽温度曲线与电压分布的趋势近似，呈现两端高、中间低的特点，但导线仅具热传导作用会导致与之直接相连的横担侧第1片绝缘子钢帽温度较低。

（3）低值、零值绝缘子的出现，会使得绝缘子串的电压分布发生改变，绝缘子串的温升分布也会不同。其中低值绝缘子的存在，使得整串的温度分布出现一个局部高点；零值绝缘子的存在，使得整串的温度分布出现一个局部低点。

参考文献

[1] 国家能源局. 输变电设备状态检修试验规程：DL/T 393—2010 [S]. 北京：中国电力出版社，2010.

[2] 胡世征. 劣化绝缘子的发热机理及热象特征 [J]. 电网技术，1997，21（10）：44-46.

[3] 国家电网公司运维检修部. 电网设备带电检测技术 [M]. 北京：中国电力出版社，2014.

[4] 李晓刚，付冬梅. 红外热像检测与诊断技术 [M]. 北京：中国电力出版社，2006.

[5] 李唐兵，龚磊，姚建刚. 基于红外热像和权值直接确定神经网络的零值绝缘子识别方法 [J]. 红外技术，2013，35（11）：707-711.

[6] 国家能源局. 带电设备红外诊断技术应用规范：DL/T 664—2008 [S]. 北京：中国电力出版社，2008.

第二章　六氟化硫气体红外成像检漏技术

第一节　六氟化硫气体泄漏检测技术概述

一、发展历程

随着气体绝缘金属封闭开关设备（Gas Insulation Switchgear，GIS）的日益增多，六氟化硫（SF_6）气体的用量也越来越大。SF_6 气体的泄漏作为气体绝缘高压电气设备运行过程中的常见缺陷之一，不仅会影响设备的绝缘强度，造成非计划停电，还会产生较大的温室效应，因此开展 SF_6 气体泄漏检测工作很有必要。

SF_6 气体泄漏检测技术从 20 世纪 50 年代开始应用，早期新安装和大修后的设备检漏主要靠真空监视和压力检查，运行设备通过压力表进行泄漏监测。受检测技术的限制，泄漏点的判断主要采用皂水查漏法。20 世纪 70 年代，科研人员根据 SF_6 气体的电负性发明了卤素仪。20 世纪末，SF_6 气体泄漏的定量检测成为趋势，国家颁布了 IEC 60480 和 GB/T 8905—1996《六氟化硫电气设备中气体管理和检测导则》。

21 世纪初，随着人们对 SF_6 气体的化学、声学和光学性质的不断深入了解，新型检测技术不断发展，如红外光谱吸收技术、光声光谱技术和成像法。近年来，成像技术已逐渐成为检测技术的发展趋势，包括了激光成像和红外成像，通过影像的形式直观地判断是否漏电，其中红外热成像检漏技术以美国 FLIR 公司、GIT 公司为主，激光成像检漏技术以红相电力设备有限公司为主。

早期对于 SF_6 气体的检漏主要采用皂水查漏法、包扎法、手持检漏仪检漏法等检测方法，但在应用这些方法时都需要将设备停电，不属于带电检测的范畴。近几年，利用 SF_6 气体红外特性发展的红外成像检漏法在设备带电情况下，在相对较远的距离就能发现泄漏的具体部位，精度高，检测结果非常直观，极大提高了检测效率，同时也保证了人员的安全。

二、技术特点及应用情况

采用不同工作原理的各种泄漏检测技术都有自身的优势和不足，因此，需要掌握其优缺点和适用性，以便在不同的实际条件下合理使用各种检测技术。

（一）负电晕检测技术

负电晕检测技术的设备结构简单、成本低，但是具有抗干扰能力差、传感器寿命短、精度低等缺点。目前，该技术多用于 SF_6 气体的定性检漏，也有应用于室内 SF_6 气体监测报警装置。

（二）电子捕获检测技术

电子捕获检测技术使用电子捕获检测器（ECD），这种检测器对痕量电负性（亲电子）的分析很有效。样品电负性越强，给出的信号越大，最小检出限可达 10μg/mL，而且对不具电负性的物质则没有信号输出，典型的产品是美国 USON 公司 Q200。该技术性能非常稳定、精度高、响应速度快，但是这种技术须使用放射源和高压载气瓶，无法满足快速和安全的测试要求，且操作较为复杂。

（三）负离子捕获检测技术

负离子捕获检测技术原理与电子捕获技术相似，但是离子化方式不同，没有了放射源和高压载气瓶，操作起来也非常简单。然而，该类仪器的缺点是电极贵、成本高、反应慢。

（四）紫外电离检测技术

紫外电离检测技术结构简单、响应快，但泄漏部位定位性能差，检测误差随环境变化大，特别是对于室外布置的设备很难精确定位和定量检测。

（五）红外吸收技术

红外吸收技术是基于 SF_6 气体对红外光谱的特征吸收原理，是一种直接测量气体浓度的方法，能够反映出 SF_6 气体的真正含量。采用该技术的检测仪器体积小、质量轻、没有放射源、无须耗材、性能稳定，这种检测技术最早源于法国，我国在消化该技术后也实现了国产化。目前，室内 SF_6 气体泄漏监测报警装置普遍采用了该技术，相关技术标准也正在制定中。

（六）光声光谱技术

光声光谱技术的红外激光源和特殊光声传感器不仅保证了 SF_6 气体的高灵敏度探测，还降低了误报警的次数。光声光谱技术所使用的红外激光源以及光学滤波器是专门针对 SF_6 气体的，这就避免了其他物质的干扰。目前，该设备的应用不多见，主要是因为其响应时间过长。

（七）成像检漏技术

成像检漏技术通过成像方式方便地观测气体泄漏状况，在显示屏上以可见的动态烟云形式显现出来，从而可以直观、准确、快速地发现并定位泄漏点。与常用方法相比较，可以安全地在远距离对泄漏点进行检测，保障了运行、试验人员不受触电和气体中毒危险，且减少了停电时间，可提高设备的供电可靠性。SF_6 气体泄漏激光成像检漏技术的应用，大大提高了现场漏电查找的效率。

三、SF_6 气体泄漏的危害

（1）由于 SF_6 气体的绝缘性能与其密度成正比例关系：密度越大，绝缘性能越高；密度越低，绝缘性能越低。因此，当设备内部的 SF_6 气体由于泄漏等原因造成密度降低时，断路器的绝缘性能和灭弧性能会大大降低。严重的泄漏，会造成运行开关的闭锁，不能操作，GIS 内部绝缘击穿，导致事故发生。

（2）会导致设备内 SF_6 气体湿度增加。

（3）分解物腐蚀有毒，影响运行设备的可靠性和现场人员的安全。

（4）SF_6 气体昂贵，使用设备维护成本增加，造成经济损失。

（5）污染和破坏环境，增加温室效应。泄漏后对环境有害，因它是一种温室效应气体，影响力是二氧化碳的 23 900 倍。

第二节 六氟化硫气体泄漏检测技术基本原理

一、SF_6 气体特性

SF_6 气体是由法国两位化学家于 1900 年合成的，是人造气体。SF_6 气体在常态下是一种无色、无味、无嗅、无毒的非燃烧性气体。微溶于水、乙醇、乙醚，是已知化学稳定性最好的物质之一，其惰性与氮气相似。它具有极好的热稳定性，纯态下即使在 500℃ 以上也不分解。SF_6 具有卓越的电绝缘性和灭弧特性，相同条件下，其绝缘能力是空气、氮气的 2.5 倍以上，灭弧能力为空气的 100 倍。

SF_6 气体泄漏检测技术都是根据它的各种性质来开发的，其中比较重要的两个性质是 SF_6 气体的电负性和红外吸收特性。

（一）电负性

电负性是指分子（原子）吸收自由电子形成负离子的特性。而当分子或原子与电子结合时会释放出能量，这种能量叫电子亲和能，元素或物质的电负性强弱可由电子亲和能来评价。SF_6 气体的这一性质主要是由于其分子中含有氟元素。氟元素在周期表上是第ⅦA 族元素，最外层有 7 个电子，很容易吸收 1 个电子形成稳定的电子层（8 个电子）。ⅧA 族元素均具有电负性，氟居首位。

当氟与硫结合形成 SF_6 气体后，气体仍保留此特性，其电子亲和能达 3.4eV，略低于单个氟原子。

（二）红外吸收特性

不同气体分子由于具有不同的分子结构，其反映的分子内部运动和分子

之间相互作用也各有不同。分子的内部运动包括振动和转动，且分子的振动能量大于分子的转动能量，分子发生振动能级跃迁时，伴随有分子的转动能级跃迁，所以分子的光谱是振动—转动光谱。

根据能级跃迁理论，气体分子对入射光具有很强的选择性吸收。当分子受到含有丰富频率的红外光照射时，分子会吸收某些频率的光，并转换成分子的振动能量和转动能量。多原子分子由于具有更多的机械自由度，使得它们比简单的分子更能有效地吸收和发射能量，使分子的能级从基态跃迁到激发态，并使对应于吸收区域的红外照射光的光强减弱。

每一种物质都有自己的特征吸收谱，在气体吸收谱与光源发射谱重叠的部分会产生吸收，吸收后光强将会减弱，在一定条件下，其特征吸收峰值的强度与样品物质的浓度成正比。因此可以通过气体分子的红外光谱达到测定样品浓度的目的。大量的实验研究表明，SF_6 气体在 10.56μm 的红外辐射下具有很强的吸收峰，如图 2－1 所示。

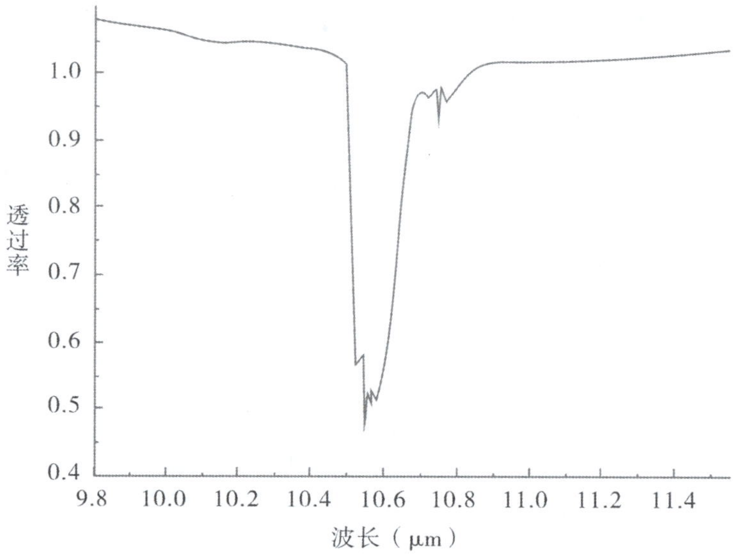

图 2－1　SF_6 气体光谱透过率曲线

二、SF_6 气体泄漏检测机理

通过不断的深入研究，人们对 SF_6 气体的特性，尤其是化学、声学、光学性质已经形成了系统的认识。其中，负电晕检测技术、电子捕获检测技术、负离子捕获检测技术、紫外电离检测技术都是利用 SF_6 气体的电负性；而红外吸收技术、光声光谱技术、成像检漏技术则利用了 SF_6 气体红外光谱的特征吸收的性质。下面基于上述两种性质对电子捕获检测技术、红外吸收技术、成像检漏技术及其工作原理进行详细阐述。

（一）电子捕获检测技术

电子捕获检测技术常采用放射性同位素 Ni^{63} 作为检测器的离子发射体，且配有氩气（Ar）作为载气。当载气通过放射源时，放射源产生 β 射线的高能电子使载气电离形成正离子与慢速电子，向极性相反的电极定向迁移形成基流。SF_6 气体的电负性决定了它能捕获载气电离形成的慢速电子，从而形成负离子。待测 SF_6 气体负离子与载气正离子复合成为中性化合物，而使原有的基流减少，基流的减少量与被测气体的浓度成一定数量的比例关系，将变化的基流转为浓度指示信号输出，从而达到检测气体浓度的要求。

（二）红外吸收技术

当红外光通过待测气体时，这些 SF_6 气体分子会对特定波长（10.56μm）的红外光有吸收作用，其吸收关系服从朗伯—比尔吸收定律。由朗伯—比尔吸收定律可知，光的吸收系数与物质的浓度有关，通过吸收介质的长度与透射光强满足式（2－1）的关系：

$$I(\lambda, I) = I_0 e^{-\varepsilon CL} \tag{2-1}$$

式中：I 和 I_0 分别代表透射和入射光强；ε 为一定波长下的单位浓度、单位长度介质的吸收系数；L 为待测气体与光相互作用的长度；C 为待测气体的浓度。

式（2－1）可转化为：

$$C = (-1/L\varepsilon) \times \ln[I(\lambda, I)/I_0] \tag{2-2}$$

由此可知，在波长 λ 下，若气体的吸收系数 ε 可以测量，则 SF_6 气体浓度 C 可以根据 λ 光的输入光强 I_0 和输出光强 I 的变化量求出。

（三）SF_6 气体泄漏激光成像检漏技术

SF_6 气体具有极强的红外吸收特性，当激光遇到 SF_6 气体时，会被 SF_6 气体吸收，激光强度将明显减弱。SF_6 气体泄漏激光成像检漏仪主要就是利用 SF_6 气体的该特性以及反向散射/吸收理论，其工作原理是：当气体烟雾后面存在一个固定背景时，由激光发射器瞄准被测设备区域发出入射激光，经过背景反射会形成反向散射激光进入激光摄影机成像系统；在没有泄漏气体的情况下，所产生的反向散射激光与反向散射阳光产生的图像相同。在有泄漏气体的情况下，发出的入射激光遇到泄漏的 SF_6 气体，其能量会被吸收一部分，返回到激光摄影机成像系统的激光强度由于经过气体烟雾的吸收将会减弱，从而导致无泄漏与有泄漏两种情况下的反向散射激光产生差异，最终造成各自的激光成像不同。SF_6 气体浓度越大，吸收就越大，激光成像对比度也越大。在这种方式下，一般的非可视气体将在视频中可见，其泄漏源和移动方向都可以确定。

该技术使正常不可见的 SF_6 气体泄漏在标准视频显示中可视化，检测人员在监视器上可以实时检测 SF_6 气体，由此可以发现有无 SF_6 气体泄漏。

（四）SF_6 气体泄漏红外热成像检漏技术

SF_6 气体泄漏红外热成像检漏技术仍利用 SF_6 气体的红外吸收特性。每种气体都有吸收自己对应频率红外光能量的性质，气体吸收红外光最强的频率称作该气体的特征吸收频率。光穿过气体时，特征频率谱线光能会被气体吸收，从而使该频率的光能减弱。在一定条件下，其特征吸收峰值的强度与样品物质的浓度成正比。SF_6 气体在红外有一个以波长 10.56μm 为中心的吸收带，在此频率带内 SF_6 气体的吸收和辐射能力都很强。利用 SF_6 气体对特定波长的光吸收特性较空气而言极强，致使两者反映的红外影像不同，将通常可见光下看不到的气体泄漏，在具有超高热灵敏度的红外探测器下成像，以红外视频图像的形式直观地反映出来。

SF_6 气体泄漏红外热成像系统如图 2－2 所示，红外热成像检漏仪只能检测到一个窄带滤波器界定的红外区域吸收的气体，当物体辐射出的红外光经过 SF_6 气体时，在该区域的视频图像将产生与空气不同的对比变化，从而产生烟雾状阴影。SF_6 气体浓度越大，吸收强度就越大，烟雾状阴影就越明显，从而使不可见的 SF_6 气体泄漏变成可见。

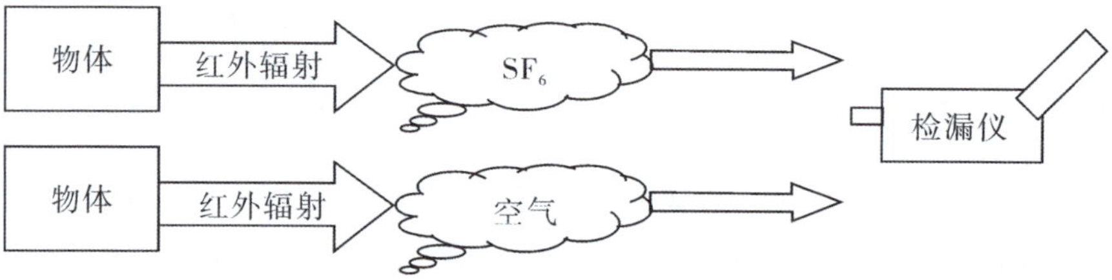

图 2－2　SF_6 气体泄漏红外热成像系统

三、SF_6 气体泄漏检测仪组成及基本原理

利用上述各种技术原理的检漏仪，在仪器结构组成上会有一些差异，但是围绕检漏仪性能上的技术指标大同小异，主要包括：测量范围、灵敏度、响应时间、恢复时间、工作环境等。下面介绍具有代表性的电子捕获原理检漏仪、红外吸收原理检漏仪、SF_6 气体泄漏激光成像检漏仪、SF_6 气体泄漏红外热成像检漏仪。

（一）电子捕获原理检漏仪

采用该技术的仪器由探头和控制器组成。其中，探头包括电子捕获检测器、检测管、信号放大器和指示器、浓度报警器，控制器包括载气钢瓶、气体控制部件、信号控制系统及电源。

当载气通过放射源时，β 射线的高能电子使载气电离形成正离子和慢速电子，向极性相反的电极定向迁移形成基流。当 SF_6 气体从探头进入检测器时，捕获了检测器中的慢速电子生成负离子，其负离子在电场中的运行速度比自由电子低。待检气体负离子与载气正离子复合成为中性化合物，被载气带出检测室外，而使原有的基流减少。该基流的减少量与被测气体的浓度成一定数量的比例关系。通过信号放大器，将变化了的基流转为浓度指示信号输出，从而达到检测气体浓度的要求。

（二）红外吸收原理检漏仪

红外吸收原理检漏仪的主要组成部分包括光源系统、气体采样泵、测试气室、反射镜、滤光片、探测器、放大器以及数据处理系统。仪器的工作原理为通过气体采样泵将采集到的气体引入到双反射镜气室内，经过红外光源所放射出的红外线透过气体，针对 SF_6 气体的特定红外波段经过 SF_6 气体时会被吸引一部分，通过红外探测器探测出红外波段的变化，并将该变化值通过放大器，输入数据处理系统，进而显示出 SF_6 气体的含量。

（三）SF_6 气体泄漏激光成像检漏仪

SF_6 气体泄漏激光成像检漏仪的主要部件包括激光发射系统、激光接收系统、放大成像及数据处理系统、视频显示记录系统、蓄电池、三脚架等。其中，激光器是由Ⅳ级连续波二氧化碳（CO_2）激光器组成，其输出光是不可见的红外激光线。光束通过一对高频运转的镜片扫描，然后以Ⅳ级不可见激光射出窗口。由于激光束扫描速度非常快，故整个激光成像检漏仪摄像区域的激光等级基本均衡。当激光成像检漏仪检测到 SF_6 气体的泄漏图像时，通过放大成像及数据处理系统，不可见的 SF_6 气体泄漏就可通过显示记录系统呈现出来，将其记录下来后可进行进一步的处理分析。

（四）SF_6 气体泄漏红外热成像检漏仪

SF_6 气体泄漏红外热成像检漏仪主要由光学系统、红外探测器、信号处理器、显示器四部分组成，如图 2－3 所示。

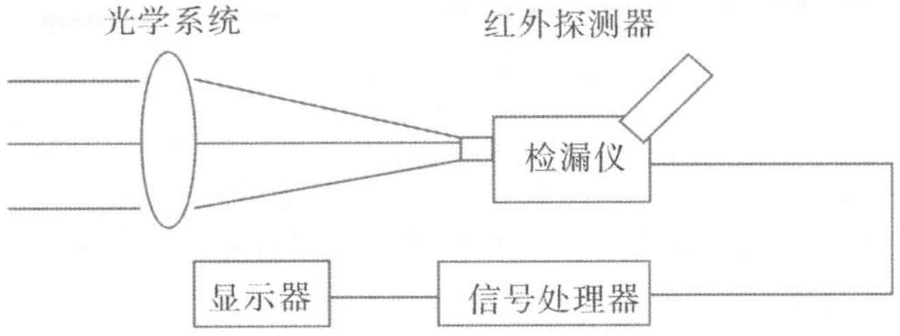

图 2－3　SF_6 气体泄漏红外热成像检漏仪的结构图

光学系统主要用以接收目标物体发出的红外辐射并将其聚焦到红外探测器上。红外探测器是 SF_6 气体泄漏红外热成像检漏仪的核心部分，它感应透过光学系统的红外辐射，并将其转变成电信号发送给信号处理器。由于红外辐射是波长介于可见光与微波之间的电磁波，人的肉眼觉察不到，要觉察这种辐射的存在并测量其强弱，必须把它转变成可以察觉和测量的其他物理量。信号处理器就是根据红外探测器传来信号的强弱，按照颜色或灰度等级，将其转化成红外热像图，并将红外热像显示在显示器上。

与普通热像仪相比，SF_6 气体泄漏红外热成像检漏仪专为 SF_6 气体检测设计，其探测器工作波段更窄，通常为 10 ~ 11μm，这样在检测时更具有针对性，以 FLIR 公司的 GF306 为例，如图 2－4 所示。同时探测器多为制冷型探测器，热灵敏度更高，能够呈现更小的温差，这样更有利于 SF_6 气体的发现及成像。第一代的 SF_6 气体泄漏红外热成像检漏仪通常只能成像。随着技术的进步，现在的 SF_6 气体泄漏红外热成像检漏仪不仅能够对 SF_6 气体的泄漏进行检测，还集成了测温功能，这样在进行气体泄漏检测的同时，还可以对电力设备的发热故障进行分析。

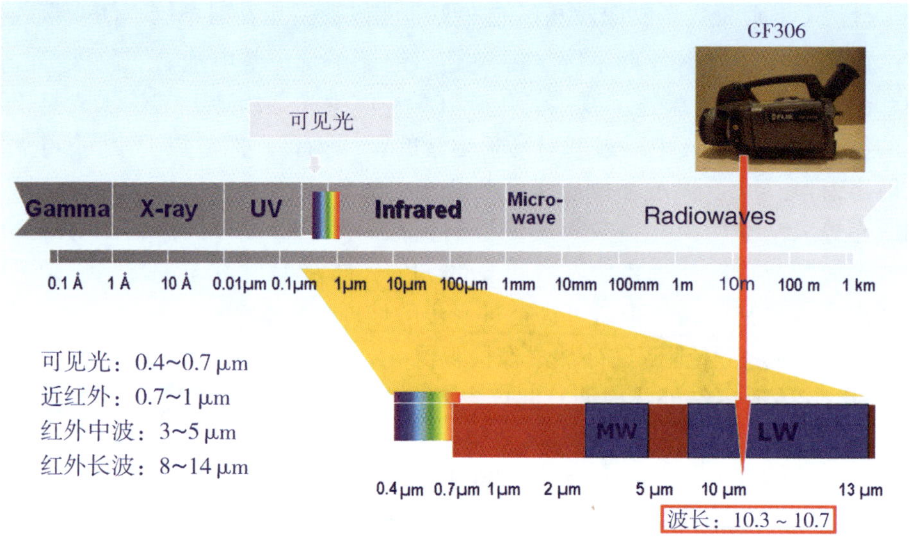

图 2－4　电子光谱图

SF_6 气体泄漏红外热成像检漏仪具有以下几方面的优势：

（1）带电、非接触检测，实时地捕捉气体泄漏视频图像，可大大减少因停电检修而带来的损失。

（2）远距离检测，工作人员更安全。

（3）能够捕捉微量 SF_6 气体的泄漏，准确定位泄漏点，省时省力。

(4) 仪器轻便小巧 (2.5kg 左右), 操作简便。

(5) 性能稳定, 质量可靠。

第三节 泄漏检测步骤、关键点分析及诊断标准

一、检测方法及步骤

气体泄漏检测的方法较多, 早期对于 SF_6 气体的检漏主要采用皂水查漏法、包扎法、手持检漏仪检漏法等方法。皂水查漏法在泄漏较大时或对运行中的设备可以采用。将肥皂泡用刷子涂抹在可能出现泄漏的密封环节, 出现向外鼓泡的地方就是漏点。此方法灵敏度不高, 操作限制性较大。包扎法用密封袋把疑似泄漏部分包扎起来, 一定时间后再使用检漏仪测量袋内 SF_6 气体的浓度, 此方法可以对出现漏气的设备进行定量定性检测, 但缺点是对于运行中的设备只能在本体部位进行检测, 对于出现漏气的套管和法兰部位则需要等到停电后才能包扎检漏, 存在一定的局限性。

目前一般采用红外吸收检漏、红外热成像检漏等方法。

(一) 红外吸收检漏步骤

(1) 首先, 将手持探枪上的接线端子接入主机上的接线端口, 同时确保连接正确无误。

(2) 打开主机电源开关, 系统初始化后进入预热倒计时状态。预热完成后, 系统进入待机状态, 等待启动气泵进行测量。

(3) 按下手持探枪上的开关键, 气泵开始工作 (当气泵处于工作状态时按下开关键, 气泵将停止工作), 此时, 主机和手持探枪显示的数值为测量值。

(4) 待测量值稳定后, 按下主机界面上的"存储"按钮进行保存。

(5) 按下开关键, 关闭气泵, 关闭主机电源开关, 结束测量。

注意事项:

(1) 仪器在运输过程或测试过程中要防止碰撞挤压及剧烈振动。

(2) 在室外测量时, 要确保天气无风且干燥。

(3) 在检漏时要防止手持探枪的进气孔接触到水分或溶剂等物质, 否则将导致测量结果不正确, 甚至损坏传感器。

(4) 仪表要定期进行校准, 以保证仪表测量的准确性。在进行标准浓度校准前, 一定要先进行零点校准。

(二) 红外热成像检漏步骤

(1) 检测前准备: 查阅设备缺陷记录、检修记录、补气记录; 检查仪器完整性, 确保仪器能正常工作, 保证仪器电量充足; 检查现场检测区域, 确

保检测区域满足安全要求。

（2）仪器开机后制冷 7～10 分钟，待画面稳定后，调节图像焦距至画面清晰，切换至视频检测模式，且调节至高灵敏度模式（HSM）开始检测。

（3）围绕法兰一圈进行检测，重点检测法兰密封部位及螺栓部位。

（4）检测压力表座、补气口的密封部位，补气口的阀门部位，管道的焊接处，管道与本体的连接部位；部分压力表座及补气口在机构箱内的应打开箱门进行检测。

（5）对其他易泄漏部位，如设备预留孔、设备本体焊接部位、砂眼等进行检测。

（6）检测到疑似泄漏部位时，在安全距离允许的情况下，检漏仪尽可能地靠近疑似泄漏部位，使该部位充满整个仪器视场；可利用手持探枪式定量检漏法精确定位。

（7）录制视频、储存检测图像，记录编号，如需保存缺陷图像应同时标明泄漏部位。

注意事项：

（1）检漏仪最好能够专人使用、专人保管，使用时要挂好肩带。

（2）开机时，按一下电源键即可，不要反复按电源开关。

（3）插卡时要注意正确的方向，同时适当用力。

（4）注意保护好镜头，使用时不要刮伤镜头。如果镜头脏了，可用镜头纸轻轻擦拭，不要用水等清洗，也不要用手或纸巾直接擦拭。

（5）请勿将镜头对准强光源（如太阳、激光等）目标拍照，以防止损伤探测器。

（6）使用完毕后，要记得关机，取出电池，盖好镜头盖。

（7）仪器长时间放置时，最好隔一段时间开机运行一段时间（2 次/月），以保持仪器各部件的协调性和稳定性。

二、SF_6 气体泄漏带电检测关键点分析

由于红外热成像检漏工作专业性强，仪器操作及检测流程需要一定的现场经验，现将关键点分析如下：

（1）红外热成像检漏之前，要先查询变电站的漏气缺陷、补气记录等，并梳理各气室的 SF_6 气体压力情况，重点检查补过气的或气室压力有下降趋势的气室。

（2）检测时要有针对性，重点检查部位为密度继电器的表座、软连接管、法兰、充气口等。

（3）对于漏气量较小的气室，美国 FLIR 公司的 GF306 一般检测不出来，应先用定量检漏仪（如德国 WIKA，灵敏度更高）逐个部位检测，如泄漏浓

度超过20μL/L，则会有报警声音，再经过寻找最大漏气量的部位进行精确定位，最后用GF306的最高灵敏度档进行定点检测。

（4）检测天气最好选择在阴天，因为在太阳较大的情况下，GF306的屏幕上有热气流动，会造成干扰。

（5）须用红外热成像检漏仪和探头式的定量检漏仪对各个间隔分别检测一遍，避免遗漏，对于漏气点也可以用这两种仪器进行相互验证。

（6）红外热成像检漏仪的成像画面最好以空气为背景，就更容易看出漏气的烟雾路径。若在室内或以GIS罐体为背景且漏气量较小时，可以用手堵住漏气点，一段时间后放开手，就可以用红外热成像检漏仪检测出SF_6气体的扩散形状。

（7）漏气原因多为密封垫老化、错位，或接头、螺栓预紧力不够等。

（8）检测时应避免光线直射或反射进入镜头，并避开电磁干扰大的地区进行检测，检测时仪器受到外界干扰会导致画面不清晰。

三、诊断标准

Q/GDW 11062—2013《六氟化硫气体泄漏成像测试技术现场应用导则》中规定，SF_6电气设备在投运前、解体检修后、气温骤变、气室压力有明显降低、补气间隔小于2年时都宜进行SF_6气体泄漏检测。对于SF_6气体泄漏检测的诊断，GB/T 8905—2012《六氟化硫电气设备中气体管理和检测导则》以及Q/GDW 471—2010《运行电气设备中六氟化硫气体质量监督与管理规定》对日常监控、诊断检测以及大修后设备的密封性能要求，其SF_6气体年泄漏率小于0.5%（质量分数）。如检测中发现有泄漏点就应及时安排停电进行泄漏点的处理。

第四节 典型应用分析

一、GIS类设备

（一）案例概况

2015年8月25日，××检修分公司500kV××变电站利用FLIR GF306红外热成像检漏仪，对220kV侧GIS设备进行红外热成像检漏带电检测，发现220kVⅡ博载1间隔断路器气室的C相断路器本体顶部法兰密封面有3处（东、西、南3个方位）漏气，漏气量较大。

检修分公司提供的资料显示该气室2015年4月底补过一次气，且以往的补气间隔约为4个月，按照Q/GDW 448—2010《气体绝缘金属封闭开关设备状态评价导则》，应评价为异常状态。该气室在2015年3月至4月的SF_6气体压力巡检记录均为0.50MPa，5月至8月的SF_6气体压力约为0.52MPa，2015年8月25日带电检测过程中发现该气室压力表显示为0.52MPa。

（二）检测对象及项目

（1）检测对象：500kV××变电站220kVⅡ博载1间隔断路器气室及连接管路，重点检测法兰密封面、压力表座密封处、螺栓周围、波纹管、连接管线及相应接头等。

（2）检测项目：红外热成像检漏。

（3）GIS设备厂家：西安西电开关电气有限公司；投运时间：2010年9月；GIS设备型号：ZFW9－252（L）。

（三）检测仪器及装置

红外热成像检漏仪，仪器型号：FLIR GF306；生产厂家：美国FLIR公司。

（四）检测情况

2015年8月25日，对500kV××变电站220kVⅡ博载1间隔断路器气室的罐体、法兰、接头、连接管线等进行了红外热成像检漏带电检测，检测时环境风速不大于5m/s，温度为34℃，湿度为53%。

利用FLIR GF306红外热成像检漏仪，检测出500kV××变电站220kVⅡ博载1间隔断路器气室的C相断路器本体顶部法兰密封面有3处（东、西、南3个方位）漏气，漏气量较大。SF_6气体泄漏图片如图2－5所示，其中图2－5（a）为SF_6气体泄漏红外热成像图片，图2－5（b）为SF_6气体泄漏可见光图片，红圈内为SF_6气体泄漏部位。

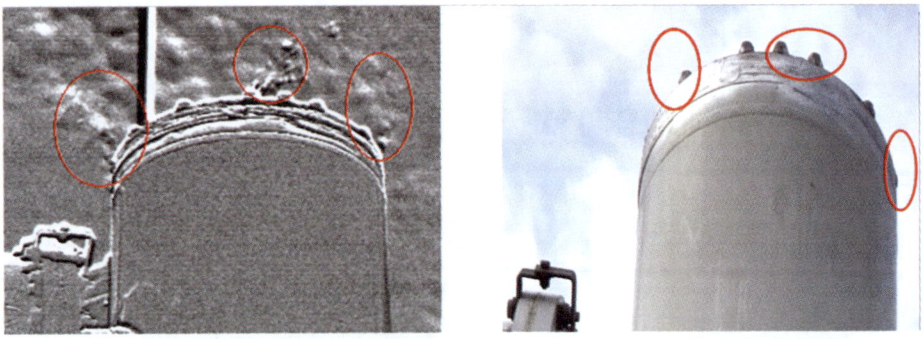

（a）SF_6气体泄漏红外热成像图片　　（b）SF_6气体泄漏可见光图片

图2－5　220kVⅡ博载1间隔断路器气室的C相断路器本体顶部法兰密封面有3处（东、西、南3个方位）SF_6气体泄漏图片

（五）综合分析

图2－6为500kV××变电站220kVⅡ博载1间隔断路器气室的SF_6气体

压力表，表中显示该气室压力为0.52MPa。通过查询补气、巡检记录，检修分公司提供的资料显示该气室于2015年4月底补过一次气，且以往的补气间隔约为4个月，按照Q/GDW 448—2010《气体绝缘金属封闭开关设备状态评价导则》，评价为异常状态。该气室在2015年3月至4月的SF_6气体压力巡检记录均为0.50MPa，5月至8月的SF_6气体压力约为0.52MPa，2015年8月25日带电检测过程中发现该气室压力表显示为0.52MPa。另外，从外观上分析，断路器顶部法兰的密封面涂了较多密封胶。根据上述情况，诊断该气室存在明显的漏气缺陷。

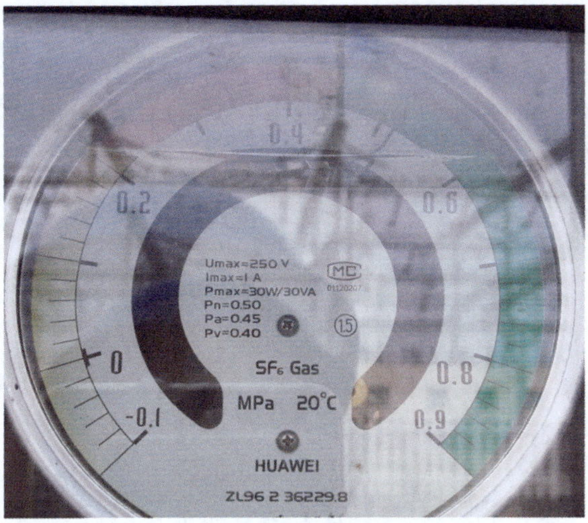

图2-6 220kVⅡ博载1间隔断路器气室压力表

FLIR GF306捕捉到SF_6气体泄漏后的气体扩散情况，具有明显的泄漏特征；同时，SF_6气体泄漏受温度、风速等影响，具有一定的间歇性。结合FLIR GF306捕捉到的SF_6气体泄漏图片，精确地确定泄漏点为图2-5（b）红色圆圈区域内，即220kVⅡ博载1间隔断路器气室的C相断路器本体顶部法兰密封面3处（东、西、南3个方位）。

分析漏气原因：220kVⅡ博载1间隔断路器气室的C相断路器本体顶部法兰密封面有3处（东、西、南3个方位）漏气，且漏气量较大，初步判断为密封圈老化或压偏导致漏气。

（六）结论及建议

××检修分公司500kV××变电站220kVⅡ博载1间隔断路器气室的C相断路器本体顶部法兰密封面有3处（东、西、南3个方位）漏气，且漏气量较大，初步判断的漏气原因是密封圈老化或压偏。

建议：①加强跟踪，缩短巡检周期，密切关注该气室的SF_6气体压力下降速度，低于额定气体压力时须及时补气；②及时对设备进行停电，对密封圈进行检查并更换，消缺后再进行真空气密性试验检查是否漏气。

二、断路器类设备

（一）案例 1

1. 案例概况

2015 年 12 月 25 日，××供电公司 220kV××变电站利用 FLIR GF306 红外热成像检漏仪，对 110kV 上五Ⅰ线 113 断路器进行红外热成像检漏带电检测，发现 B 相断路器瓷套底座上的预留孔存在漏气现象。

从现场的设备铭牌可知，该断路器气室的额定压力为 0.50MPa，××公司提供的资料显示该气室在 2015 年 11 月 2 日、12 月 3 日分别补过一次 SF_6 气体，该气室 2015 年 12 月 3 日至 25 日的 SF_6 气体压力巡检记录从 0.52MPa 降到 0.49MPa，且有逐步下降的趋势，2015 年 12 月 25 日带电检测过程中发现该气室压力表显示为 0.49MPa。经德国 WIKA 公司的 SF_6 气体定量检漏仪验证，泄漏点附近的 SF_6 气体浓度最大值为 1 468μL/L。

2. 检测对象及项目

检测对象：××供电公司 220kV××变电站 110kV 上五Ⅰ线 113 断路器气室及连接管路，重点检测法兰密封面、压力表座密封处、螺栓周围、预留孔、连接管线及相应接头等。

检测项目：红外热成像检漏、定量检漏。

断路器设备厂家：北京 ABB 高压开关设备有限公司；投运时间：2006 年 6 月；断路器设备型号：LTB145D1/B；气体额定压力：0.50MPa；报警压力：0.45MPa；闭锁压力：0.43MPa。

3. 检测仪器及装置

红外热成像检漏仪，仪器型号：FLIR GF306；生产厂家：美国 FLIR 公司。

WIKA SF_6 气体定量检漏仪，仪器型号：GA15 SF_6 – IR – Leak；生产厂家：德国 WIKA 公司。

4. 检测情况

2015 年 12 月 25 日，对 220kV××变电站 110kV 上五Ⅰ线 113 断路器的瓷套、法兰、接头、预留孔、连接管线等进行了红外热成像检漏带电检测，检测时环境风速不大于 5m/s，温度为 12℃，湿度为 57%。

（1）FLIR GF306 红外热成像检漏仪检测的图片。

利用 FLIR GF306 红外热成像检漏仪，检测出 220kV××变电站 110kV 上五Ⅰ线 113 B 相断路器瓷套底座上的预留孔存在漏气现象。SF_6 气体泄漏情况如图 2 – 7 所示，其中图 2 – 7（a）为 SF_6 气体泄漏红外热成像图片，图 2 – 7（b）

为 SF_6 气体泄漏可见光图片，红圈内为 SF_6 气体泄漏部位。

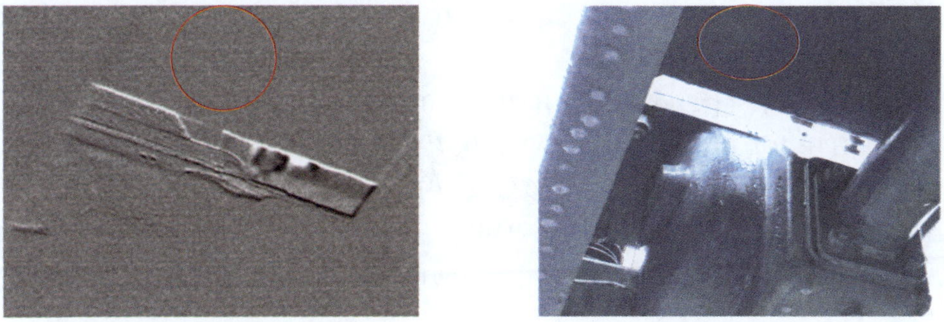

（a）SF_6气体泄漏红外热成像图片　　（b）SF_6气体泄漏可见光图片

图 2－7　220kV××变电站 110kV 上五Ⅰ线 113 B 相断路器瓷套底座上的预留孔 SF_6 气体泄漏图片

（2）WIKA SF_6 气体定量检漏仪检测的数据。

WIKA GA15 SF_6 气体定量检漏仪是一款灵敏度达到 1.81×10^{-5}mL/s、响应时间小于 1s 的检漏设备，该检漏仪可迅速、准确地定量检测出 SF_6 设备和断路器的 SF_6 气体泄漏浓度及泄漏点。测试时 SF_6 气体的扩散速度及方位不同，使测得的 SF_6 气体含量有一定的微小变化。图 2－8 为测得的 SF_6 气体浓度值，测得的漏气量最大为 1 468μL/L。

图 2－8　WIKA SF_6 气体定量检漏仪测得的气体浓度值

5. 综合分析

图 2－9　220kV××变电站 110kV 上五Ⅰ线 113 断路器气室压力表

2015 年 12 月 25 日带电检测过程中，拍下了 220kV × ×变电站 110kV 上五Ⅰ线 113 断路器气室的 SF_6 气体压力表，如图 2 -9 所示，表计显示该气室压力接近 0.49MPa，低于该气室的额定压力 0.50MPa。通过查询补气、巡检记录，运维人员进行过两次补气操作，× ×公司也提供了该气室自 2015 年 1 月至 9 月的 SF_6 气体巡检记录，压力均为 0.52MPa，但 10 月份后出现了下降，10 月 1 日压力为 0.50MPa，11 月 1 日压力为 0.49MPa，于是在 11 月 2 日、12 月 3 日分别补过一次 SF_6 气体，该气室 2015 年 12 月 3 日至 25 日的 SF_6 气体压力巡检记录从 0.52MPa 降到 0.49MPa，有逐步下降的趋势，具体抄表数据见表 2 -1。针对当前压力低于额定压力的情况，判断该气室存在一定的漏气。

表 2 -1　220kV × ×变电站 110kV 上五Ⅰ线 113 断路器气室压力值（额定压力为 0.50MPa）

抄表时间	压力值（MPa）	备注
2015 -08 -01	0.52	
2015 -09 -01	0.52	
2015 -10 -01	0.50	
2015 -11 -01	0.49	11 月 2 日进行补气，补气后压力为 0.52MPa
2015 -12 -01	0.49	12 月 3 日进行补气，补气后压力为 0.52MPa
2015 -12 -25	0.49	检漏测试当天

FLIR GF306 捕捉到 SF_6 气体泄漏后的气体扩散情况，具有明显的泄漏特征；同时，SF_6 气体泄漏受温度、风速等影响，具有一定的间歇性。对于用 GF306 发现的泄漏部位，WIKA SF_6 气体定量检漏仪检测出 SF_6 气体浓度最大值为 1 468μL/L，说明该部位存在明显的 SF_6 气体泄漏。结合 FLIR GF306 捕捉到的 SF_6 气体泄漏图片，精确地确定泄漏点为图 2 -7（b）红色圆圈区域内，即 220kV × ×变电站 110kV 上五Ⅰ线 113 B 相断路器瓷套底座上的预留孔。

分析漏气原因：底座上的 O 形密封圈老化或密封胶经久劣化失效，导致密封受损而引起漏气，并给出了解体更换密封圈的检修对策。

6. 设备解体后的分析、验证情况

综合现场压力表气压偏低、FLIR GF306 捕捉到的 SF_6 气体泄漏图片、WIKA SF_6 气体定量检漏仪检测出漏气浓度值，相互验证了上五Ⅰ线 113 B 相断路器瓷套底座上的预留孔存在气体泄漏问题。× ×供电公司在 2016 年 3 月 1 日对 B 相断路器进行解体，电科院派出技术人员对漏气原因进行分析。经过对其他两相隔离、气体回收、抽真空测试后，逐步吊起瓷套，发现在底座上有很多黄泥巴和密封胶的混合物粘在密封圈上，甚至还有一只飞虫的尸体，但密封圈上没有老化、压偏的痕迹，可参见图 2－10，红色圈内为飞虫活动范围。综合上述情况不难断定，飞虫从预留孔中带入黄泥巴，飞虫的排泄物及爬行会导致密封胶劣化失效，造成气体泄漏。

经过解体、更换密封圈及干燥剂、设备就位、抽真空、充入额定压力的 SF_6 气体、气体湿度测试等步骤，该断路器的检修环节画上了句号，同时也很好地落实了国网公司关于用状态检测结果来指导状态检修的意见。

（a）瓷套底座的解体图片

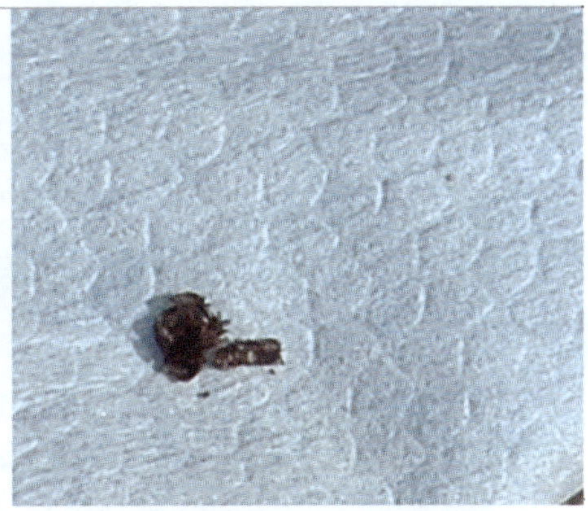

（b）密封圈槽上的飞虫尸体图片

图 2－10　220kV××变电站 110kV 上五Ⅰ线 113 B 相断路器瓷套底座的解体图片

7. 结论及建议

××供电公司 220kV××变电站 110kV 上五Ⅰ线 113 B 相断路器瓷套底座上的预留孔漏气，是由于飞虫从预留孔中带入黄泥巴、飞虫的排泄物等腐蚀性混合物，以及飞虫不定期的爬行导致 O 形密封圈上的密封胶受破坏；另外，设备投运时间已将近 10 年，涂在密封圈上的密封胶也已劣化失效，最终造成 SF_6 气体泄漏。

建议：该类型的断路器可在设备加工时，不在瓷套底座上留有预留孔；将 4 个预留孔用空隙较小的网状物进行堵塞，避免因飞虫进入设备内部而破坏密封；在设备漏气期间加强 SF_6 气体湿度的检测工作，防止空气中水汽进入设备进而影响绝缘水平；在日常巡检中，密切关注气室压力变化，避免设备进入闭锁状态；对该类漏气设备运维时，要加强防护，避免有毒有害的 SF_6 气体分解产物对人体造成伤害。

（二）案例 2

1. 案例概况

2015 年 5 月 9 日，××供电公司 220kV××变电站在进行 SF_6 气体泄漏成像检测时，发现 110kV 下半线 115 断路器有 SF_6 气体泄漏现象。在此之前，

110kV 下半线 115 开关就多次达到报警压力 0.45MPa（20℃），2015 年的 2 月至 4 月，甚至平均每个月就需要补气一次。结合 SF_6 红外热成像检漏仪所拍摄的图片，初步诊断 110kV 下半线 115 开关存在 SF_6 气体泄漏现象。该断路器为河南平高电气股份有限公司生产，型号为 LW35 - 126W，于 2005 年 9 月 1 日出厂，并于 2006 年 10 月 25 日投运。

2015 年 5 月 10 日对 115 断路器漏气点进行检查，发现 115 断路器三通阀处密封垫老化，因而造成密封不良，导致 SF_6 气体泄漏。5 月 14 日安排相关技术人员进行消缺，更换了密封圈，并涂上密封胶。安装完成，设备恢复送电后的一个月内，经过多次 SF_6 红外热成像检漏仪检测，确认了没有漏气现象出现。

2. 检测分析方法

（1）带电测试情况。

2015 年 5 月 9 日 SF_6 红外热成像检漏仪所拍摄的图片如图 2 - 11 所示，明显可见有 SF_6 气体泄漏。

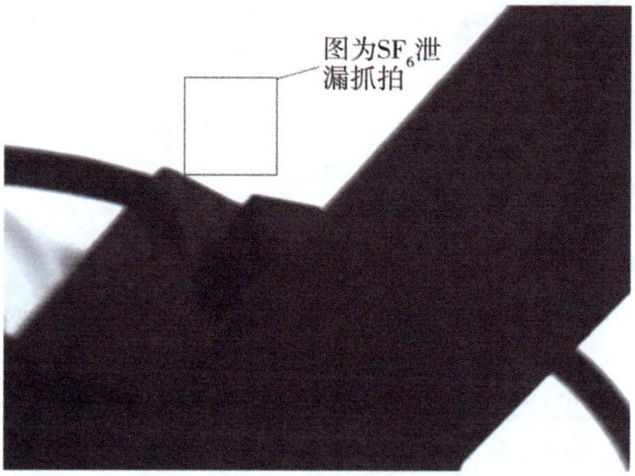

图 2 - 11　110kV 下半线 115 断路器 SF_6 气体泄漏成像图

（2）历史数据分析。

2015 年的 2 月至 4 月 110kV 下半线 115 断路器 SF_6 气体压力多次到达报警值 0.45MPa（20℃），具体数值见表 2 - 2，并进行过多次补气，如此频繁的气体压力报警，说明了 115 断路器可能存在 SF_6 气体泄漏现象。

表 2 - 2　2015 年 2—4 月 110kV 下半线 115 断路器气体压力值

时间	2 月 18 日	3 月 23 日	4 月 28 日
SF_6 气体压力值（MPa）	0.43	0.42	0.40

3. 解体检查分析

根据以上历史数据及 SF_6 红外热成像检漏仪所拍摄的图片，可以确定 110kV 下半线 115 断路器存在 SF_6 气体泄漏现象。此缺陷为严重缺陷。

通过对 110kV 下半线 115 断路器外观及泄漏点检查，见图 2－12，发现 115 断路器三通阀处密封垫老化，如图 2－13 所示。

(a)　　(b)

图 2－12　110kV 下半线 115 断路器外观及 SF_6 泄漏点检查

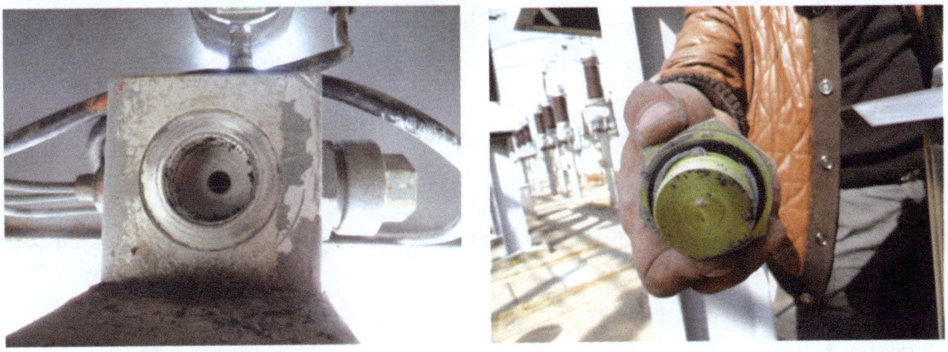

(a)　　(b)

图 2－13　110kV 下半线 115 断路器三通阀

分析是由于 110kV 下半线 115 断路器投运时间较长，断路器三通阀处密封垫因受潮及其他因素导致老化严重，影响其密封性能，导致 SF_6 气体泄漏。

2015 年 5 月 14 日由技术人员对此缺陷进行了处理，更换了 110kV 下半线 115 断路器三通阀处密封圈，并涂上密封胶。安装完成设备恢复送电后的一个月内，经多次使用 SF_6 红外热成像检漏仪检测，确认漏气现象消失。处理过程如图 2－14 所示。

(a)

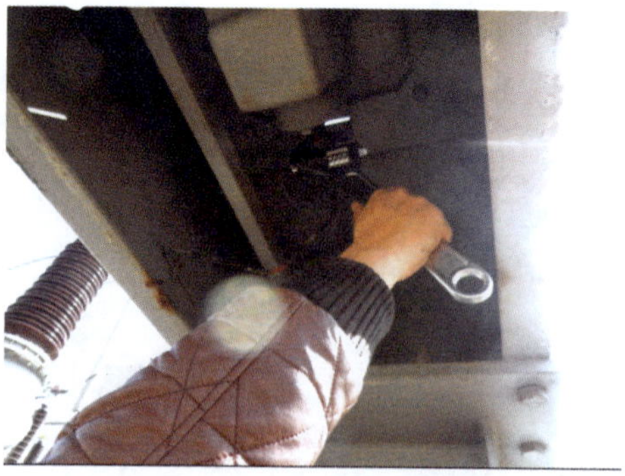

(b)

图 2-14　110kV 下半线 115 断路器消缺过程

4. 综合分析

带电检测显示 220kV ××变电站 110kV 下半线 115 断路器 SF_6 气体有泄漏现象，同时结合 2015 年 2—4 月 110kV 下半线 115 断路器 SF_6 气体压力报警值及 110kV 下半线 115 断路器 SF_6 气体补气工作记录，判断 220kV ××变电站 110kV 下半线 115 断路器 SF_6 气体确实存在气体泄漏现象。通过对 115 断路器泄漏点及外观检查，发现泄漏是由 115 断路器三通阀密封垫老化导致。对 115 断路器三通密封圈进行密封处理后，SF_6 气体热成像检漏仪无泄漏图像显示，115 断路器 SF_6 气体压力保持平稳，无报警现象。

5. 经验体会

（1）SF_6 气体泄漏成像检漏技术对发现断路器 SF_6 气体泄漏有效，公司对所有的 110kV 及以上断路器，尤其是曾经出现过 SF_6 气体压力报警的断路器，都进行了带电检测，并结合其最近的补气工作记录，最终通过停电诊断及解体分析进行了缺陷确认。

（2）为了防止再次因断路器三通密封性能引起的断路器 SF_6 气体泄漏现象，公司对所有 110kV 及以上断路器的三通都加装了防雨罩，延缓三通阀的老化。

三、互感器类设备

（一）案例概况

2015 年 8 月 27 日，××供电公司变电运维班发现 220kV ××变电站 110kV 红彭线 115 开关电流互感器 C 相 SF_6 压力报警。该电流互感器型号为 LVQB-110，由河南平高电气股份有限公司于 2011 年 10 月生产，2012 年 7 月投运。其 SF_6 气体额定压力为 0.55MPa，SF_6 气体报警压力为 0.48MPa，SF_6 气体闭锁压力为 0.43MPa。漏气均发 SF_6 压力报警信号。因检测手段限制，无法诊断漏气点位置，在压力报警后，立即通知检修人员现场停电进行检漏补气。

2015 年 9 月 19 日，××公司试验二班联合厂家利用 SF_6 气体泄漏成像检漏仪对漏气电流互感器进行 SF_6 气体泄漏成像，以查找漏气点。通过图像，查找到漏气点位于开关 C 相铭牌侧电流互感器底部，但厂家认为此处漏气缺陷无法查到，目前密切监视该相电流互感器压力表，一旦发现报警立即补气，并及时申请进行更换。

（二）检测分析方法

1. 检测过程

现场检测的 220kV ××变电站 110kV 红彭线 115 开关电流互感器 SF_6 气体泄漏成像视频截图见图 2－15。

图 2－15　SF_6 气体泄漏成像视频截图

2. 异常原因分析

通过成像仪器所拍摄的视频及图片可明显看见电流互感器 C 相铭牌电流互感器底座有气体漏出。导致漏气的原因为底座铭牌处存在砂眼。电流互感器漏气部位见图 2－16。

图 2－16　电流互感器 SF_6 气体漏气点位置

3. 处理措施

（1）更换密封圈，补气后正常。

（2）加强对设备监测漏气缺陷发展趋势，压力降低及时联系检修人员进行现场处理，必要时进行更换。

（三）经验体会

（1）SF_6 气体泄漏成像检漏仪作用强大，可检测所有设备的局部故障，操作灵活且灵敏度高，可逐步推广应用。

（2）应针对地市供电公司加强 SF_6 气体泄漏成像检漏等带电检测培训工作。

四、压力表座、接头及阀门

（一）案例 1

1. 案例概况

2015 年 8 月 14 日，在 × × 检修分公司 500kV × × 变电站，利用 FLIR GF306 红外热成像检漏仪对 220kV 侧 GIS 设备进行红外热成像检漏带电检测，发现 220kV 南母西段 CVT 间隔 PT 气室的 C 相 PT 取气软连接管下面的螺母（下侧）漏气。

检修分公司提供的资料显示该气室无补气记录，该气室 2015 年 5 月至 7 月的 SF_6 气体压力巡检记录均为 0. 46MPa，2015 年 8 月 14 日带电检测过程中发现该气室压力表显示为 0. 46MPa。经德国 WIKA 公司的 SF_6 气体定量检漏仪验证，泄漏点附近的 SF_6 气体浓度最大值为 49μL/L。

2. 检测对象及项目

检测对象：500kV × ×变电站 220kV 南母西段 CVT 间隔 PT 气室及连接管路，重点检测法兰密封面、压力表座密封处、螺栓周围、波纹管、连接管线及相应接头等。

检测项目：红外热成像检漏、定量检漏。

GIS 设备厂家：西安西电开关电气有限公司；投运时间：2009 年 5 月；GIS 设备型号：ZFW9 – 252（L）。

3. 检测仪器及装置

（1）红外热成像检漏仪，仪器型号：FLIR GF306；生产厂家：美国 FLIR 公司。

（2）WIKA SF_6 气体定量检漏仪，仪器型号：GA15 SF_6 – IR – Leak；生产厂家：德国 WIKA 公司。

4. 检测情况

2015 年 8 月 14 日，对 500kV × ×变电站 220kV 南母西段 CVT 间隔 PT 气室罐体、法兰、接头、连接管线等进行了红外热成像检漏带电检测，检测时环境风速不大于 5m/s，温度为 34℃，湿度为 53%。

（1）FLIR GF306 红外热成像检漏仪检测的图片。

利用 FLIR GF306 红外热成像检漏仪，检测出 500kV ××变电站 220kV 南母西段 CVT 间隔 PT 气室的 C 相 PT 取气软连接管下面的螺母（下侧）漏气。SF_6 气体泄漏图片如图 2－17 所示，其中图 2－17（a）为 SF_6 气体泄漏红外热成像图片，图 2－17（b）为 SF_6 气体泄漏可见光图片，红圈内为 SF_6 气体泄漏部位。

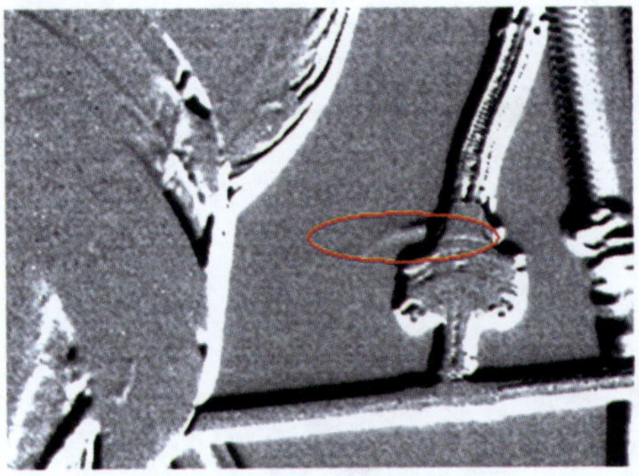

（a）SF_6气体泄漏红外热成像图片

（b）SF_6气体泄漏可见光图片

图 2－17　220kV 南母西段 CVT 间隔 PT 气室的 C 相 PT 取气软连接管下面的螺母（下侧）SF_6 气体泄漏图片

（2）WIKA SF_6 气体定量检漏仪检测的数据。

WIKA GA15 SF_6 气体定量检漏仪是一款灵敏度达到 1.81×10^{-5}mL/s、响应时间小于 1s 的检漏设备，该检漏仪可迅速、准确地定量检测出 SF_6 设备和 GIS 的 SF_6 气体泄漏浓度及泄漏点。测试时 SF_6 气体的扩散速度及方位不同，使测得的 SF_6 气体含量有一定的微小变化。如图 2－18 为测得的 SF_6 气体浓度值，测得的漏气量最大为 49μL/L。

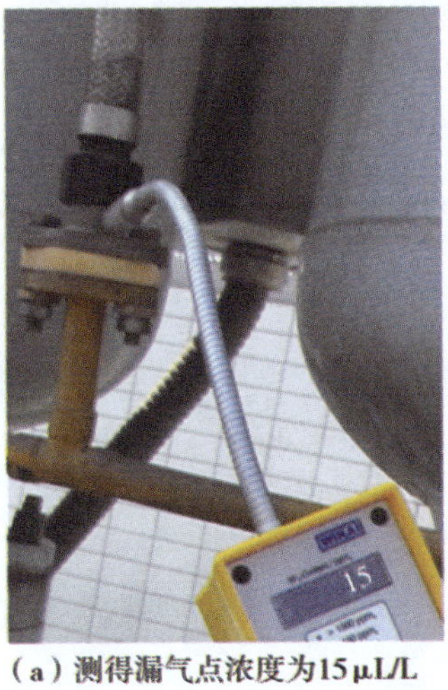

（a）测得漏气点浓度为15μL/L

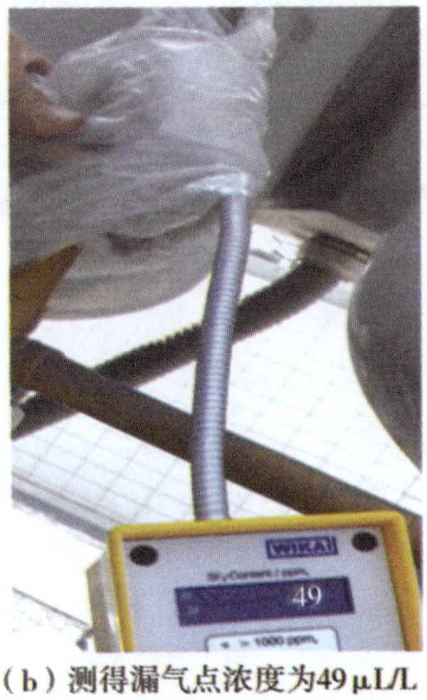

（b）测得漏气点浓度为49μL/L

图 2－18　WIKA SF_6 气体定量检漏仪测得的气体浓度值

5. 综合分析

图 2-19 为 500kV × ×变电站 220kV 南母西段 CVT 间隔 PT 气室的 SF_6 气体压力表，表计显示该气室压力为 0.46MPa。通过查询补气、巡检记录，未发生过补气操作，检修分公司也提供了该气室 2015 年 5 月至 7 月的 SF_6 气体压力巡检记录，记录上均为 0.46MPa，明显大于额定压力 0.40MPa，估计是补了气但没有及时记录。

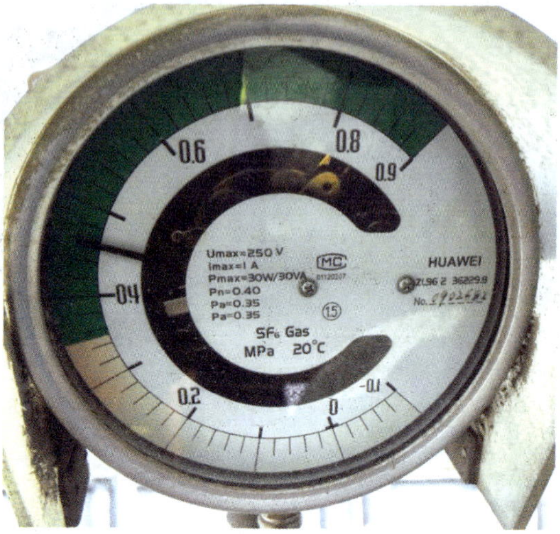

图 2-19　220kV 南母西段 CVT 间隔 PT 气室压力表

FLIR GF306 捕捉到 SF_6 气体泄漏后的气体扩散情况，具有明显的泄漏特征；同时，SF_6 气体泄漏受温度、风速等影响，具有一定的间歇性。对于用 GF306 发现的泄漏部位，WIKA SF_6 气体定量检漏仪检测出 SF_6 气体浓度最大值为 49μL/L，说明该部位存在明显的 SF_6 气体泄漏，结合 FLIR GF306 捕捉到的 SF_6 气体泄漏图片，精确地确定泄漏点为图 2-17（b）红色圆圈区域内，即 220kV 南母西段 CVT 间隔 PT 气室的 C 相 PT 取气软连接管下面的螺母（下侧）。

分析漏气原因：220kV 南母西段 CVT 间隔 PT 气室的 C 相 PT 取气软连接管下面的螺母（下侧）漏气，初步判断为密封圈老化、压偏，或螺母预紧力不够导致漏气。

6. 验证情况

综合现场压力表气压偏低、FLIR GF306 捕捉到的 SF_6 气体泄漏图片、WIKA SF_6 气体定量检漏仪检测出漏气浓度值，相互验证了 220kV 南母西段 CVT 间隔 PT 气室的 C 相 PT 取气软连接管下面的螺母（下侧）漏气。

7. 结论及建议

× ×检修分公司 500kV × ×变电站 220kV 南母西段 CVT 间隔 PT 气室的 C

相PT取气软连接管下面的螺母（下侧）漏气，初步判断的漏气原因是密封垫老化、压偏，或螺母预紧力不够。

建议：将取气软连接管下面的螺母拧紧，加强跟踪，缩短巡检周期，密切关注该气室的 SF_6 气体压力下降速度，低于额定气体压力时须及时补气；若采取上述措施仍然漏气，则结合设备停电，对密封垫进行检查并更换，消缺后再检查漏气情况是否仍然存在。

（二）案例2

1. 案例概况

2015年8月14日，在××检修分公司500kV××变电站，利用FLIR GF306红外热成像检漏仪对220kV侧GIS设备进行红外热成像检漏带电检测，发现220kV××线1间隔断路器气室密度继电器接头的螺母下方（靠北边）漏气。

检修分公司提供的资料显示该气室无补气记录，该气室2015年5月至7月的 SF_6 气体压力巡检记录均为0.52MPa，2015年8月14日带电检测过程中发现该气室压力表显示为0.52MPa。经德国WIKA公司的 SF_6 气体定量检漏仪验证，泄漏点附近的 SF_6 气体浓度最大值为408μL/L。

2. 检测对象及项目

检测对象：500kV××变电站220kV××线1间隔断路器气室及连接管路，重点检测法兰密封面、压力表座密封处、螺栓周围、波纹管、连接管线及相应接头等。

检测项目：红外热成像检漏、定量检漏。

GIS设备厂家：西安西电开关电气有限公司；投运时间：2009年6月；GIS设备型号：ZFW9－252（L）。

3. 检测仪器及装置

（1）红外热成像检漏仪，仪器型号：FLIR GF306；生产厂家：美国FLIR公司。

（2）WIKA SF_6 气体定量检漏仪，仪器型号：GA15 SF_6－IR－Leak；生产厂家：德国WIKA公司。

4. 检测情况

2015年8月14日，对500kV××变电站220kV××线1间隔断路器气室的罐体、法兰、接头、连接管线等进行了红外热成像检漏带电检测，检测时环境风速不大于5m/s，温度为34℃，湿度为53%。

（1）FLIR GF306红外热成像检漏仪检测的图片。

利用FLIR GF306红外热成像检漏仪，检出500kV××变电站220kV××线1间隔断路器气室密度继电器接头的螺母下方（靠北边）漏气。SF_6 气体泄漏图片如图2－20所示，其中图2－20（a）为 SF_6 气体泄漏红外热成像图片，图2－20（b）为 SF_6 气体泄漏可见光图片，红圈内为 SF_6 气体泄漏部位。

（a）SF_6气体泄漏红外热成像图片　　（b）SF_6气体泄漏可见光图片

图 2－20　220kV××线 1 间隔断路器气室密度继电器接头的螺母下方（靠北边）SF_6 气体泄漏图片

（2）WIKA SF_6 气体定量检漏仪检测的数据。

WIKA GA15 SF_6 气体定量检漏仪是一款灵敏度达到 1.81×10^{-5}mL/s、响应时间小于 1s 的检漏设备，该检漏仪可迅速、准确地定量检测出 SF_6 设备和 GIS 的 SF_6 气体泄漏浓度及泄漏点。测试时 SF_6 气体的扩散速度及方位不同，使测得的 SF_6 气体含量有一定的微小变化。图 2－21 为测得的 SF_6 气体浓度值，测得的漏气量最大为 408μL/L。

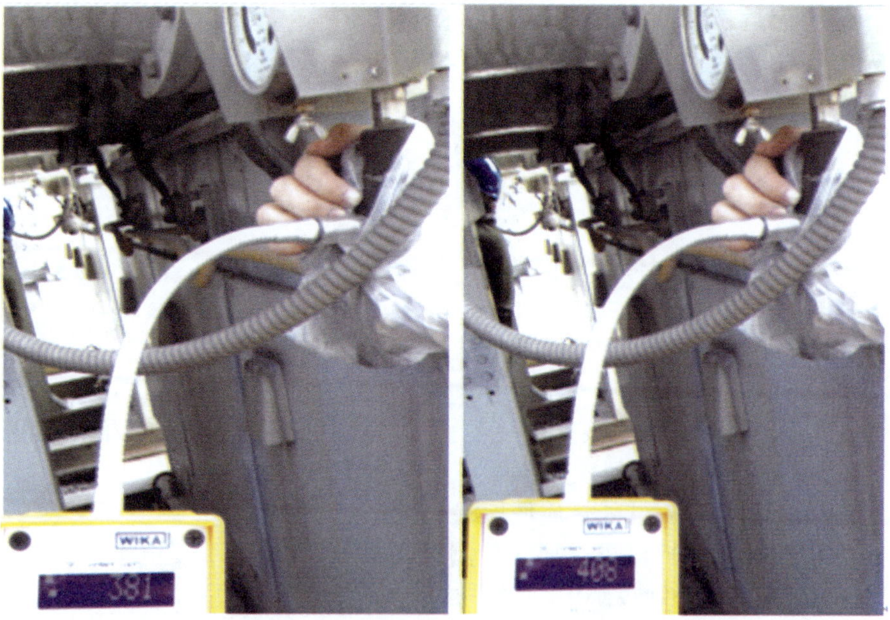

（a）测得漏气点浓度为381μL/L　　（b）测得漏气点浓度为408μL/L

图 2－21　WIKA SF_6 气体定量检漏仪测得的气体浓度值

5. 综合分析

图 2－22 为 500kV××变电站 220kV××线 1 间隔断路器气室的 SF_6 气体压力表，表计显示该气室压力为 0.52MPa。通过查询补气、巡检记录，未发生过补气操作，检修分公司也提供了该气室 2015 年 5 月至 7 月的 SF_6 气体压力巡检记录，显示均为 0.52MPa，接近额定压力 0.50MPa。

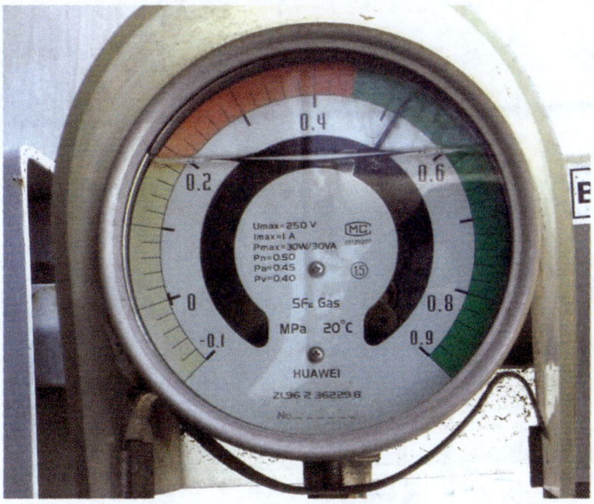

图 2－22　220kV××线 1 间隔断路器气室压力表

FLIR GF306 捕捉到 SF_6 气体泄漏后的气体扩散情况，具有明显的泄漏特征；同时，SF_6 气体泄漏受温度、风速等影响，具有一定的间歇性。对于用 GF306 发现的泄漏部位，WIKA SF_6 气体定量检漏仪检测出 SF_6 气体浓度最大值为 408μL/L，说明该部位存在明显的 SF_6 气体泄漏。结合 FLIR GF306 捕捉到的 SF_6 气体泄漏图片，精确地确定泄漏点为图 2－20（b）红色圆圈区域内，即 220kV××线 1 间隔断路器气室密度继电器接头的螺母下方（靠北边）。

分析漏气原因：220kV××线 1 间隔断路器气室密度继电器接头的螺母下方（靠北边）漏气，初步判断为螺母密封垫老化、压偏，或螺母预紧力不够导致漏气。

6. 验证情况

综合现场压力表气压偏低、FLIR GF306 捕捉到的 SF_6 气体泄漏图片、WIKA SF_6 气体定量检漏仪检测出漏气浓度值，相互验证了 220kV××线 1 间隔断路器气室密度继电器接头的螺母下方（靠北边）漏气。

7. 结论及建议

××检修分公司 500kV××变电站 220kV××线 1 间隔断路器气室密度继电器接头的螺母下方（靠北边）漏气，初步判断漏气原因是螺母密封垫老化、压偏，或螺母预紧力不够。

建议：将密度继电器接头的螺母拧紧，加强跟踪，缩短巡检周期，密切关注该气室的 SF_6 气体压力下降速度，低于额定气体压力时须及时补气；若采取上述措施仍然漏气，则应结合设备停电，对密封垫进行检查并更换，消缺后再检查漏气情况是否仍然存在。

（三）案例3

1. 案例概况

2015年8月18日，在××检修分公司500kV××变电站，利用FLIR GF306红外热成像检漏仪对220kV侧GIS设备进行红外热成像检漏带电检测，发现220kVⅡ××线间隔A相电压互感器气室的密度继电器底座上的取气阀门（靠南侧）漏气。

检修分公司提供的资料显示该气室无补气记录，该气室2015年3月份的 SF_6 气体压力巡检记录为0.51MPa，2015年4月至7月的气体压力均为0.50MPa，2015年8月18日带电检测过程中发现该气室压力表显示为0.49MPa，存在缓慢下降趋势。经德国WIKA公司的 SF_6 气体定量检漏仪验证，泄漏点附近的 SF_6 气体浓度最大值为210μL/L。

2. 检测对象及项目

检测对象：500kV××变电站220kVⅡ××线间隔A相电压互感器气室及连接管路，重点检测法兰密封面、压力表座密封处、螺栓周围、波纹管、连接管线及相应接头等。

检测项目：红外热成像检漏、定量检漏。

GIS设备厂家：河南平高电气股份有限公司；投运时间：2014年12月；GIS设备型号：ZF11－252（L）。

3. 检测仪器及装置

（1）红外热成像检漏仪，仪器型号：FLIR GF306；生产厂家：美国FLIR公司。

（2）WIKA SF_6 气体定量检漏仪，仪器型号：GA15 SF_6－IR－Leak；生产厂家：德国WIKA公司。

4. 检测情况

2015年8月18日，对500kV××变电站220kVⅡ××线间隔A相电压互感器气室罐体、法兰、接头、连接管线等进行了红外热成像检漏带电检测，检测时环境风速不大于5m/s，温度为35℃，湿度为56%。

（1）FLIR GF306红外热成像检漏仪检测的图片。

利用FLIR GF306红外热成像检漏仪，检测出500kV××变电站220kVⅡ××线间隔A相电压互感器气室的密度继电器底座上的取气阀门（靠南侧）漏气。SF_6 气体泄漏图片如图2－23所示，其中图2－23（a）为 SF_6 气体泄漏红外热成像图片，图2－23（b）为 SF_6 气体泄漏可见光图片，红圈内为 SF_6 气体泄漏部位。

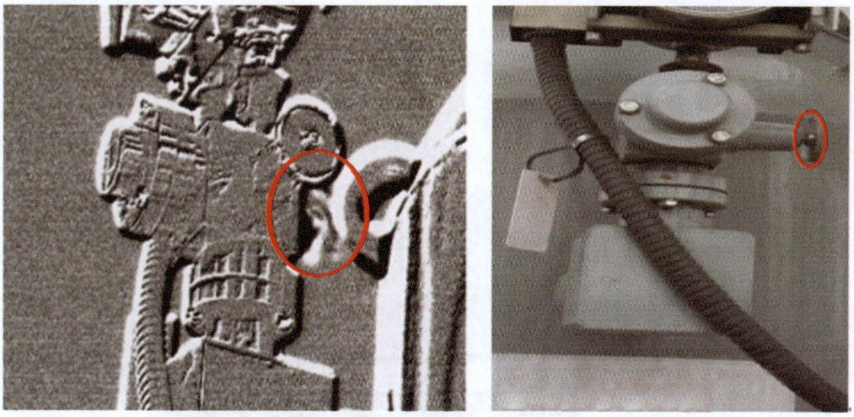

（a）SF_6气体泄漏红外热成像图片　　（b）SF_6气体泄漏可见光图片

图 2－23　220kVⅡ××线间隔 A 相电压互感器气室的密度继电器底座上的取气阀门（靠南侧）SF_6 气体泄漏

（2）WIKA SF_6 气体定量检漏仪检测的数据。

WIKA GA15 SF_6 气体定量检漏仪是一款灵敏度达到 1.81×10^{-5}mL/s、响应时间小于 1s 的检漏设备，该检漏仪可迅速、准确地定量检测出 SF_6 设备和 GIS 的 SF_6 气体泄漏浓度及泄漏点。测试时 SF_6 气体的扩散速度及方位不同，使测得的 SF_6 气体含量有一定的微小变化。如图 2－24 为测得的 SF_6 气体浓度值，测得的漏气量最大为 210μL/L。

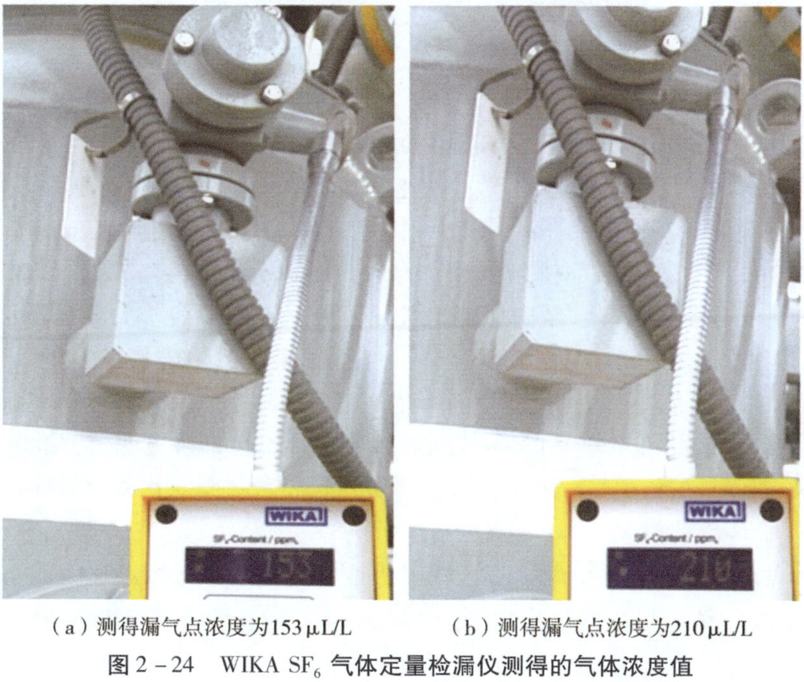

（a）测得漏气点浓度为153μL/L　　（b）测得漏气点浓度为210μL/L

图 2－24　WIKA SF_6 气体定量检漏仪测得的气体浓度值

5. 综合分析

图 2-25 为 500kV ××变电站 220kV Ⅱ ××线间隔 A 相电压互感器气室的 SF_6 气体压力表，表计显示该气室压力为 0.49MPa。通过查询补气、巡检记录，未发生过补气操作，检修分公司也提供了该气室 2015 年 3 月份的 SF_6 气体压力巡检记录显示为 0.51MPa，2015 年 4 月至 7 月的气体压力均为 0.50MPa，2015 年 8 月 18 日带电检测过程中发现该气室压力表计值显示为 0.49MPa，存在缓慢下降趋势。综合上述情况，初步判断该气室存在一定的漏气缺陷。

图 2-25　220kV Ⅱ ××线间隔 A 相电压互感器气室压力表

FLIR GF306 捕捉到 SF_6 气体泄漏后的气体扩散情况，具有明显的泄漏特征；同时，SF_6 气体泄漏受温度、风速等影响，具有一定的间歇性。对于用 GF306 发现的泄漏部位，WIKA SF_6 气体定量检漏仪检测出 SF_6 气体浓度最大值为 210μL/L，说明该部位存在明显的 SF_6 气体泄漏。结合 FLIR GF306 捕捉到的 SF_6 气体泄漏图片，精确地确定泄漏点为图 2-23（b）红色圆圈区域内，即 220kV Ⅱ ××线间隔 A 相电压互感器气室的密度继电器底座上的取气阀门（靠南侧）。

分析漏气原因：220kV Ⅱ××线间隔 A 相电压互感器气室的密度继电器底座上的取气阀门（靠南侧）漏气，初步判断为阀芯密封圈老化或压偏导致漏气。

6. 验证情况

综合现场压力表气压偏低、FLIR GF306 捕捉到的 SF_6 气体泄漏图片、WIKA SF_6 气体定量检漏仪检测出漏气浓度值，相互验证了 220kV Ⅱ ××线间隔A相电压互感器气室的密度继电器底座上的取气阀门（靠南侧）漏气。

7. 结论及建议

××检修分公司500kV××变电站220kVⅡ××线间隔A相电压互感器气室的密度继电器底座上的取气阀门（靠南侧）漏气，初步判断漏气的原因是阀芯密封圈老化或压偏。

建议：尽快对该气室进行补气，补至额定压力；加强跟踪，缩短巡检周期，密切关注该气室的 SF_6 气体压力下降速度，低于额定气体压力时须及时补气；结合设备停电，对阀芯密封圈、阀芯进行检查并更换，消缺后再进行真空严密性试验检查是否仍然漏气。

五、连接管道

（一）案例概况

2015年8月7日，在××供电分公司220kV××变电站，利用FLIR GF306红外热成像检漏仪对220kV侧GIS设备进行红外热成像检漏带电检测，发现大222间隔2号气室的密度继电器取气连接管路有砂眼（位于B、C两相之间的弯管），存在漏气现象。

××供电分公司提供的资料显示该气室无补气记录，该气室2015年1月至7月的 SF_6 气体压力巡检记录均显示为0.50MPa；而2015年8月7日带电检测过程中发现该气室压力表显示为0.48MPa，小于额定压力0.50MPa。经德国WIKA公司的 SF_6 气体定量检漏仪验证，泄漏点附近的 SF_6 气体浓度最大值为712μL/L。

（二）检测对象及项目

（1）检测对象：220kV××变电站大222间隔2号气室及连接管路，重点检测法兰密封面、压力表座密封处、螺栓周围、波纹管、连接管线及相应接头等。

（2）检测项目：红外热成像检漏、定量检漏。

（3）GIS设备厂家：沈阳高压开关有限责任公司；投运时间：2004年4月；GIS设备型号：ZF6－220。

（三）检测仪器及装置

（1）红外热成像检漏仪，仪器型号：FLIR GF306；生产厂家：美国FLIR公司。

（2）WIKA SF_6 气体定量检漏仪，仪器型号：GA15 SF_6－IR－Leak；生产厂家：德国WIKA公司。

（四）检测情况

2015年8月7日，对220kV××变电站大222间隔2号气室的罐体、法兰、接头、连接管线等进行了红外热成像检漏带电检测，检测时环境风速不大于 5m/s，温度为 38℃，湿度为 57%。

1. FLIR GF306 红外热成像检漏仪检测的图片

利用 FLIR GF306 红外热成像检漏仪，检测出 220kV ××变电站大 222 间隔 2 号气室的密度继电器取气连接管路存在砂眼（位于 B、C 两相之间的弯管），造成漏气。SF_6 气体泄漏图片如图 2-26 所示，其中图 2-26（a）为 SF_6 气体泄漏红外热成像图片，图 2-26（b）为 SF_6 气体泄漏可见光图片，红圈内为 SF_6 气体泄漏部位。

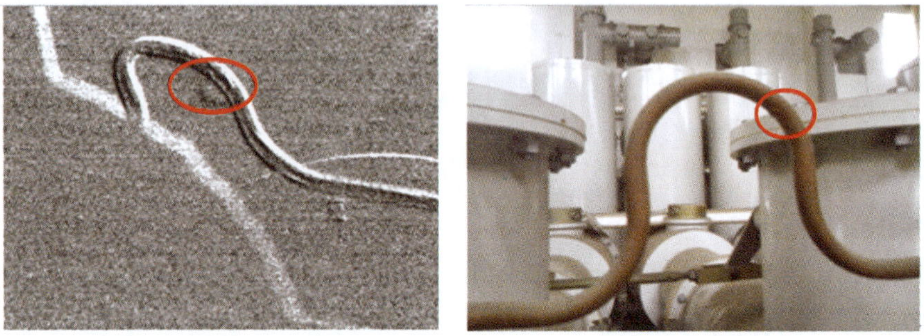

（a）SF_6气体泄漏红外热成像图片　（b）SF_6气体泄漏可见光图片

图 2-26　大 222 间隔 2 号气室的密度继电器取气连接管路的砂眼（位于 B、C 两相之间的弯管）处 SF_6 气体泄漏

2. WIKA SF_6 气体定量检漏仪检测的数据

WIKA GA15 SF_6 气体定量检漏仪是一款灵敏度达到 1.81×10^{-5}mL/s、响应时间小于 1s 的检漏设备，该检漏仪可迅速、准确地定量检测出 SF_6 设备和 GIS 的 SF_6 气体泄漏浓度及泄漏点。测试时 SF_6 气体的扩散速度及方位不同，使测得的 SF_6 气体含量有一定的微小变化。如图 2-27 为测得的 SF_6 气体浓度值，测得的漏气量最大为 712μL/L。

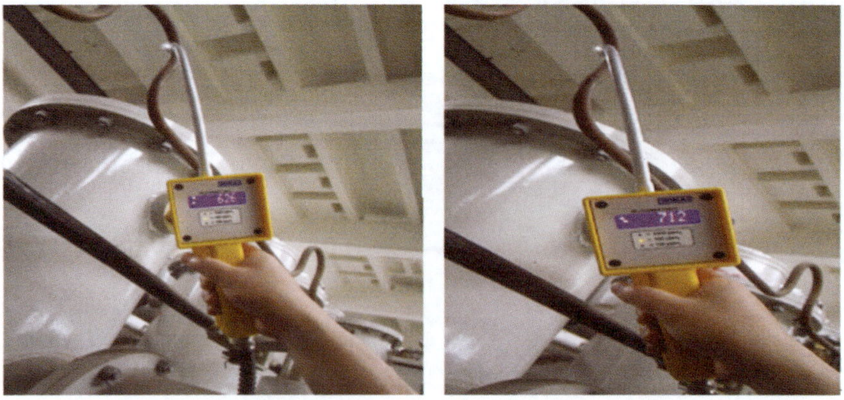

（a）测得漏气点浓度为626μL/L　（b）测得漏气点浓度为712μL/L

图 2-27　WIKA SF_6 气体定量检漏仪测得的气体浓度值

（五）综合分析

图 2-28 为 220kV ××变电站大 222 间隔 2 号气室的 SF_6 气体压力表，表计显示该气室压力接近 0.48MPa，低于该气室的额定压力 0.50MPa。通过查询补气、巡检记录，未发生过补气操作，××公司也提供了该气室 2015 年 1 月至 7 月的 SF_6 气体巡检记录，压力均为 0.50MPa。针对当前压力低于额定压力的情况，判断该气室存在一定的漏气现象。

图 2-28　220kV ××变电站大 222 间隔 2 号气室压力表

FLIR GF306 捕捉到 SF_6 气体泄漏后的扩散情况，具有明显的泄漏特征；同时，SF_6 气体泄漏受温度、风速等影响，具有一定的间歇性。对于用 GF306 发现的泄漏部位，WIKA SF_6 气体定量检漏仪检测出 SF_6 气体浓度最大值为 712μL/L，说明该部位存在明显的 SF_6 气体泄漏。结合 FLIR GF306 捕捉到的 SF_6 气体泄漏图片，精确地确定泄漏点为图 2-26（b）红色圆圈区域内，即 220kV ××变电站大 222 间隔 2 号气室的密度继电器取气连接管路的砂眼（位于 B、C 两相之间的弯管）处。

分析漏气原因：220kV ××变电站大 222 间隔 2 号气室的密度继电器取气连接管路（位于 B、C 两相之间的弯管处）存在砂眼，虽有补焊痕迹，但砂眼缺陷未能最终消除。

（六）验证情况

综合现场压力表气压偏低、FLIR GF306 捕捉到的 SF_6 气体泄漏图片、WIKA SF_6 气体定量检漏仪检测出漏气浓度值，相互验证了 220kV ××变电站大 222 间隔 2 号气室的密度继电器取气连接管路（位于 B、C 两相之间的弯管）处存在砂眼，造成气体泄漏。

（七）结论及建议

××供电分公司 220kV××变电站，220kV 侧大 222 间隔 2 号气室的密度继电器取气连接管路有砂眼（位于 B、C 两相之间的弯管），存在气体泄漏现象，漏气原因是管路存在砂眼，虽有补焊痕迹，但砂眼缺陷未能消除。

建议：尽快对该气室进行补气，补至额定压力；加强跟踪，缩短巡检周期，密切关注该气室的 SF_6 气体压力下降速度，低于额定气体压力时须及时补气；结合设备停电，对管路上的砂眼进行补焊处理，消缺后再检查是否仍然漏气。

参考文献

[1] 六氟化硫气体泄漏成像测试技术现场应用导则：Q/GDW 11062—2013 [S]. 国家电网公司，2014.

[2] 国家电网公司运维检修部. 电网设备带电检测技术 [M]. 北京：中国电力出版社，2014：235－240.

[3] 张涛，李一宁，申红志. 六氟化硫气体回收处理技术培训教材 [M]. 北京：中国电力出版社，2012：230－233.

[4] 孟玉婵，朱芳菲. 电气设备用六氟化硫的检测与监督 [M]. 北京：中国电力出版社，2009.

[5] 国家发展改革委办公司. 六氟化硫电气设备中绝缘气体湿度测量方法：DL/T 506—2007 [S]. 北京：中国电力出版社，2008.

[6] 国家质量技术监督局. 六氟化硫电气设备中气体管理和检测导则：GB/T 8905—2012 [S]. 北京：中国标准出版社，2013.

第二章 紫外光谱成像检测技术

第一节 紫外光谱成像检测技术概述

一、发展历程

紫外（Ultraviolet，UV）光谱成像检测技术是欧美国家为军事目的发展起来的新型成像检测技术。它的特点是用于观察和检测日盲（200～280nm）紫外光信号，并将紫外图像信号转换成可见光图像信号，进行观察和测量。利用该技术可以观察到许多用传统光学仪器观察不到的物理、化学、生物现象；又因为其工作在“日盲”波段，所以不受日光的干扰，即采用该技术的仪器可以在日光下工作，图像清晰，工作可靠，使用方便。

紫外光谱成像检测技术从20世纪80年代末才开始进入实质性的研究和应用阶段，起初主要应用于军事领域，各国对该项技术的应用处于严格保密状态。20世纪90年代末，美国一家公司率先突破技术禁区，将紫外光谱成像检测技术应用于警用领域。此后，紫外光谱成像检测技术在民用市场得以普及和推广，同时也进一步促进了紫外光谱成像检测技术的研究和应用。目前，对紫外光的检测一般在火灾报告、河流治理、地震预报、气象预报、海洋环境检测等方面应用较多。

1981年，俄罗斯电力专家将紫外光谱成像检测技术应用于电力行业，在美国、欧洲、以色列等国家和地区都有专家在研究解决方案，均已有紫外检测仪器投入使用。而国内对紫外光谱成像检测系统的研究工作起步较晚，国产化产品较少。目前，国内许多省级电科院和供电公司配置了此类仪器，并利用紫外光谱成像检测技术进行架空输电线路和变电站电气设备的电晕和表面放电检测工作。

二、电网设备缺陷检测中的应用情况

输电线路和变电站电气设备在大气环境下工作，在某些情况下，随着绝缘性能的降低、结构缺陷的出现，会产生电晕放电和表面局部放电现象。在高压设备电离放电时，会产生电晕、闪络或电弧。电离过程中，空气中的电子不断获得和释放能量。当电子释放能量（即放电）时，会伴随有光波和声波，还有臭氧、紫外线、微量的硝酸等辐射。根据光谱分析发现，其中含有微量日盲区紫外光。

对电气设备进行电晕放电检测，一方面能够及时掌握绝缘可能出现的劣化情况，在严重事故发生之前就可以确定绝缘的危险状况，从而避免事故的发生；另一方面，随着紫外光谱成像检测技术的完善，结合图像分析系统，对于故障诊断智能化及电气设备状态检修的实现具有重要的意义。

在电力设备的紫外光的检测应用上，目前市场上普遍使用的是紫外成像仪。电晕放电现象的光谱分析表明其波长范围为230～405nm，其中200～280nm的光谱段称为太阳盲区，该段内由太阳发射的紫外光量极低。根据这一特性，美国、南非和以色列等国家研制开发了用于日间检测电晕的紫外电晕检测仪。相比国外，国内电力行业在紫外方面的应用仅有10年左右的经验。目前，在高压电力设备带电检测领域，紫外光谱成像检测技术主要有以下几个方面的应用。

（一）导线及金具外伤检测

导线架线时拖伤、运行过程中外部损伤、断股、散股等可用紫外光谱成像仪检测。导线表面或内部变形都可能导致其附近电场强度变强，在满足条件时会产生电晕。这种电晕肉眼很难判断，但可用紫外光谱成像仪检测，对于日常巡查和检验工程质量很有意义。

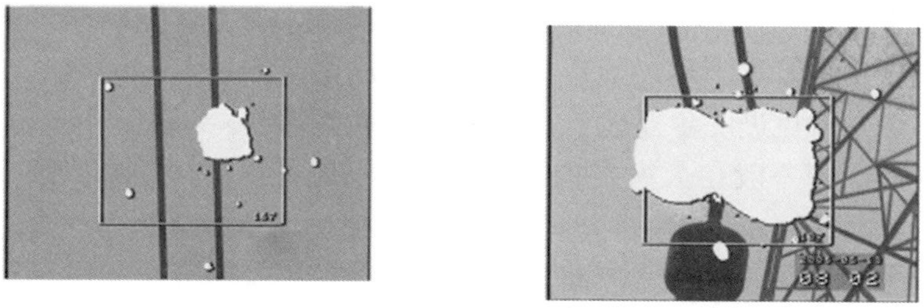

（a）导线断股放电　　（b）连接金具放电

图3－1　导线断股及连接金具放电紫外光谱成像

（二）外绝缘污秽检测

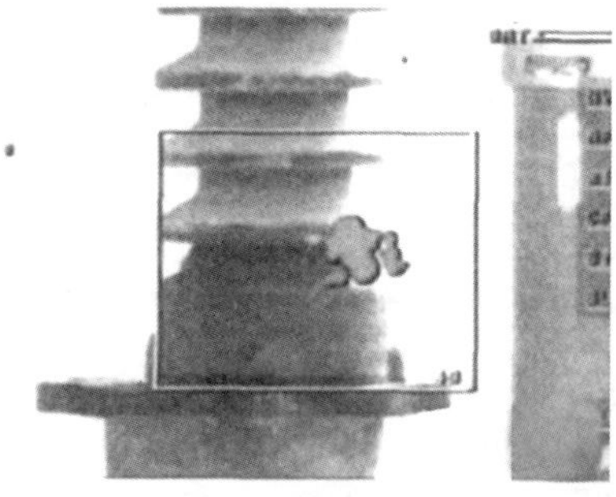

图3－2　绝缘子表面污秽放电紫外光谱成像

绝缘子表面有污染物覆盖时，在一定的湿度条件下绝缘子表面电场分布发生改变，在一定电压条件下会放电，产生局部放电现象。利用紫外光谱成像检测技术可以有效地检测和分析污染物，从而为科学制订检修计划和防污染治理提供依据。

（三）绝缘子局部劣化检测

绝缘子的劣化会导致表面局部结构缺陷，在一定条件下都会产生放电。当绝缘子表面形成导电的碳化通道或者侵蚀裂纹时，绝缘子的使用寿命大大降低，可能会在短期内发展成绝缘子击穿事故。利用紫外光谱成像检测技术，可在一定灵敏度、一定距离内对劣化绝缘子进行定位。

图 3－3 线路复合绝缘子局部劣化紫外光谱成像

（四）其他方面的应用

紫外光谱成像检测结果可为电气设备的绝缘诊断与寿命预测提供大量信息，可以建立综合档案资料，以便更好地诊断分析，某 35kV 全绝缘母线局部劣化紫外光谱成像如图 3－4 所示。

紫外光谱成像检测可以实现高压线路及变电站的整体维护，传统的放电异常判别方法有听声音（包括超声波故障检测）和夜间观察放电等。由于很多设备的放电并不影响其正常运行，所以听声音的方法无法排除干扰因素和主观因素，且受检测距离的限制。如果绝缘设备在夜间发出可见光，放电已经十分严重了。很多事故正是在绝缘设备未见可见光放电的情况下突然闪络击穿引起的。

利用紫外光谱成像检测技术可以全天候地对高压线路及变电站状况进行检测。紫外光谱成像检测技术还可用于寻找无线电干扰源，高压设备的放电会产生强大的无线电干扰，影响到附近的通信、电视信号的接收等，使用紫外光谱成像检测技术可迅速找到无线电干扰源。

图 3－4　35kV 全绝缘母线局部劣化紫外光谱成像

第二节　紫外光谱成像检测基本原理

一、紫外线基础知识

高压设备发生电离放电时，根据电场强度的不同，会产生电晕、闪络或者电弧。电离过程中，空气中的电子不断获得和释放能量。当电子释放能量（即放电）时，会辐射出光波和声波，还有臭氧、紫外线、声波、电磁辐射和微量的硝酸等。紫外光谱成像检测技术就是利用特殊的仪器接收放电产生的紫外线信号，经处理后成像与可见光图像叠加，达到确定放电位置和强度的目的。

紫外线的波长范围是 40～400nm，紫外光谱见图 3－5。太阳光中含有大量的紫外线，但是经过地球臭氧层时被吸收了部分波长的紫外线，实际辐射到地面上的太阳紫外线波长大都在 300nm 以上，低于 300nm 的波长区间称为太阳盲区。

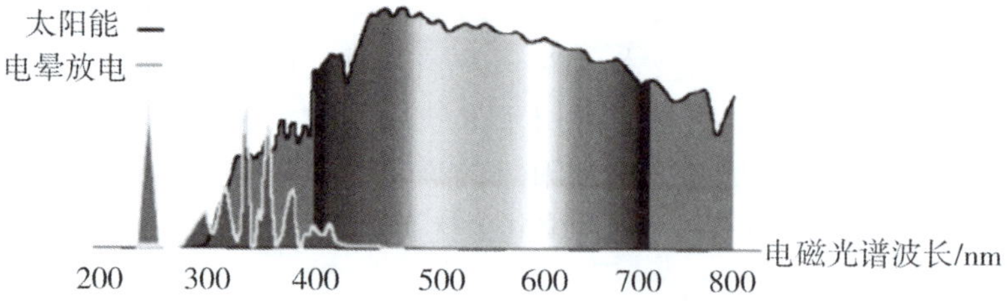

图 3－5　电晕放电和紫外光谱图

空气中氮气电离时产生的紫外线的光谱大部分在 280 ~ 400nm 的区域内，只有一小部分波长小于 280nm。如果能检测到波长低于 280nm 的，即可证明是地球上产生的辐射。紫外光谱成像仪所检测的紫外光谱如图 3 - 6 所示。

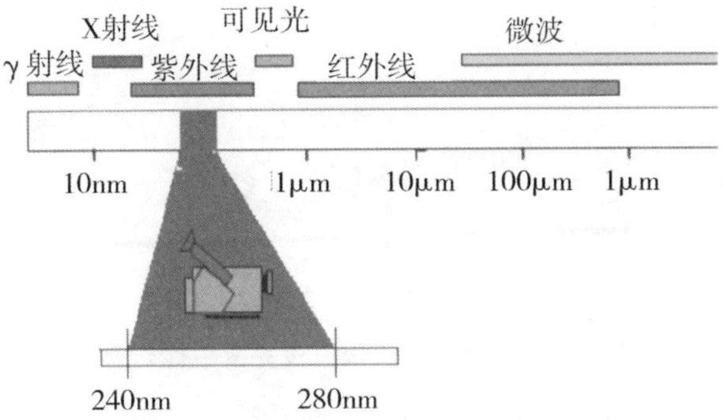

图 3 - 6 紫外光谱成像仪所检测的光谱

二、设备局部放电及紫外光谱成像检测机理

（一）局部放电

电力设备绝缘状况恶化必然伴随局部放电加剧的现象，设备的局部放电是检测绝缘性能的重要指标。因此无论是研究机构、制造厂商，还是电力系统运行部门，都越来越关心局部放电检测技术的发展，并广泛地把局部放电检测作为质量监控的重要指标。

当气体间隙上的电压提高至一定值后，可在间隙中突然形成一传导性很高的通道，此时称气体间隙击穿（也可叫气体放电）。气体间隙击穿后，可以有电源功率、电极形式、气体压力等不同的放电形式：在低气压、电源功率较小时，放电表现为充满整个间隙的辉光放电形式；在高气压下，常表现为火花或电弧放电形式；在极不均匀电场中，会在局部电场较强处先开始放电，称为电晕放电。除使用纯空气间隙作绝缘外，电力系统中还有许多处在空气中的固体绝缘，如输电线路的绝缘子、电机定子绕组槽外部分的绝缘等，所以还会遇到气体沿固体表面放电的情况（也称沿面闪络）。

根据局部放电发生的位置和机理的不同，电气设备中发生的局部放电大致可分为三种类型：①绝缘介质内部的局部放电；②绝缘介质表面的局部放电；③高压电极尖端的电晕放电。各种局部放电的起始条件、放电波形以及放电随施加电压的变化规律各不相同。

（二）紫外光谱成像检测原理

紫外光谱成像仪的工作原理见图 3 - 7。紫外光谱成像仪有两个通道：紫外线和可见光。紫外线通道用于电晕成像，可见光通道用于拍摄环境（绝缘体、导线等）图片。两种图片可以重叠生成一幅图片，用于同时观察电晕和周围环境情况。因此，它可以检测电晕并清楚地显示电晕源的精确位置。

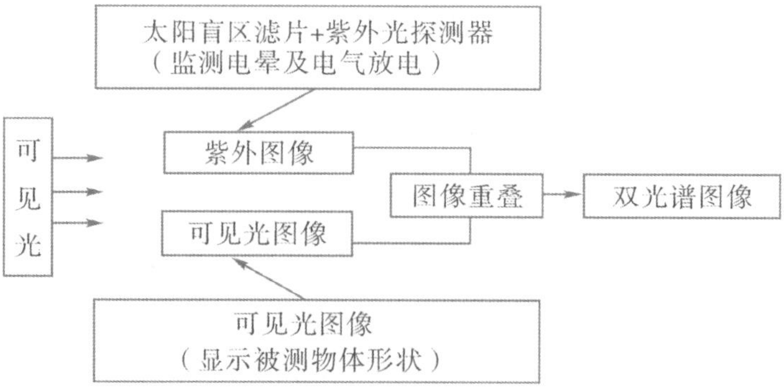

图 3－7　紫外光谱成像仪双光谱成像示意图

（三）设备常见放电类型及特征

1. 电晕（尖端）放电

电晕（尖端）放电主要是端金属部件表面加工毛刺，壳体内部的金属异物等引起的放电。放电信号的极性效应非常明显，通常在工频相位的负半周或正半周出现，放电信号强度较弱且相位分布较宽，放电次数较多。但较高电压等级下另一个半周也可能出现放电信号，幅值更高且相位分布较窄，放电次数较少。紫外光谱成像检测对外部的电晕放电十分有效。

2. 悬浮电位放电

悬浮电位放电主要包括松动部件的悬浮电位放电、非移动金属颗粒和设备部件之间的放电。放电信号通常在工频相位的正、负半周均会出现，且具有一定对称性，放电信号幅值很大且相邻放电信号时间间隔基本一致，放电次数少，放电重复率较低。PRPS 图谱具有“内八字”或“外八字”的分布特征。

3. 气隙放电

气隙放电是绝缘件内部空隙、异物和裂缝等引起的放电。放电信号通常在工频相位的正、负半周均会出现，且具有一定的对称性，放电信号幅值较分散，且放电次数较少。

4. 沿面放电

固体绝缘表面金属颗粒对绝缘表面，固体绝缘表面脏污，固体绝缘表面其他异物等引起的放电称为沿面放电。放电幅值分散性较大，放电时间间隔不稳定，极性效应不明显。

5. 颗粒放电

颗粒放电主要是发生在 GIS 设备和罐式断路器、金属颗粒和 GIS 部件之间的放电。放电信号极性效应不明显，任意相位上均有分布，放电次数少，放电信号幅值无明显规律，放电信号时间间隔不稳定。若提高电压等级，其放电信号幅值增大，但放电间隔缩短。

（四）影响检测结果的主要因素

紫外光子数受仪器操作本身和环境影响，主要影响因素有检测距离、所选增益、气压、温度、湿度和风力等。

1. 检测距离的影响

在电晕放电量相同的情况下，把放电点视为球心，发射的光子以此点为球心向四周扩散，理论上紫外光子数应与距离平方成反比。

然而，在实际检测中发现检测结果并不符合该规律：同一距离下，测得紫外光子数是时变的。究其原因，一方面，镜头所处球面的球心与电晕源并不重合；另一方面，电晕的发生有一定的分散性，即使保持检测距离不变，不同时间的紫外光子数也具有一定的分散性。

在实际测量中测量结果根据现场需要进行校正，电晕放电量与紫外光检测距离校正公式如式（3－1）所示，按5.5m标准距离检测，换算公式为：

$$y_1 = 0.033x_2^2y_2\exp(0.4125 - 0.075x_2) \tag{3-1}$$

式中：x_2——检测距离（m）；

y_2——在 x_2 距离时紫外光谱检测的电晕放电量；

y_1——换算到5.5m标准检测距离时紫外光谱检测的电晕放电量。

2. 所选增益的影响

紫外光谱在电晕发出的光谱中所占比例较小，且经光学传输损耗，最终到达CCD板的光子数很少。因此，为提高仪器灵敏度，仪器内部对进入光学系统的紫外光子进行增益处理，即在检测过程中调节UV通道的增益以适应不同的紫外线强度。紫外线较弱的场合设定高的增益，紫外线较强的场合设定较低的增益。

成像仪的增益在0～100%范围内调节，随着增益的增高，图像依次呈点状、辐射星状和云状，三个阶段没有明显的界线：①点状发生在增益很小时，光子数跳跃性很大，因此，一般不用于紫外检测，而是定位放电的位置；②辐射星状发生在增益与紫外放射源相匹配时，在实际检测中发现，当紫外光子为辐射星状时，光子数基本在一个较小的范围上下浮动，光子数较稳定；③云状发生在增益较大时，高的增益可能会检测到放电时空气中大分子反射辐射出的多余光子，因此在这种情况下的检测会有很高的背景噪声。

试验研究发现，当增益在40%～80%时，紫外光子数相对比较稳定，此时放电区域为辐射星状。

3. 气压、温度的影响

气压和温度的变化会改变空气密度，影响电离过程，进而影响到紫外光子数的大小。一般而言，在其他条件相同的情况下，低气压、高温度条件下的紫外光子数要比高气压、温度低条件下的紫外光子数多。究其原因，随着温度的升高，气压降低，空气密度降低，增加了气体分子电离时自由电子的平均自由行程，自由电子在电场中更容易积累能量，促进了电离的发展，使得起晕电场场强降低，电晕数量增加，紫外光子数也随之增加。

4. 湿度的影响

湿度对紫外光子数的影响比较复杂。有些情况下，湿度的增加可降低电晕强度，如绝缘子串湿润后表面电导增加，相对而言，电压分布变得更为均匀一些，绝缘子电晕强度有可能降低。而多数情况下，湿度的增加会造成电晕强度的增加，因为湿度增加后，绝缘子表面污秽物中的可溶物质会更多地溶于水中，导致泄漏电流增加，更容易在绝缘子表面形成局部干区和发生沿面放电。

5. 风力的影响

对于户外运行的电气设备发生电晕放电时，在大风条件下，放电产生的带电粒子会被风力加速散发，使紫外光谱成像的模式有所变化。因此，在室外应用紫外光谱成像仪进行设备检测时，应在无风或风力很小的条件下进行。

（五）紫外光谱成像检测内容

（1）电晕放电强度（光子数，适用于数字式紫外光谱成像仪）。紫外光谱成像仪检测的单位时间内光子数与电气设备电晕放电具有一致的变化趋势和统计规律。随着电晕放电增强，单位时间内的光子数增加并出现饱和现象。若出现饱和现象，要降低其增益后再次检测。

（2）电晕放电形态和频度。电气设备电晕放电从连续稳定形态向刷状放电过渡，刷状放电呈间歇性爆发形态。

（3）电晕放电长度范围。紫外光谱成像仪在最大增益下观测到短接绝缘子干弧距离的电晕放电长度。

三、紫外光谱成像仪原理及组成

（一）紫外光谱成像仪工作原理

1. 紫外脉冲法

根据放电的特点，放电时辐射的紫外光类似于脉冲电流法的电流脉冲信号，有时候不方便判别其幅度，传感器输出的脉冲电流信号，经过转换和放大后，与预设的阈值相比较，获得脉冲的数目，由脉冲数目的密集程度来判断放电的强度，这就是紫外脉冲法（UV Pulse Method）。

该方法是在微弱信号测量中广为使用的一种方法，在闪烁体计数、单光子计数、核物理射线探测以及一些化学荧光分析检测中经常使用到。根据统计规律，通过采集比预设值大的脉冲数目是可以反映信号强度的。脉冲计数法容易受零点漂移和信号波形畸变的影响，往往造成结果误差和分散型。

2. 紫外光功率法

将所有的放电信号采用测量其功率的方法达到对放电的检测，在此称为紫外光功率法（UV Optical Power Method）。紫外光功率法要求传感器对信号有着线性的响应曲线，可以如实地反映放电的情况。

光电效应第一定律认为，当光源频率一定或光源频谱分布一定时，饱和光电流 I_b 与阴极的光通量 P 有严格的正比关系：$P \propto I_b$。强度为恒定值的点光源在距离为 r、面积为 S 的光阴极上的光通量（当 r^2 光阴极线度时）为：

$$P \propto \frac{S}{r^2} \tag{3-2}$$

而光阴极面积 S 是固定的，那么有：

$$I_b \propto \frac{1}{r^2} \tag{3-3}$$

在紫外光源的法线方向，距离为 r 处的，垂直于该法线的面元上的紫外辐照度 H_A 可用下式表示：

$$H_A = \int_{\lambda_0}^{\lambda_k} H_\lambda \cdot S_\lambda \cdot \tau_\lambda \, d\lambda \tag{3-4}$$

其中，H_A 是紫外辐照度；H_λ 是距光源法线方向 r 处的光谱辐照度；S_λ 是紫外照度计探测器的光谱灵敏度；τ_λ 是探测器的干射滤光片的光谱透射系数。根据半宽度法，可计算出 H_A 值，单位是 W/cm^2。实际的测量需要通过测量一定时间 t 的紫外辐照度 H_A，再将此值进行积分得到放电能量再除以时间 T，获得平均功率 $\overline{P}$，得：

$$\overline{P} = \frac{1}{T}\int_0^T H_A dt = \frac{1}{T}\int_0^T \int_{\lambda_0}^{\lambda_k} H_\lambda \cdot S_\lambda \cdot \tau_\lambda d\lambda dt \tag{3-5}$$

针对两种方法的优缺点，在紫外放电检测中应该综合使用两种方法：在一些信号极其微弱的情况下，使用紫外脉冲法，牺牲精度以达到较高的灵敏度；在信号较强的情况下，采用紫外光功率法，获得较高的精度。

（二）紫外光谱成像仪组成部分

紫外光谱成像检测系统主要包括：紫外成像物镜、紫外光滤光镜、紫外像增强系统、CCD、图像显示等。紫外信号源被背景光（包括可见光、紫外光和红外光等）照射，从信号源传输到成像镜头的有信号源自身辐射的紫外光，也有信号源反射的背景光。成像光束经过紫外成像镜头后，有一部分背景光被滤除，有一部分背景光仍然存在。其后光束再通过“日盲”滤光片，照射到紫外像增强器的光电阴极上，经过紫外像增强器后，信号被增强放大并被转化为可见光信号输出，然后，成像光束经 CCD 相机，最后，经信号处理后输出到观察记录设备。

1. 紫外镜头

根据工作原理可知，从信号源传输到成像镜头的除了信号源自身的紫外辐射外，还有被信号源反射的背景光（包括可见光、紫外光和红外光等）。而实验中需要的是信号源自身辐射的紫外光图像。因此，选用紫外光谱成像镜头能减少背景噪音。研制紫外光谱波段的透镜主要的问题是寻找合适的材料，在 200 ~ 400nm 的光谱范围，最重要的材料为尚矽石和氟化钙。虽然开发了几种玻璃来降低 400nm 以下的吸收，但其使用仍受限。因为在 300nm 处都还有吸收。

紫外成像镜头如 $F/4.5$ $f = 105$mm 的尼康紫外镜头，可以工作在全光圈。镜头上可装“日盲”紫外光滤光片，其性能指标如表 3 - 1 所示。

表 3 - 1　光学镜头性能指标

视场角	焦距/mm	最大光圈	后像距/mm	尺寸/mm²	重量/g
23°20′	105	$f/4.5$	52	$\Phi 68.5 \times 108$	515

2. 紫外光滤光技术

为了实现紫外滤光，对国产的三种紫外光滤光片进行了比较。发现若选择宽带滤光片，则背景噪音太大，不能满足要求。而且，镜头一般是对应于一定的单色光而设计的。因此，系统选用紫外窄带滤光片。要得到信号源自身辐射的紫外光图像，必须滤除背景光。用宽带紫外光滤光片可滤除背景光中的可见光和红外光。背景光中的紫外光主要来自太阳的辐射，在紫外的 200 ~ 280nm 波段，太阳辐射完全被大气层中的臭氧吸收了，即在这个波段，大气层中的背景辐射为零，亦称“日盲”。所以，滤除背景光中的紫外光而又不影响信号源的紫外光图像，应选用“日盲”紫外窄带滤光片。

3. 紫外像增强技术

在紫外光谱成像检测系统中，由于紫外辐射一般比较微弱，若直接用对 UV 灵敏的 CCD 探测较弱的紫外信号，会由于其强度太小而探测不到。为解决这个问题，需要先对紫外信号进行增强放大，然后再探测。为了实现紫外光信号的增强放大，使用紫外像增强器比较合适。

在紫外光谱成像检测系统中，由于紫外光的特点，要研制成紫外像增强器有两条途径：①研制合适的紫外光电阴极，直接研制紫外像增强器；②通过光谱转换技术，利用微光像增强器实现。

研制紫外像增强器的关键是研制合适的紫外光电阴极。紫外辐射和可见辐射在本质上是没有差别的，但由于紫外辐射的光子能量高，于是在研制紫外光电阴极时，产生了一些特殊的问题。首先，要解决的是光窗的材料问题。由于高能光子会使一般玻璃内的电子发生跃迁，造成高概率的光子吸收，因而一般玻璃不透紫外辐射。要透过长于 180nm 的紫外线，光窗必须用石英或蓝宝石；要透过短于 180nm 的紫外线，光窗一般用氟化锂。其次，紫外应用的光电阴极材料通常还要满足一个重要的条件，即必须是“日盲”的。所谓“日盲”就是对太阳辐射没有响应，即用于大气层时，对波长 350nm 以上的光线不灵敏；用于空间时，对波长 200nm 以上的光线不灵敏。

在 400nm 以下的紫外光区有光电响应的材料种类很多，但在 200～400nm 的“日盲”阴极中，实际应用最成功的是碲化铯（Cs_2Te）。Cs_2Te 的禁带宽度为 3.5eV，电子亲合势小于 1eV，其峰值量子产额为 10% 左右。

对 Cs_2Te 所进行的工作主要围绕两个方面，即如何形成能运用于光电倍增管和图像管的半透明阴极，以及如何使它的波长响应下降到最小。因为 Cs_2Te 薄膜的电阻很大，所以解决第一个问题的先决条件就是透明导电基底的获得。不能采用在可见光区常用的导电的氧化锡基底，因为当波长低于 400nm 时，它的吸收系数迅速上升。实验发现，采用对入射光的透过率为 85% 左右的蒸发钨膜即可。在实际应用中，用 Cs_2Te 作阴极的管子要维持于高真空，因此制造过程中必须进行 300～400℃ 烘烤去气。如用碲作为蒸发源，由于碲的蒸汽压较高，烘烤温度只能用得很低。采用碲化铟作为碲膜蒸发源可以克服这个困难，因为碲化铟在真空中的分解温度超过 500℃，而在此温度下，铟的蒸汽压仍然低于 8～10mmHg，因此实际上只有碲被蒸发出来。

有了合适的紫外光电阴极，就可以研制紫外像增强器。利用光谱转换技术加微光像增强器同样可实现增强紫外光的目的。由于光谱转换技术及微光像增强器的制造技术都已较成熟，所以实现起来较容易，过程也简单。两种途径各有其优缺点，前者的优点是分辨率高，而后者实现起来简单。

4. 光谱转换技术

现有的光谱转换技术有两种：通过光电阴极进行光谱转换；用转换屏实现光谱转换。前者要研制合适的光电阴极；而后者须研制适当的转换屏。在紫外光谱成像检测系统中，光谱转换可通过紫外光电阴极或紫外光转换屏来实现。若系统采用光谱转换加微光像增强器结构，则用转换屏比较好。

紫外光作用于转换屏的入射面，经转换屏转化后，出来的光为我们所需的可见光。转换屏性能的好坏，直接影响着整个紫外光谱成像检测系统的性能。而转换屏的主要性能有：分辨率、发光效率（光谱转换率）、光谱特性、余辉时间、稳定性和寿命。对于紫外光谱成像检测技术来说，最主要的是它的分辨率和光谱转换效率。当然，光谱特性、余辉时间、稳定性和寿命也很重要。

分辨率是分辨图像细节的能力。影响分辨率的因素有：发光粉层的厚度、粉的颗粒度、粉与基地表面的接触状态、屏表面结构的均匀性等。

粉层较厚时，光谱转换效率固然能提高，但同时，由于粉颗粒对光线的散射作用增强，分辨率反而降低。反之，粉层较薄时，屏的分辨率虽然能提高，可是光谱转换效率却会下降。因此，在既要保证足够的光谱转换效率的同时，又要保证高的分辨率的情况下，选择最佳的粉层厚度是很重要的。发光粉的颗粒愈细小且均匀，转换屏的分辨率就愈高。但是，粉的颗粒度的减小会使粉的光谱转换效率下降。因此选取粉的颗粒时，必须综合考虑效率和分辨率两个相互矛盾的因素。发光粉颗粒与基地表面接触紧密时，屏面就显得细密，而且，粉粒的分布也比较均匀，这样一来，转换屏对光线的散射作用会小些，分辨率也可提高。这一点与涂屏的工艺有很大的关系。

5. CCD（Charge Coupled Device）

CCD 即电荷耦合元件，是一种半导体器件，其作用类似于胶片，但它的作用是把光信号转换为电信号，可以称之为 CCD 图像传感器。CCD 上植入的微小光敏物质称为像素（Pixel），一块 CCD 上包含的像素越多，其提供的画面分辨率越高。CCD 上有许多排列整齐的光电二极管，能够感应光线，并将光信号转换为电信号，经过外部采样放大及模数转换电路转换成数字图像信号。

第三节　紫外光谱成像检测及诊断方法

一、紫外光谱成像检测参考标准

目前的紫外光谱成像仪在敏感度、可见光影像放大度等方面的性能已经十分优异，可以很好地为电晕定性定位，确定电晕有没有在关键部件产生。但对于那些已经确认了的、发生在关键重要部件的电晕放电，是立即进行设备维修还是可以观望，目前仍没有一个很好的导则。

目前，世界上最权威的紫外检测导引是美国电力科学研究院（EPRI）制定的《架空输电线路电晕和电弧检测导则》和《变电站电晕和电弧检测指南》。导则中介绍的电晕现象有三种评估方法。

（一）直接法

直接利用电晕检测仪结果对设备的电晕状况进行评价，一般仅用于严重故障的诊断。

（二）同类比较法

在同一回路的同型设备或同一设备在相同运行工况下的同一部件之间对检测结果作比较。具体做法就是利用电晕检测仪获得同类设备的对应部位电晕活动产生的光子数量进行纵向和横向比较，可以比较容易地诊断出电晕放电是否正常。同类比较法适用范围比较广，在电力生产现场中各型设备均有使用，运用也比较简单。

（三）档案分析法

将测量结果与设备电晕活动档案记录的数据相比较后进行分析，其基础工作是要建立设备电晕放电技术档案。在诊断设备电晕有无异常时，可分析该设备在不同时期的电晕检测结果，包括温度、湿度等分布变化，以掌握设备电晕活动的变化趋势，然后进行判断。

然而，这两个导则也仅仅是通过一系列的例子来为电气设备的电晕放电进行定性，至于定量，目前仍没有一个解决方案。

经过数年的研究和资料搜集，美国和以色列的专家共同编写了一个简单的判定分级导则。将光子数的强度分为三个等级：高度集中、中度集中、轻度集中。三个等级的判定和处理方案见表3-2。

表3-2 紫外光子分级判定

强度	1min 光子数	结果说明	处理方案
高度集中	大于5 000	可以快速形成腐蚀或部件已严重损毁	马上维修或更换有问题部件
中度集中	1 000～5 000	有可能形成腐蚀或部件已有一定损毁	定下维修或更换的时间
轻度集中	小于1 000	有可能缩短部件寿命或部件可能有轻微损毁	继续留意电晕发展

注：测试条件为环境温度约20℃，相对湿度60%，测试距离30m，增益设定100。

需要说明的是，由于光子数量受温度、湿度、检测距离等环境因素的影响较大，所以光子强度的划分范围比较宽。该分级判定导则仅供参考，不是完全通用的，但有助于促进紫外检测的定量研究。

二、应用中尚需解决的问题

紫外光谱成像检测技术在我国电力系统中应用的时间较短，目前仍处于技术引进的初级阶段，在实际应用中尚存在一些问题有待改进。

（一）紫外光子标定

紫外光谱成像检测采用的标定方法为以紫外光子计数来衡量放电程度。但现场准确检测电气设备紫外光子数比较困难。如前面所述，检测结果受环境条件影响较大。根据电晕发生机理，温度、湿度、海拔高度等环境因素，对电晕的起晕电压、电晕能量有很大的影响；测试时所选增益对检测结果也有影响。因此，要准确反映放电强度，必须对仪器显示的光子数进行有效标定。

（二）电晕放电强度量化

目前，利用紫外光谱成像仪在现场进行电晕放电检测时，通常是根据仪器所显示的单位时间（1min）内紫外光子数对电晕放电强度进行量化。然而，这种方法并不能有效判断电气设备电晕放电处在什么阶段，是否存在即将发生闪络的危险，也不能有效判断电晕损失是否在正常的范围之内。

（三）电晕放电对设备危害程度的评估

不同设备或同一设备不同部位的电晕放电所导致的后果不同。如设备均压环上的电晕放电，在一定时间内不会影响设备的安全稳定运行；而绝缘套管表面的电晕放电，则有可能导致系统事故。同时，在检测过程中，环境因素的作用反映在电晕检测中表现为，不同环境下，通过紫外光谱成像仪观察到的电晕放电有一定的变化。因此，如何正确评估电晕放电后果，是紫外光谱成像检测技术在系统中应用亟须解决的问题。

第四节　典型应用分析

一、事件经过

2014 年 10 月 17 日，江西省 × ×公司运检部反映 220kV × ×线#1 杆塔避雷器有异常放电声响。× ×公司运检部组织人员对该三相避雷器进行了登塔检查和红外带电检测，未发现明显异常。为确诊避雷器异常放电原因，省电科院设备状态评价中心派专业技术人员赴现场进行踏勘和检测。

二、现场检测分析

220kV × ×线#1 杆塔位于 500kV 信州变围墙外，该杆塔于 2014 年 9 月底安装了避雷器（为终端塔小间隙避雷器，原计划安装于变电站内，由于站内空间限制移至第 1 基杆塔），10 月中旬例行巡视发现避雷器存在异常放电声响，#1 杆塔基本情况如图 3－8 所示。

图 3－8　××线#1 杆塔

现场对声源进行初步判断，放电点应该位于 B 相（上相），进一步对三相避雷器开展紫外带电检测，检测结果如图 3－9 所示。

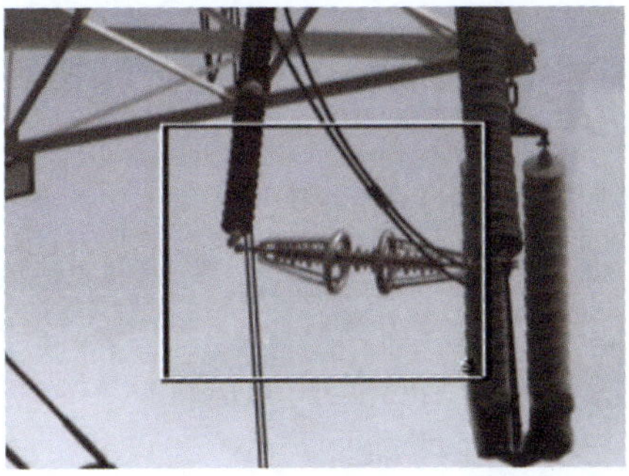

（a）A 相

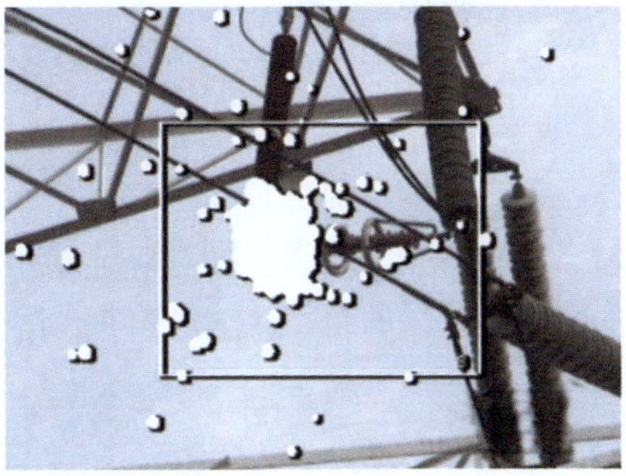

（b）B 相

（c）C 相

图 3－9　三相避雷器紫外带电检测结果

进一步用高倍相机对避雷器细节进行检查，发现避雷器串联复合绝缘子均压环安装异常，低压侧（与避雷器本体连接端）均压环装在了端部复合外套处，而未按要求安装在端部金具上，如图 3－10 所示。

图 3－10　××线#1 杆塔避雷器均压环安装方式

三、原因分析

在本事件中，避雷器串联复合绝缘子均压环未正确安装于端部金属杆处，而安装在端部芯棒和复合外套上，存在明显隐患。

首先，与一般线路避雷器不同，小间隙避雷器的本体和串联间隙分压比较大，可达到 1∶1 左右，避雷器本体和间隙连接处电位较高，接近 110kV，而由于均压环抱箍未与金属杆直接连接，故处于悬浮电位，金属杆和均压环抱箍之间会发生放电。持续地放电可能损伤端部密封，也会加速绝缘材料的老化。

其次，正确的均压环连接能起到导引电弧的作用，避免烧坏端部密封及复合外套。而在本次错误的安装方式下，若均压环之间发生放电，放电电弧会直接流过端部密封处，严重损坏端部密封及绝缘材料，进一步的后果是潮气侵入复合绝缘子内部，造成芯棒在电化学腐蚀联合作用下发生脆断。

此外，终端塔避雷器的串联间隙本身偏小，错误的安装方式进一步减小了间隙距离，避雷器 50% 放电电压会相应减小，且在雾、雨等天气条件下可能出现严重的电晕现象，影响避雷器的安全稳定运行。

四、处理措施

该安装偏差问题虽只发生在局部金具连接上，但不及时整改将严重影响终端塔避雷器和站内设备的安全稳定运行。针对本次隐患，提出以下几点建议：

（1）对××线#1杆塔避雷器尽快整改，调整均压环安装位置，确保均压环抱箍与端部金属杆可靠连接。

（2）为避免类似隐患，建议××公司对所安装线路避雷器进行全面排查，重点针对其串联复合绝缘子均压环安装方式，如发现类似情况，则根据严重程度逐步安排整改。

（3）加强对班组成员的基本电气理论知识培训，避免出现类似错误。

参考文献

［1］戴利波．紫外成像技术在高压设备带电检测中的应用［J］．电力系统自动化，2003，27（20）：97－98．

［2］靳贵平，庞其昌．紫外成像检测技术［J］．光子学报，2003，32（3）：294－296．

［3］腾鹤松．紫外成像技术及其应用［J］．光电子技术，2001，21（4）：294－297．

［4］蓝耕，诸谧玮．紫外电晕检测技术用于变电站设备带电水冲洗［J］．高电压技术，2006，32（4）：123－124．

［5］迟殿林，曾庆立．用紫外成像检测电气设备外绝缘状况［J］．东北电力技术，2005，26（1）：22－23．

［6］迟殿林，曾庆立，孙立时．用紫外成像检测绝缘子［J］．高电压技术，2006，32（2）：115－116．

［7］张淑静，刘志林，车传强，等．紫外成像技术在变电站带电检测中的应用［J］．内蒙古电力技术，2006，24（6）：26－27．

［8］江志文，叶会生，雷红才．紫外成像技术在电力设备故障检测中的应用初步研究［J］．湖南电力，2009，29（1）：10－13．

第四章　避雷器泄漏电流检测技术

第一节　避雷器泄漏电流检测技术概述

一、现状

氧化锌避雷器在电力系统中的运用主要有配电系统的过电压保护，敞开式和 GIS 变电站的过电压防护，并联和串联补偿电容器的保护，发电机的过电压保护，限制电动机投切产生的操作过电压，限制中性点未直接接地的变压器中性点的过电压，线路载波通信用阻波器的保护，输电线路防雷，深度控制输电线路操作过电压水平，直流输电系统换流站的过电压保护，大型发电机转子回路灭磁过程中的过电压保护和能量吸收，超高压直流断路器开断时系统中的能量吸收。

避雷元件由氧化锌电阻片、绝缘支架、密封垫、压力释放装置等组成，内部一般充氮气或 SF_6 气体。氧化锌电阻片是一种多组分的多晶陶瓷半导体，内部有孔。电阻片是以氧化锌为主要成分，并附加少量的 Bi_2O_3、CO_2、O_3、MnO、Sb_2O_3 等金属氧化物添加剂，将它们充分混合后造粒成型，经高温焙烧而成的。在显微镜下观察电阻片，它是由氧化锌晶粒、尖晶石晶粒、晶界层和孔隙组成。

氧化锌避雷器具有优越的非线性保护特性和大的通流能力：在正常工作电压下，避雷器阀片电阻很大，其泄漏电流只有毫安数量级并且基本为容性分量，避雷器近乎绝缘状态；在大电压冲击下立即变为低电阻状态被击穿，将大电流泄放后阀片电阻值又很快恢复高阻值状态。图 4－1 为氧化锌避雷器 $U-I$ 特性曲线。当氧化锌避雷器遭受过电压的冲击时，电流达到 kA 级（图中 a 点），特性曲线会上翘，电压剧增，已经无法达到限制过电压的目的，还有可能损坏整个避雷器。

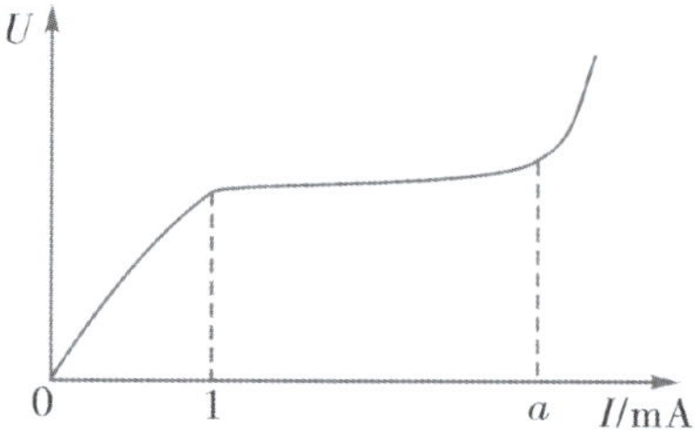

4－1　氧化锌避雷器 $U-I$ 特性曲线

氧化锌避雷器的运行受周围环境的干扰，如表面污染、内部受潮等都会改变其伏安特性，使避雷器的泄漏电流增加很多，其影响程度比过电压还严重。图4－2为避雷器的泄漏电流 I 与电压 U/U_C（U 为实际工作电压，U_C 为长期工作电压）之间的关系。曲线1是新阀片，曲线2是过电压冲击造成的劣化，曲线3是由环境因素引起的劣化。

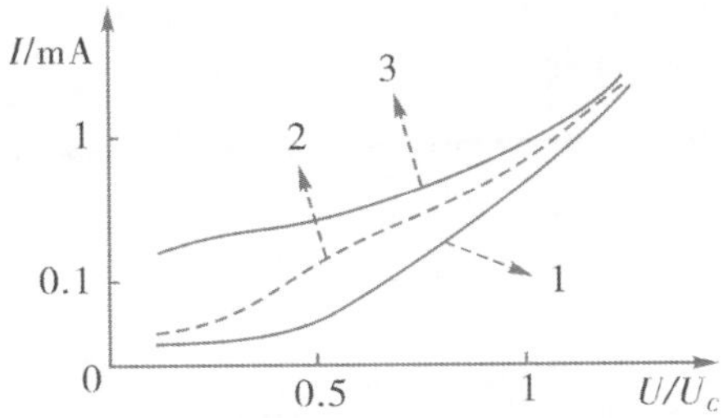

图4－2　不同情况下阀片的特性比较

实际应用中，氧化锌避雷器与被保护设备并联，当被保护线路上出现雷击或者误操作过电压时，氧化锌避雷器能够很快将过电压能量释放，使线路及设备免受过电压危害。氧化锌避雷器动作反应快、残压低、通流容量大、无续流、无串联间隙、体积小、结构简单、成本低、可靠性高、耐污秽能力强、维护简便等优点，被广泛应用于电力系统中，成为重要的过电压保护设备。氧化锌避雷器设备造价低，并且能满足电力系统安全运行的需要，但由于经验不足、选用欠妥、结构不良、密封不严、阀片劣化、受潮以及气候因素等影响，导致泄漏电流增大，泄漏电流中的阻性电流分量使阀片温度上升，产生有功损耗，形成热崩溃，严重时将导致氧化锌避雷器损坏或爆炸，同时其他电气设备将失去过电压保护，直接影响电力系统的安全稳定运行。特别是当氧化锌避雷器使用时间长久后，爆炸情况更易发生。泄漏电流的大小是评价氧化锌避雷器运行质量状况好坏的一个重要参数。因此，对氧化锌避雷器的泄漏电流进行监测，确保电网的安全稳定运行就显得尤为重要。

二、检测方法

对氧化锌避雷器进行检测是电力系统安全运行的必要条件，检测方法有离线检测和带电检测两种。测量绝缘电阻、测量直流1mA时的临界动作电压 U_{1mA}、测量 $0.75U_{1mA}$ 直流电压下的泄漏电流、测量工频参考电压都属于离线测量，属于周期性预防性试验。对氧化锌避雷器进行一年一次的预试并不能及时发现故障，对电力系统的安全运行留下了极大的隐患，而带电检测即可弥补上述不足和缺陷。

氧化锌避雷器的泄漏电流由阻性分量和容性分量构成，其中阻性泄漏电流是引起氧化锌避雷器阀片劣化的主要原因。正常情况下，其大小仅占总泄漏电流的10%～20%，加之阀片的非线性、现场测量的干扰等因素，使准确地监测阻性电流具有一定的难度。泄漏电流按照频率特征可以分为容性电流、阻性电流和非线性电流：容性电流表明绝缘子表面具有较好的憎水性；阻性电流表明绝缘子表面憎水性逐渐丧失并形成导电通路；非线性电流表明绝缘子表面形成干燥带进而引发了燥带放电，此时泄漏电流中的三次和五次谐波分量显著增加。因此，泄漏电流的各个频率组分与绝缘子表面动态特征存在着一定的联系，而且能够反映各种因素对绝缘子的影响。因此，氧化锌避雷器的泄漏电流带电检测通常有：总泄漏电流法、三次谐波法（零序电流法）、容性电流补偿法、基波法、波形分析法等。

总泄漏电流法，测量流过避雷器的全电流。该方法已在实际中被广泛采用，最简单的方法是在动作计数器上安装万用表，或交流毫安表，或桥式整流器连接的直流毫安表。正常运行情况下，氧化锌避雷器的总泄漏电流很小，一般为几百微安到几个毫安。为准确获取此电流，电流传感器需满足：灵敏度高，二次侧输出电压信号尽可能高；在测量范围内输出波形不畸变，线性度好；稳定性好，结构简单，体积小。雷电冲击或者操作过电压时，通过避雷器接地线上的泄漏电流将会很大，此时需要电流传感器能够准确测量大电流，并有良好的宽频特性。由于直流阻性电流仅占总电流的很小比例，对总电流变化的贡献很不明显，该方法的灵敏度低。只有在氧化锌避雷器受潮严重、老化严重时，全电流才表现出明显的变化，这显然不利于氧化锌避雷器早期故障的检测。

三次谐波法（又称零序电流法），由于氧化锌避雷器的阻性电流三次谐波 I_{R_3} 与总阻性电流 I_R 存在比例关系，通过检测 I_{R_3} 来判断总阻性电流 I_R 的变化情况。三次谐波法成立的前提条件是系统电压不含有谐波分量，因此该测量方法的测量值受到电网三次谐波的影响较大，而且该方法不能分辨出三相避雷器中的异常相。此外，随着避雷器阀片老化，三次谐波阻性电流与总阻性电流的比值会发生变化。因此，三次谐波法的检测结果并不理想。

容性电流补偿法，是将氧化锌避雷器两端电压信号进行90°移相，得到与容性电流相位相同的补偿信号，再将之与容性电流相减，使得容性分量抵消，就得到了阻性电流。容性电流补偿法能够直接得到阻性电流，测量方法简便；但只有当氧化锌避雷器总泄漏电流中阻性电流的相位与容性电流的相位成 $\pi/2$ 时，该方法才能得到避雷器的真实运行结果。而由于测试现场有相间杂散电容，该方法的测量结果存在误差。此外，该补偿法需要从电压互感器上采集电压信号，可能有移相，并且电网电压存在较大谐波时，也会影响测量精度。

基波法，同步采集氧化锌避雷器上电压和总泄漏电流信号，对电压电流信号分别进行快速傅里叶变换（FFT）得到基波电流和基波电压的幅值和相角，再将基波电流投影到基波电压上就可以得出阻性基波电流。该方法认为，总泄漏电流中阻性基波电流是做功热量的唯一来源，并且阻性基波电流不受电网电压谐波的影响。该方法简单方便，在一些情况下能够灵敏地反映氧化锌避雷器状态。但由于滤波会去除氧化锌避雷器电阻片固有非线性特性所产生的高次谐波成分，不能有效反映氧化锌避雷器电阻片的老化情况。同时，由于氧化锌阀片的交流伏安特性呈非线性，仍然无法消除电网谐波对测试结果的影响。

波形分析法，在阻性电流基波的基础上运用傅里叶变换对同步检测到的电压和电流信号进行波形分析，获得电压和阻性电流各次谐波的幅值和相角，得出阻性电流基波分量及各次谐波分量，并求得波形的有效值和峰值等参数。该方法弥补了阻性电流基波完全忽略阻性电流高次谐波的影响，并能够得到电压信号的谐波成分，从而可以考虑电压谐波造成的影响，综合判断得出正确的结论。

表 4－1　避雷器泄漏电流带电检测方法的优缺点

检测方法	优点	缺点
总泄漏电流法	不需要电压参考量； 测试方法简单，易实现在线监测	不易发现早期老化缺陷
三次谐波法	不需要电压参考量； 测量方便、操作简便	电网谐波影响较大，不适用于电气化铁路沿线的变电站或有整流源的场所
容性电流补偿法	原理清楚、方法简便	需要测取电压参考量； 受相间干扰及电网谐波影响较大
基波法	原理清楚、操作简便	需要测取电压参考量； 受相间干扰影响，不能有效反映氧化锌避雷器电阻片的老化情况
波形分析法	原理清楚，可有效测量阻性电流基波分量和高次谐波分量，可以较为准确地判断氧化锌避雷器的运行状况及性能下降原因	需要测取电压参考量； 受相间干扰影响

近年来，氧化锌避雷器泄漏电流带电检测技术已广泛应用于电力系统，及时发现了多起避雷器内部受潮或绝缘支柱性能不良等缺陷，避免了避雷器运行故障。2010 年，国家电网公司制定的输变电〔2010〕11 号《电力设备带电检测技术规范（试行）》要求对 10kV 及以上电压等级避雷器开展运行中持续电流的检测，通过全电流、阻性电流的初值差判断避雷器运行状况。国家电网公司 Q/GDW 1168—2013《输变电设备状态检修试验规程》中也将避雷器阻性电流、全电流带电检测列为氧化锌避雷器例行试验项目。随着避雷器泄漏电流带电检测技术日趋成熟，以及测试人员理论和技能水平逐步提升，避雷器泄漏电流带电检测技术将得到进一步的推广应用。

第二节　避雷器泄漏电流检测基本原理

一、泄漏电流

在系统运行电压情况下，氧化锌避雷器的总泄漏电流由瓷套泄漏电流、绝缘杆泄漏电流和阀片柱泄漏电流三个部分组成。正常情况下，瓷套泄漏电流和绝缘杆泄漏电流比阀片柱泄漏电流小很多，只有在湿润污秽或内部受潮引起的瓷套泄漏电流或绝缘杆泄漏电流增大时，总泄漏电流才会发生显著的变化。这样，在晴朗天气时，测量到的总泄漏电流可视为流过阀片的泄漏电流。

图 4 - 3 为氧化锌避雷器的等值电路示意图，由非线性电阻 R 和电容 C 并联构成。u 为电网电压，I_R 为阻性泄漏电流，I_C 为容性泄漏电流，I 为总泄漏电流。其中电容 C 在大小上可视为恒定值；而非线性电阻 R 随加在两端电压变化而变化。当外施电压小于氧化锌避雷器芯片参考电压时，氧化锌避雷器呈现很大的电阻，其值变化不大；当作用于氧化锌避雷器上的电压幅值接近甚至超过参考电压时，其非线性电阻值减小很快，阻性电流分量迅速增加。正常情况下，运行中氧化锌避雷器的阻性电流仅占总泄漏电流的10% ~20%。在老化或受潮情况下，非线性电阻明显减少，阻性电流明显增大，可能导致氧化锌避雷器发热而产生事故。在现场检测中，一般根据阻性电流峰值、阻性电流基波分量、阻性电流三次谐波分量的变化情况来判断氧化锌避雷器工况。目前最主要是以阻性电流峰值的变化来进行的。

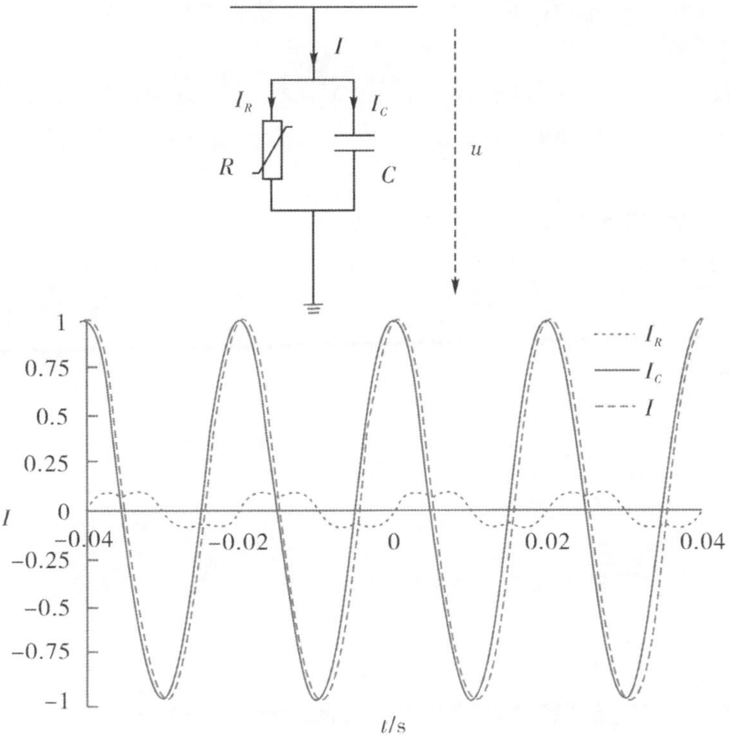

图 4 - 3　氧化锌避雷器等值电路及模拟的泄漏电流波形

假设电网运行电压为：

$$u = \sum_{k=1}^{n} U_k \sin k\omega t$$

则由等值电路得：

$$I_R = \frac{u}{R} = \sum_{k=1}^{n} \frac{U_k}{R} \sin k\omega t$$

$$I_C = C\frac{\mathrm{d}u}{\mathrm{d}t} = k\omega C \sum_{k=1}^{n} U_k \cos k\omega t$$

$$I_x = I_C + I_R = \sum_{k=1}^{n} \frac{U_k}{R} \sin k\omega t + k\omega C \sum_{k=1}^{n} U_k \cos k\omega t$$

当阀片受潮、老化时，非线性电阻 R 明显减小，阻性电流 I_R 明显增大，而容性电流 I_C 基本不变。考虑到阀片电阻 R 具有非线性特性，其电流 I_R 为非线性、含各次谐波分量，可以分解为：

$$I_R = I_{R_1}\sin\omega t + I_{R_3}\sin(3\omega t + \varphi_3) + I_{R_5}\sin(5\omega t + \varphi_5) + \cdots + I_n\sin(n\omega t + \varphi_n)$$

其中，I_{R_1}、I_{R_3}、I_{R_5}分别为氧化锌避雷器泄漏电流中阻性电流的基波、三次谐波、五次谐波的峰值。据此，将展开分析阻性泄漏电流的各次分量对避雷器性能的影响。

（一）阻性电流基波分量产生有功功率

阻性电流 I_R 产生的功率 P_R 为：

$$\begin{aligned} P_R &= \int_0^T uI_R \mathrm{d}t \\ &= \int_0^T U_m\sin\omega t[I_{R_1}\sin\omega t + I_{R_3}\sin(3\omega t + \varphi_3) + I_{R_5}\sin(5\omega t + \varphi_5) + \cdots + I_n\sin(n\omega t + \\ &\quad \varphi_n)]\mathrm{d}t \end{aligned}$$

可以发现，有且仅有第一项积分结果不为零，其他积分项全为零。由此，产生有功功率导致金属氧化锌阀片发热的主要是阻性泄漏电流的基波分量，从而总泄漏电流中阻性电流的基波分量是判断氧化锌阀片绝缘性能的重要依据。

（二）阻性电流谐波分量诊断氧化锌阀片老化状况

氧化锌阀片的老化会导致其非线性特性变差，使得阻性电流的高次谐波分量显著增大、基波分量相对减少。因此，氧化锌避雷器阻性泄漏电流的高次谐波分量是诊断氧化锌阀片老化状况的依据。实际上，在电网系统电压条件下，无可避免存在系统谐波电压和电磁干扰，这样得到的泄漏电流谐波成分还会包括谐波电压引起的谐波分量。

二、避雷器泄漏电流检测技术的基本原理

随着不断研究与探索，氧化锌避雷器阻性泄漏电流的精确测量有了很大的进展。目前已经有一系列测量方法，主要为全电流法（即总泄漏电流法）、补偿法和谐波分析法（包括基波法和三次谐波法）。

（一）全电流法

由于 MOA 泄漏电流的容性分量基本保持不变，可简单认为总泄漏电流的增加反映阻性电流分量的增加。目前使用的方法是直接在 MOA 接地端串接交流微安表，平时将其闸刀短路，读数时打开闸刀，流过交流微安表的电流被认为是泄漏全电流。

（二）补偿法

补偿法是目前使用较多的一种方法，其代表仪器是 LCD－4 型泄漏电流检测仪。如图 4－4 所示，其原理是从电压互感器 PT 上取得电压信号 $u(t)$，并

认为容性电流 I_C 超前电压 90°，因此将系统电压 u（t）移相 90°得到 U_{sf}，并反相将全电流中的容性电流 I_C 补偿掉，则得到阻性电流分量 I_R。

利用补偿系数 G 补偿掉 I_C，就得到了阻性电流 I_R：

$$I_R = I_x - I_C = I_x - GU_{sf}$$

根据阻性泄漏电流与容性泄漏电流的正交性原理，有下式：

$$\int_0^{2\pi} U_{sf}(I_x - GU_{sf})\mathrm{d}(\omega t) = 0$$

式中，U_{sf}是外加电压 u 移相 90°所得，与容性电流 I_C 同相位。当自动调节增益控制器（补偿系数 G），使得 GU_{sf}与 I_C 大小完全相等，就可以直接得到 I_R。

从原理上分析可知，补偿法没有考虑电网电压谐波的影响，也是产生测量误差的主要根源，影响对氧化锌避雷器运行工况的正确判断。

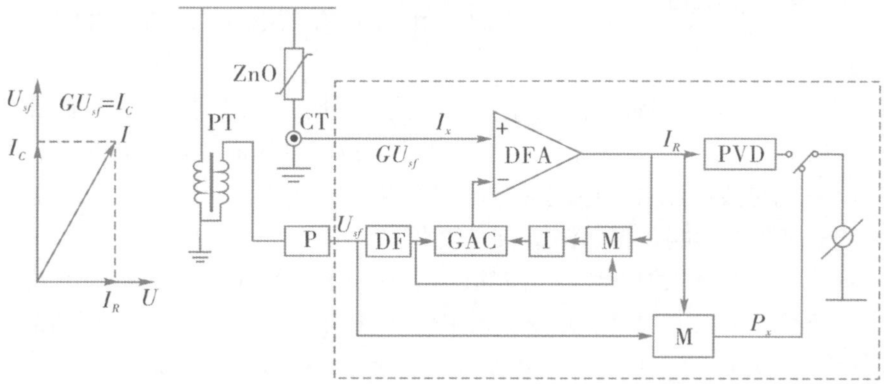

P 为光电隔离器，CT 为钳形电流互感器，M 为乘法器，DFA 为差动放大器，I 为积分器，GAC 为增益控制器，DF 为差分移相电路，PVD 为峰值测量电路

图 4－4　LCD－4 型泄漏电流检测仪原理

（三）基波法

基波法的基本原理是利用数字谐波分析技术提取基波电流、电压，将基波电流在基波电压上投影得到基波阻性电流，由其大小的变化判断氧化锌避雷器的运行状况。该方法的优点是受电网谐波影响很小，精确度相对较高，易排除相间干扰。其缺点是提取的电流、电压存在相角差且数据处理量大，对处理器的要求较高。

（四）三次谐波法

三次谐波法的依据是：阻性全电流 I_R 与三次谐波阻性电流 I_{R_3} 存在一定的比例关系，故通过测量三次谐波阻性电流的大小，即可得到总的阻性电流值，此法又叫零序电流法。这是由于氧化锌避雷器良好的非线性特性，导致全电流中的阻性分量包含基波、三次、五次和更高的谐波，而且所占分量逐渐减少。其中，三次谐波对温度变化很敏感，老化期早期阻性电流的变化主要表现为三次谐波分量的上升。这样，根据阻性电流与各次谐波之间一定的比例关系（五次以上的谐波含量少，可忽略），通过测量三次谐波阻性电流的大小，可得到总的阻性电流值。

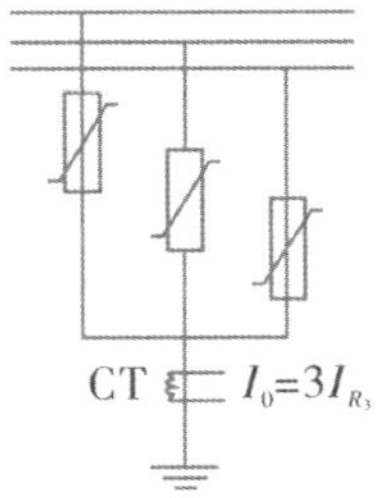

图 4－5　三次谐波阻性电流分量测量示意图

零序电流通过三相接地的小 CT 测取。当系统电压不含谐波时，三相电流中的基波 I_R 与 I_C 相互抵消，接地线中只剩下三次谐波零序电流 I_0，它等于各相三次谐波之和。在线监测中，氧化锌避雷器正常时 I_{R_3} 数值较小，当一相或三相避雷器出现问题时，三相电流不平衡，I_0 增大，其含有基波成分，能够发现故障。三次谐波法的测量原理图如图 4－5 所示。

这种方法很简单，但是该方法的缺点是：

（1）当零序电流 I_0 有变化时，不宜判断哪一相出现异常。

（2）不同的氧化锌阀片 $I_R=f\ (I_{R_3})$ 关系不同，且对同一氧化锌阀片，其老化前后的 $I_R=f\ (I_{R_3})$ 关系也会产生变化，故难以保证准确的测量结果。

（3）当母线电压含有谐波成分时，该测试方法无法排除容性三次谐波电流对测量结果的影响，因而测量误差较大。

现阶段，上述几种主要测量方法仍然存在着各种不足，要精确测量其泄漏电流还存在一定的困难。这主要是由于正常工作条件下，氧化锌避雷器总泄漏电流十分小，只有几百微安到几个毫安，其阻性泄漏电流更小，其变化范围只有几十微安到几百微安。由于被测信号小，测量误差和计算误差对测量精度影响很大。同时，现场存在强电磁干扰，相间耦合电容电流等因素，直接影响到测量的精度。另外，由于氧化锌避雷器阻性泄漏电流具有非线性特性，且易受温度和系统电压谐波成分影响，系统电压高次谐波影响到测量结果，而阻性泄漏电流本身也含有非常丰富的高次谐波。非线性特性、高次谐波和相间耦合电容因素的不确定性，使得精确求解问题相当困难。除此之外，从 PT 取参考电压时的相移和电流取样方式，表面污秽和温度、湿度等气象条件的影响以及底部监测的有效性等都制约着测量的精确程度。其中，相间耦合电容和高次谐波是制约氧化锌避雷器检测的主要因素。因此，今后检测方法的研究方向是消除相间耦合电容及高次谐波的影响。

三、避雷器泄漏电流检测仪的基本原理

目前用于氧化锌避雷器电流测试的仪器主要有两类：一类为需要同时测量运行相电压的桥式补偿电路类的电子仪器，另一类是不需要测量运行电压、直接采用三次谐波电流原理的仪器。由于目前避雷器泄漏电流带电检测仪器厂家普遍采用测取电压信号的方法，这里将基于波形分析法对泄漏电流检测仪的组成及其基本原理进行简要说明。

通常情况下，避雷器泄漏电流检测仪有主机、电流测试线、电压测试线等。除了 AD 转换器和 CPU 等数字处理电路，不同仪器的配置不同，比如全电流或参考电压采用单通道或三个通道，信号传输采用有线传输或无线传输，电流采用短接夹子或钳形电流互感器等。

例如，某国产泄漏电流检测仪由主机、三相电缆测试线、三相电压隔离器、电压测试线等部件组成。仪器可以同时测量三相避雷器，能够补偿相间干扰，可以用三相或单相参考电压，支持用感应板或检修电源做参考电源。电压隔离器采用无线数字传输，测量精度不受传输过程的影响。

（一）电流取样方式

如图 4 –6 所示，电流取样方式有两种方法：放电计数器短接法、钳形电流互感器法。

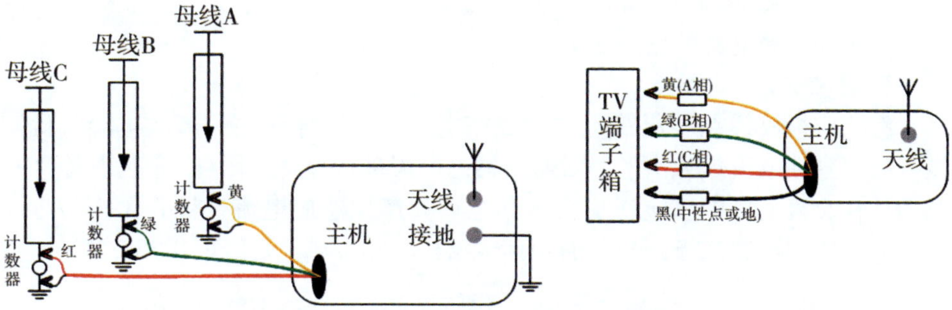

图 4 –6 容性设备末屏电流取样方式接线图

1. 放电计数器短接法

当氧化锌避雷器下端泄漏电流表为高阻型时，宜用测试线夹将其短接，并通过测试仪器内的高精度电流互感器采集电流信号。

2. 钳形电流互感器法

当氧化锌避雷器下端泄漏电流表为低阻型时，宜采用高精度钳形电流互感器采样，如图 4 –7 所示。

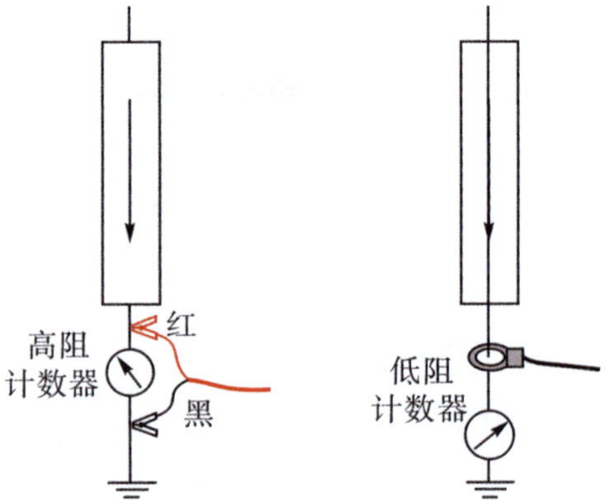

图 4－7　两种电流取样方式

（二）电压取样方式

1. 二次电压法

电压信号来源于待测氧化锌避雷器同间隔的电压互感器二次电压，其传输方式分为有线传输、无线传输两种。

2. 检修电源法

测取 220V 检修电源电压作为虚拟参考电压，通过相角补偿求出参考电压，以避免通过测取电压互感器端子箱内二次参考电压的误碰、误接线带来的风险。若系统电压互感器端子箱采用 Yd11 接线方式，检修箱内检修电源是 Yd11 接线方式，那么两者存在一定的角差。为准确测量电压，就需要测量 TV 二次电压和检修电源的角差。

3. 感应板法

将感应板放置在氧化锌避雷器底座上，与高压导体之间形成电容。检测设备利用容性电流作为参考，对避雷器总电流进行分解。图 4－8 为其原理示意图，在交流电场中感应板上会聚集电荷并产生感应电流，且其大小与母线电压成正比，与感应板到母线的距离成反比，相位超前母线电压 90°。

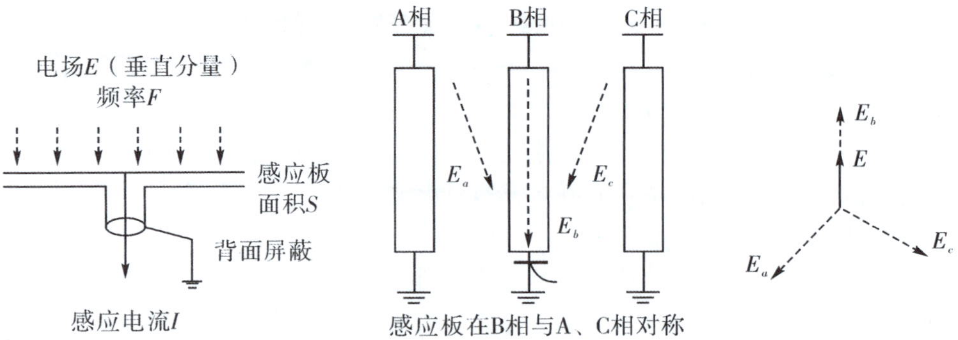

图 4－8　感应板取样方式原理图

由于感应板同时接收 A、B、C 电场，只有将感应板置于 B 相下面，且与 A、C 相严格对称的位置上，A、C 相电场才会抵消，只感应到 B 相母线电压。而如果放到 A、C 相下面，则不会正确感应 A、C 相母线电压。

由于感应板对位置比较敏感，该测试方法受外界电场的影响较大。例如，测试主变压器侧避雷器或仪器上方具有横拉母线时，测量结果的误差较大。

4. 末屏电流法

选取同电压等级的容性设备末屏电流作为参考量。容性设备可选取电流互感器、电容式电压互感器，其接线方式如图 4－9 所示。

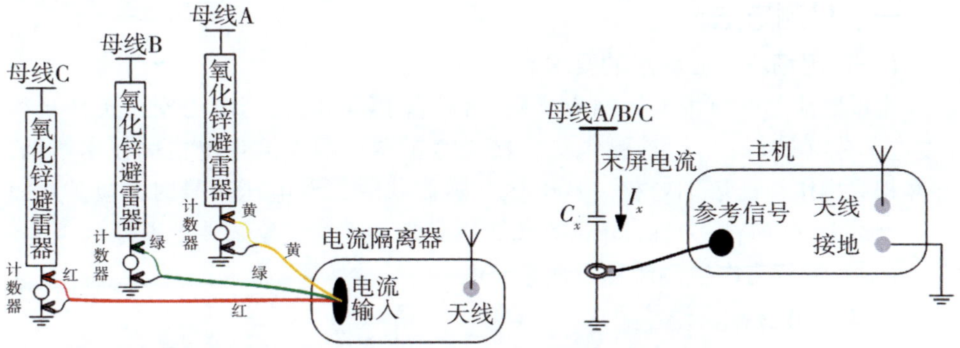

图 4－9　容性设备末屏电流取样方式接线图

四、避雷器泄漏电流检测仪的基本技术指标

（一）性能要求

避雷器泄漏电流带电检测仪的性能指标需满足表 4－2 所示的要求。

表 4－2　避雷器泄漏电流带电检测仪的性能指标

检测参数	测量范围	测量误差要求
全电流	100μA～50mA	±1% 或 ±1μA，测量误差取两者最大值
阻性电流	100μA～10mA	

（二）主要功能

在氧化锌避雷器正常运行情况下，能够检测避雷器全电流、阻性电流基波及其谐波分量、有功功率等值。

1. 基本功能

可显示全电流、阻性电流值以及功率损耗，并能将其导出；能够手动设置由于相间干扰引起的偏移角，消除干扰。

2. 高级功能

可显示参考电压、全电流、容性电流值，以及阻性电流基波及3、5、7次谐波分量；可自动边补消除相间干扰；可实现参考电压信号的无线传输；可实现三相氧化锌避雷器泄漏电流的同时测量；配有蓝牙接口，可以无线读取检测数据；配有高精度钳形电流互感器，可以实现低阻计数器电流取样。

第三节　避雷器泄漏电流检测及诊断方法

一、检测方法

（一）现场测试应满足的要求

避雷器泄漏电流带电检测应严格执行《国家电网公司电力安全工作规程[变电部分（试行）]》，检测人员应接受避雷器泄漏电流带电检测技术培训，并经相关机构认证培训合格。从电压互感器获取二次电压信号时，应防止短路。测试天气以晴天为宜，不应在雷、雨、雾、雪等气象条件下进行。

（二）现场带电检测流程及注意事项

1. 工作前准备工作

（1）工作前应办理变电站第二种工作票，并编写避雷器泄漏电流带电检测作业指导书、现场安全控制卡和工序质量卡。

（2）掌握被试设备历次停电试验和带电检测数据、历史缺陷、家族性缺陷、不良工况等状态信息。

（3）准备现场工作所使用的工具和仪器仪表，必要时对带电检测仪进行充电。

2. 测试前准备工作

（1）带电检测应在天气良好的条件下进行，确认空气相对湿度不大于85%，环境温度不低于5℃，否则应停止工作。

（2）选择合适的参考设备，并备有参考设备、被测试设备的停电例行试验记录和带电检测试验记录。

（3）核对被试设备运行编号、相位，查看并记录设备铭牌。

3. 接线与测试

（1）将仪器可靠接地。

（2）确认仪器电量是否充足，必要时准备电源充电。

（3）测取全电流，首先将信号线与仪器连接，取信号端先接接地端，再接氧化锌避雷器引下线，并观察泄漏电流表指针是否归零。若氧化锌避雷器没有安装泄漏电流在线监测表计，则需要加装临时接地线，进行取电流信号。图4-10至图4-13为各类检测方法接线方式。

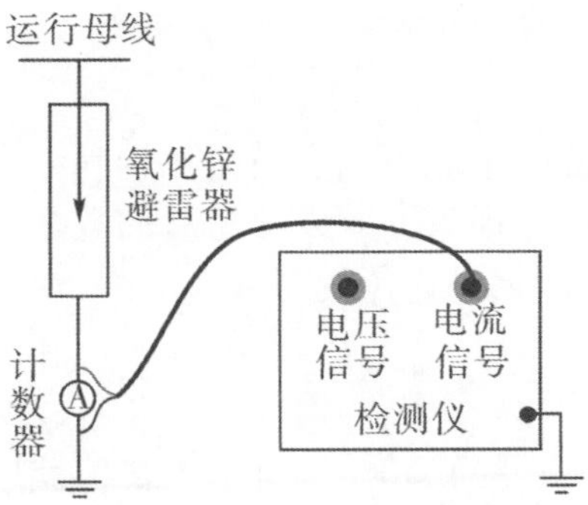

图4－10　全电流法测试接线图

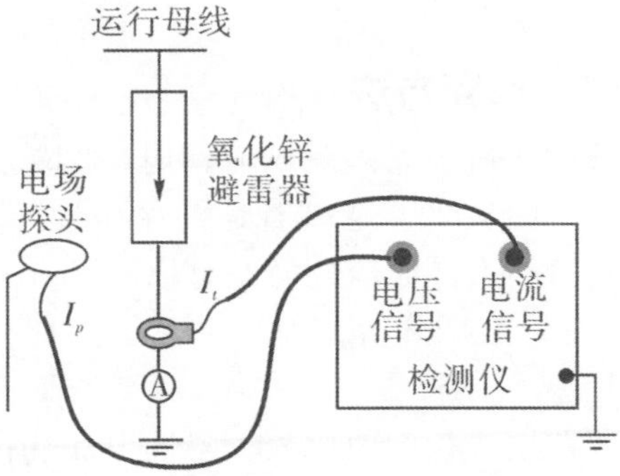

图4－11　阻性电流三次谐波法测试接线图

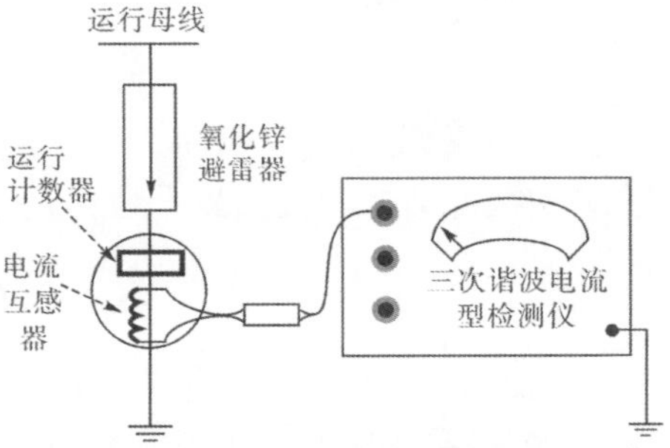

图4－12　零序法测试接线图

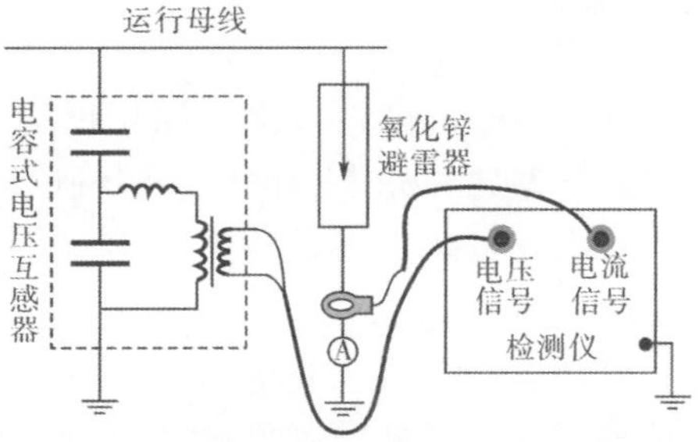

图4－13　补偿法、基波法及波形分析法测试接线图

（4）取参考电压信号，单相参考电压接隔离器B通道，三相对应接A、B、C，接线前确保测量信号是否完好，测量期间应避免二次端子短路。采用补偿法、基波法时，需要取参考电压信号，而三次谐波法不需要。

（5）仪器。设置试验设备、试验参数、电压选取方式、电压互感器变比等参数。

（6）测试并记录数据。记录全电流、阻性电流基波峰值，阻性电流三次谐波平均值，运行电压数据，相邻间隔设备运行情况；并应注意瓷套表面状况及相间干扰对测试结果的影响。

（7）测试完毕，应先将仪器关闭再拆除测试接线。在拆除测试线时，先拆除信号侧，再拆除接地端，最后拆除仪器接地线。

4. 注意事项

（1）测试期间仪器必须可靠接地。

（2）取全电流 I_x 时，短接带电泄漏电流表的计数器，电流表指针应该归零，否则应用万用表测量计数器两端电压，以判断其是否为低阻计数器。对于低阻计数器需采用高精度钳形电流互感器采样。当计数器与在线电流表分离时，应同时短接电流表和计数器。

（3）测取电压互感器二次电压信号时，宜采用专用测量端子，并设专人看守端子箱。

二、诊断方法

氧化锌避雷器泄漏电流带电检测数据分析应采取纵向、横向比较和综合分析，判断氧化锌避雷器是否存在受潮、老化等现象，应以补偿后的数据进行对比分析，同时应注意，宜以同种方法测试数据进行比较。

（一）数据分析

1. 纵向比较法

与前次或初始值比较，阻性电流初值差应不大于50%，全电流初值差应不大于20%。当阻性电流增加0.5倍时，应缩短试验周期并加强监测，增加1倍时应停电检查。

2. 横向比较法

同一厂家、同一批次、同相位的产品，避雷器各参数应大致相同，彼此应无显著差异。如果全电流或阻性电流差别超过70%，那么即使参数不超标，避雷器也有可能出现异常。

3. 综合分析法

当怀疑避雷器泄漏电流存在异常时，应排除各种因素的干扰，并结合红外精确测温、高频局放测试结果进行综合分析判断，必要时应开展停电诊断试验。

（二）规程要求值

根据DL/T 393—2010《输变电设备状态检修试验规程》中明确提出避雷器运行中持续电流检测（带电）的检测周期和检测要求如表4－3所示。

表4－3 《输变电设备状态检修试验规程》要求值

例行试验项目	基准周期	要求	说明
运行中持续电流检测（带电）	110（66）kV及以上：1年	阻性电流初值差≤50%，且全电流初值差≤20%	具备带电检测条件时，宜在每年雷雨季节前进行本项目 通过与历史数据及同组间其他氧化锌避雷器的测量结果相比较作出诊断，彼此应无显著差异。当阻性电流增加0.5倍时，应缩短试验周期并加强监测，增加1倍时应停电检查

（三）结果分析

在进行氧化锌避雷器泄漏电流测试结果分析时，应综合全电流、阻性电流基波分量，阻性电流谐波分量，电压电流夹角等测量结果，判断氧化锌避雷器的运行状况。

(1) 阻性电流的基波成分增长较大，谐波的含量增长不明显时，一般为重污秽或受潮缺陷。

(2) 阻性电流谐波的含量增长较大，基波成分增长不明显时，一般为老化缺陷。

(3) 容性电流增加，避雷器一般发生不均匀劣化。避雷器有一半发生劣化时，底部容性电流增加最多。

(四) 影响测量结果的因素

在进行氧化锌避雷器泄漏电流的分析判断时，要充分考虑外界环境因素对测试结果的影响，确保分析正确。

1. 瓷套外表面受潮污秽的影响

瓷套外表面潮湿污秽引起的泄漏电流，如果不加屏蔽会进入测量仪器，使测量结果偏大。其解决方法是在氧化锌避雷器最下面的瓷套上加装接地的屏蔽环，将瓷套表面泄漏电流接地。

2. 温度对氧化锌避雷器泄漏电流的影响

由于氧化锌避雷器的氧化锌电阻片在小电流区域具有负的温度系数及氧化锌避雷器内部空间小，散热条件较差，有功损耗产生的热量会使电阻片的温度高于环境温度。这些因素会导致避雷器的阻性电流增大，在进行数据的纵向分析时应予以考虑。

3. 湿度对测试结果的影响

湿度较大的情况下，会使得氧化锌避雷器瓷套的表面泄漏电流明显增大，同时引起氧化锌避雷器内部阀片的电位分布发生变化，使得芯体电流明显增大，严重时芯体电流增大 1 倍左右，瓷套表面泄漏电流会呈现几十倍增加。

4. 相间干扰的影响

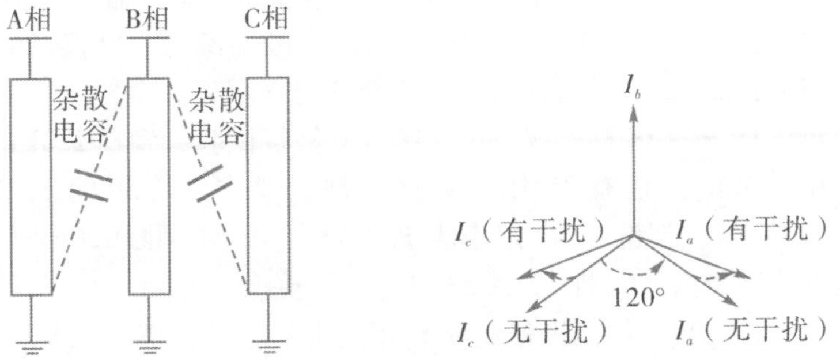

图 4－14　避雷器泄漏电流带电检测相间干扰原理图

检测一字排列的三相氧化锌避雷器泄漏电流时，由于三相相间干扰，A、

C 相电流相位都向 B 相方向偏移，偏移角度一般为 2°～4°。这将导致 A 相阻性电流增加，C 相阻性电流变小甚至为负值。图 4－14 为相间干扰原理示意图。

相间干扰对测试结果有影响，但不影响测试结果的有效性。采用历史数据的纵向比较法，能够较好反映氧化锌避雷器的运行情况。

5. 谐波的影响

电网电压的谐波会在避雷器中产生谐振电流，导致无法准确检测氧化锌避雷器自身的谐波电流。

6. 参考电压方法选取的不同

选取参考电压的方式一般有电压互感器二次电压法、检修电源法、感应板法、末屏电流法等。各种选取方法的系统性电压误差不同，试验结果也不同。

7. 电磁场的影响

测试点电磁场较强时，会影响电压与总电流的夹角，从而使测得的阻性电流峰值不真实，不利于测试人员准确诊断。因此，测试时应选取多个测试点进行分析比较。

第四节　典型应用分析

一、持续运行电流检测 220kV 变电站 220kV 母线避雷器受潮缺陷

（一）案例概况

2013 年 2 月 25 日，江西某供电公司进行 220kV ××变电站避雷器泄漏电流带电检测，发现 220kV Ⅰ段母线避雷器 B 相全电流与阻性电流均比 A、C 相大 1 倍左右。而 A、C 相测试数据与同型号的线路避雷器测试数据基本吻合，因此怀疑 220kV Ⅰ段母线避雷器 B 相存在绝缘问题。避雷器为南阳金冠电气有限公司的产品，型号：Y10W－204/532W；产品编号：861594A；出厂日期：2011 年 9 月 21 日；投运日期：2012 年 3 月 28 日。

2013 年 2 月 26—28 日，该公司开展停电例行试验，发现 220kV Ⅰ段母线避雷器 B 相下节绝缘仅有 35MΩ，远低于规程要求的 2 500MΩ，同时直流 1mA 电压、75% U_{1mA} 泄漏电流均不满足规程要求，初步判断 220kV Ⅰ段母线避雷器 B 相下节绝缘内部受潮，2 月 28 日进行了更换。

2013 年 3 月 7 日，解体检查发现 B 相避雷器下节顶盖、压紧弹簧等锈蚀严重，但密封垫旁无明显锈蚀，因此诊断水汽进入点不在此处。取出避雷器下节底座后发现，底座环氧树脂板上有明显裂纹，裂纹旁的金属板也有明显锈蚀痕迹，诊断此处裂纹是由内部受潮引起的。

（二）检测分析方法

1. 带电测试情况

2013 年 2 月 25 日，泄漏电流测试数据见表 4－4。此次测试是投运后第一次带电测试，没有初始值可比较，从横向比较来看，220kV Ⅰ段母线避雷器 B 相全电流与阻性电流均比 A、C 相大 1 倍左右，需停电检查。

表 4－4　220kV Ⅰ段母线避雷器泄漏电流带电测试数据　　单位：μA

设备	全电流有效值	阻性电流峰值	阻性电流有效值
避雷器 A 相	420	45	32
避雷器 B 相	**1 004**	**80**	**57**
避雷器 C 相	444	45	32

2. 停电试验

绝缘电阻试验数据见表 4－5。B 相下节绝缘电阻仅为 35MΩ，怀疑严重受潮。

表 4－5　220kV Ⅰ段母线避雷器绝缘电阻试验数据　　单位：MΩ

设备	部位	出厂试验数据	交接试验数据	例行试验数据	技术要求
避雷器 A 相	上节	无	50 000	10 000	上、下节不低于 2 500MΩ，底座不低于 10MΩ
	下节		50 000	10 000	
	底座		2 500	10 000	
避雷器 B 相	上节	无	50 000	10 000	
	下节		50 000	**35**	
	底座		25 00	10 000	
避雷器 C 相	上节	无	50 000	10 000	
	下节		50 000	10 000	
	底座		2 500	10 000	
	下节		50 000	10 000	
	底座		2 500	10 000	
	底座		2 500	10 000	
线路隔 C 相	上节	无	50 000	10 000	
	下节		50 000	10 000	
	底座		2 500	10 000	

直流 1mA 电压见表 4－6，B 相下节仅为 30kV，例行试验数据与出厂值的初值差为－80.37%，严重超标。

表 4－6　220kV Ⅰ段母线避雷器直流 1mA 电压

设备	部位	出厂试验数据（kV）	交接试验数据及与出厂值对比		例行试验数据及与出厂值对比		技术要求
			数据（kV）	误差（%）	数据（kV）	误差（%）	
避雷器 A 相	上节	153.4	154.1	0.46	151.3	－1.37	直流 1mA 参考电压不小于 148kV，且与出厂值相比变化不大于 ±5%
	下节	152.8	153.5	0.46	151.1	－1.11	
避雷器 B 相	上节	153.4	154.0	0.39	151.2	－1.43	
	下节	152.8	153.2	0.26	**30**	**－80.37**	
避雷器 C 相	上节	153.4	154.2	0.52	151.6	－1.17	
	下节	153.1	154.5	0.91	151.5	－1.05	

75% 直流 1mA 参考电压下的泄漏电流见表 4－7，B 相下节高达 1 000μA，远远超过规程要求的 50μA。

表 4－7　220kV Ⅰ段母线避雷器 75% 直流 1mA 参考电压下的泄漏电流　单位：μA

设备	部位	出厂试验数据	交接试验数据	例行试验数据	技术要求
避雷器 A 相	上节	无	9.2	15	≤50
	下节	无	9.3	12	
避雷器 B 相	上节	无	8.9	17	
	下节	无	8.7	**1 000**	
避雷器 C 相	上节	无	8.4	11	
	下节	无	6.0	12	

3. 解体检查分析

根据以上测试和分析结果，更换了该相缺陷避雷器，并在 3 月 7 日对其进行解体检查。

解体检查发现 B 相避雷器下节顶盖、压紧弹簧等锈蚀严重，如图 4－15（a）所示，但密封垫旁无明显锈蚀，因此诊断水汽进入点不在此处。另外，抽出电阻片芯体发现电阻片外表面布满了明显的水渍，见图 4-15（b）。

（a）顶盖及压紧弹簧锈蚀情况

（b）电阻片表面有多处明显水渍

图 4-15　顶盖、压紧弹簧锈蚀及电阻片表面水渍

取出避雷器下节底座后发现，底座环氧树脂板上有一明显裂纹，如图 4-16（a）所示，裂纹旁的金属板也有明显锈蚀痕迹，见图 4-16（b），可以判断是此处裂纹引起内部受潮。

（a）底座环氧树脂板正面图

（b）底座环氧树脂板侧面图

图 4-16　底座环氧树脂板开裂情况

推测造成此裂纹的原因是避雷器在安装或运输过程中，其底座引出接线铜排受外力而发生过较严重弯曲，同时造成底座环氧树脂板受力形成裂纹，裂纹处即是弯曲主要受力点，铜排根部有明显压痕，判断为校正留下的夹痕。在运的# 1主变 220kV 侧避雷器 B 相接线铜排也有轻微向上弯曲现象。

4. 综合分析

带电测试显示该 220kV 变电站 220kV Ⅰ段母线避雷器 B 相全电流与阻性电流均比 A、C 相大 1 倍左右。停电试验显示 B 相下节绝缘仅有 35MΩ，远低于规程要求的 2 500MΩ；直流 1mA 电压 30kV，不满足厂家技术要求的≥148kV；75% U_{1mA}为1 000μA，不满足厂家技术要求的≤50μA。因此诊断220kV Ⅰ段母线避雷器B相下节试验不合格。其他8台220kV避雷器试验数据合格。

停电试验前9台避雷器计数器分别显示10～13次，可判断投运后该220kV Ⅰ段母线避雷器B相动作了3次，线路避雷器B相动作了2次，动作次数较少，可排除因避雷器运行中动作次数过多导致的绝缘下降。结合试验数据，初步判断内部受潮为裂纹所致。

（三）总结

（1）避雷器运行中持续电流检测对发现避雷器内部受潮非常有效，公司在雨季前（建议4月底前）及时对所有110kV及以上避雷器进行检测，发现疑似缺陷可停电试验予以确认。

（2）变电运检人员应加强变电站避雷器的日常巡视，按巡视要求记录泄漏电流值。如发现避雷器计数器电流显示较初始值（运行后第一次记录值）增加50%以上，应立即报告。

（3）对新投运的避雷器进行的第一次带电测试，因无原始数据纵向比较，均应采取横向比较来判断（即与同电压等级、同批次、同型号产品的测试值比较）。

二、持续运行电流检测220kV变电站主变110kV侧避雷器绝缘缺陷

（一）案例概况

2013年4月30日江西某供电公司操作队值班人员发现：220kV××变电站#1主变110kV侧避雷器C相在线监测显示异常，通知电气试验班人员进行检测。避雷器铭牌显示：浙江温州益坤电气公司；型号为Y10W－102/266；出厂日期为2008－08－01；投运日期为2008－10－23。

试验人员到达后对C相避雷器进行了带电测试、红外热像检测、局部放电测试，发现阻性电流增长了400%，申请停电对其进行了直流1mA电压及75% U_{1mA}下的泄漏电流测试，试验结果一致显示C相避雷器存在绝缘缺陷。试验人员立即对其进行了更换，更换后进行了解体检查，发现上部阀片已严重受潮。

（二）检测分析方法

1. 带电测试情况及停电试验

泄漏电流带电测试发现A、B两相避雷器正常，C相避雷器数据：全电流I_x = 1.778mA，阻性电流I_r = 0.243mA，与上次试验数据比较（全电流I_x = 0.632mA，阻性电流I_r = 0.061mA）阻性电流增长约400%，说明避雷器存在缺陷。

红外热像图见图4－17，发现C相在中部处有局部发热现象且温差达

到5K。

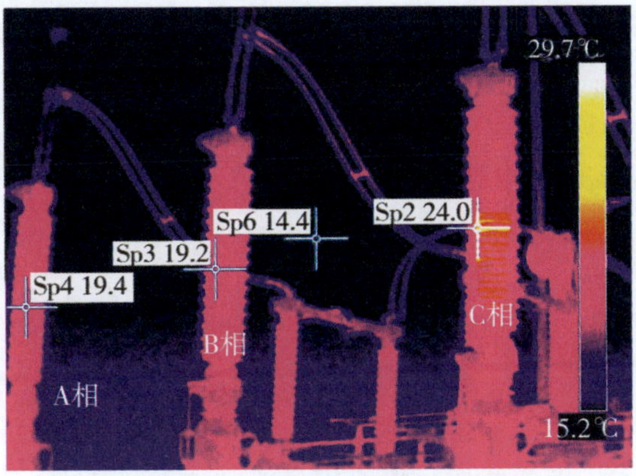

图4－17　避雷器C相红外热像图

局部放电带电测试结果见图4－18，为避雷器C相局部放电谱图，其幅值超过了1 000mV，但无明显的相位分布特性。

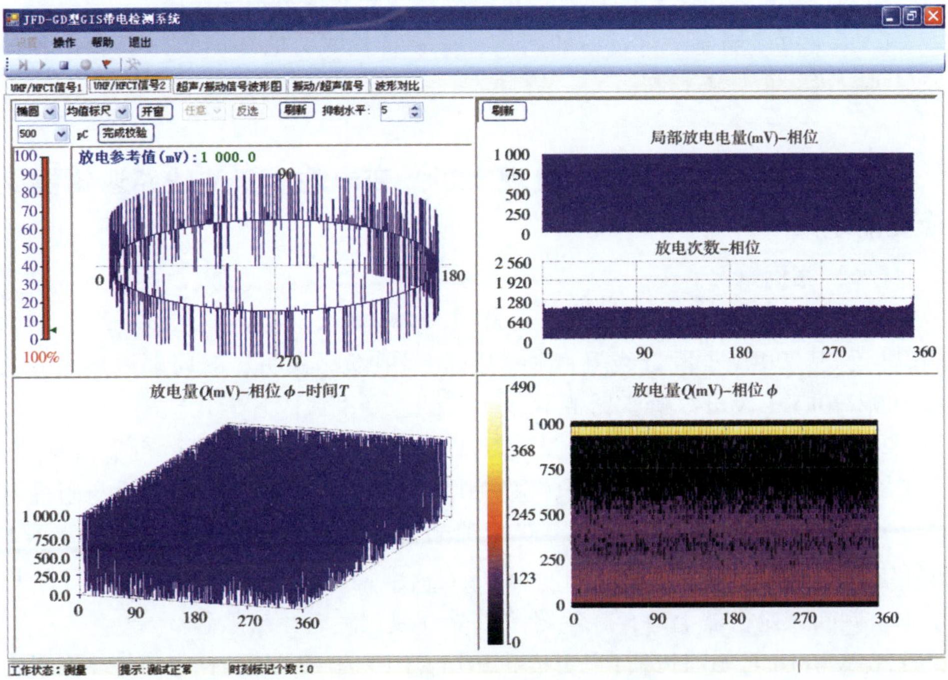

图4－18　避雷器C相局部放电谱图

直流 U_{1mA} 电压及在75% U_{1mA} 下的泄漏电流测试，结果如下：U_{1mA} = 63.2kV（初始值 U_{1mA} = 155.7kV，厂家要求 U_{1mA} ≥148kV；初值差 = －59.41%，

要求不大于 ±5%)，$I_{75\%U_{1mA}}=412\mu A$（要求 ≤ $50\mu A$），直流 U_{1mA} 电压及在 75% U_{1mA} 下的泄漏电流均严重超标，显示避雷器存在内部绝缘缺陷，应立即更换。更换后避雷器带电测试数据正常。

2. 解体检查分析

#1 主变 110kV 侧 C 相避雷器解体检查情况如下：

（1）解体前测量阀片本体对地绝缘电阻仅为 21MΩ。

（2）解体后发现，从顶部氧化锌阀片到红外测温发现的发热点部位之间的阀片绝缘电阻仅为 0.1～0.6MΩ，而发热点以下的阀片绝缘电阻达到 20MΩ 左右。

分析原因发现，避雷器上部阀片由于受潮而近似于短路，使电位分布发生严重畸变，电压几乎全部加在阻值较高的阀片上，从而引起温度升高。

（三）总结

（1）应重视避雷器泄漏电流表计读数的巡视，并分析变化趋势。

（2）通过开展对电力设备的带电检测工作，对判断运行设备是否存在缺陷或有发展成为缺陷的趋势具有重大意义。带电测试应与停电检测相结合；带电检测是常规停电检测的补充，对停电检测起参考及指导作用。

（3）带电检测无法将设备的所有缺陷表征出来，必要时需结合停电检测项目进行进一步分析判断。

三、红外热像检测技术发现 220kV 变电站 220kV 线路避雷器绝缘受潮缺陷

（一）案例概况

2015 年 9 月 15 日，江西某供电公司 220kV ××变电站一次设备红外精确测温，发现 220kV Ⅰ段母线 B 相避雷器上节顶部存在明显的局部过热点，初步判断 220kV Ⅰ段母线避雷器 B 相上节有绝缘受潮或阀片老化缺陷。

2015 年 9 月 16 日，检测人员 220kV Ⅰ段母线避雷器持续运行电流检测，发现 B 相避雷器全电流与阻性电流显著增大，A、C 相避雷器全电流与阻性电流变化不大。2015 年 10 月 8 日，停电诊断试验发现 220kV Ⅰ段母线避雷器 B 相上节绝缘电阻，直流 1mA 电压、75% U_{1mA} 泄漏电流等测试值均不满足规程要求，判断该避雷器上节存在绝缘严重受潮或阀片老化缺陷。

2015 年 10 月 10 日进行了更换，2015 年 10 月 12 日解体检查发现该避雷器上节金属件锈蚀严重，潮气由锈穿的防雨罩进入导致内部受潮，表明避雷器缺陷为严重受潮缺陷。避雷器为河南南阳氧化锌避雷器厂生产的产品，型号为 Y10W－200/520，1998 年 1 月 1 日出厂，1999 年 10 月 20 日投运。

（二）检测分析方法

1. 带电测试情况

经红外热像检测得如下谱图，分别按同相不同部位、不同相同一部位红外谱图进行对比分析。三相全景红外热像图见图 4 - 19，A、B、C 相红外热像图分别如图 4 - 20 至图 4 - 22 所示。

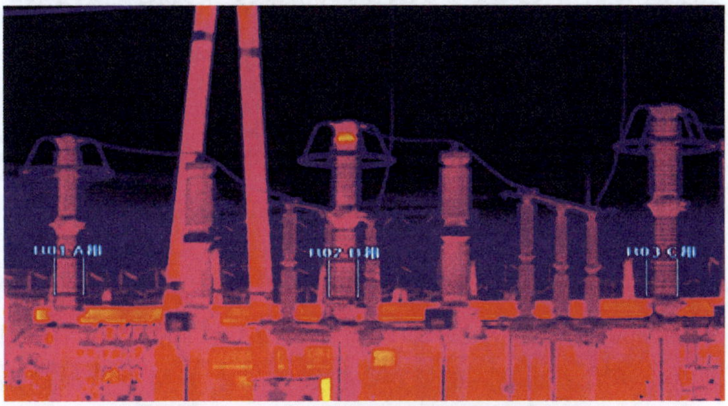

图 4 - 19　三相避雷器全景红外谱图

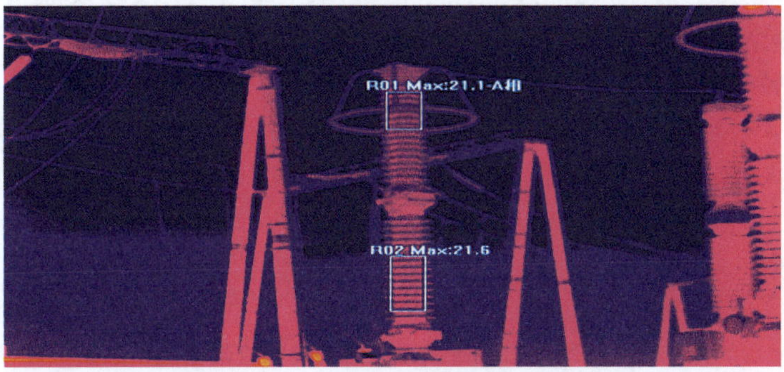

图 4 - 20　A 相避雷器整体红外谱图

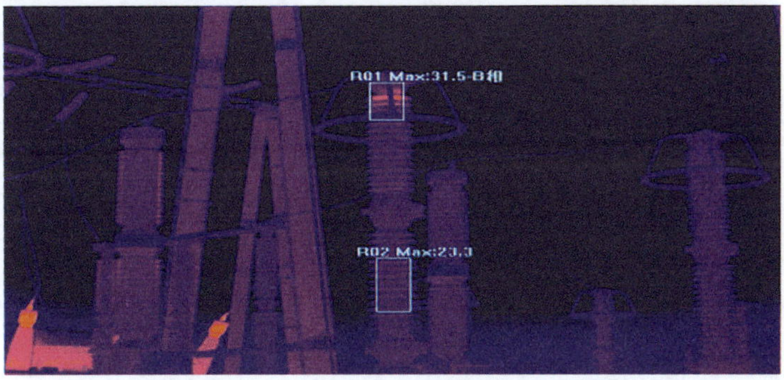

图 4 - 21　B 相避雷器整体红外谱图

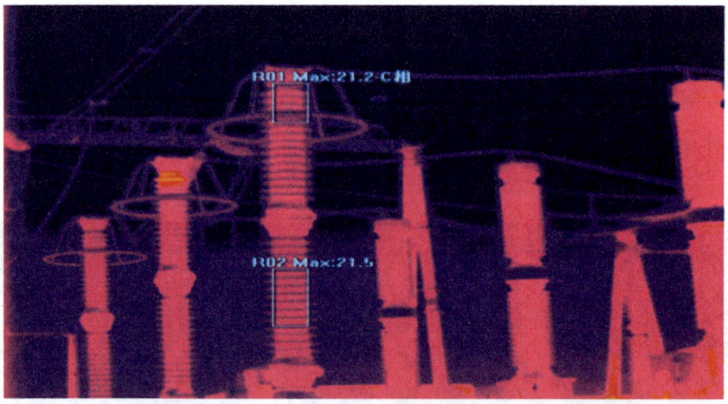

图 4－22　C 相避雷器整体红外谱图

由谱图分析可知，220kV Ⅰ段母线 B 相避雷器上节顶部最高温度为 31.5℃，下节中部最高温度为 23.3℃，温差 8.2℃，同时与上节中部最高温度（21.9℃）相差 8.8℃。同间隔的 A、C 相避雷器上节与下节最高温度差分别为 0.5℃、0.3℃；上节顶部与上节中部最高温度差分别为 0.4℃、0.5℃。B 相上节顶部存在明显的局部过热点，初步判断 220kV Ⅰ段母线避雷器 B 相上节有绝缘受潮或阀片老化缺陷。

2. 阻性电流带电检测

9 月 16 日泄漏电流测试数据见表 4－8。采用同组设备三相横向比较进行分析，220kV Ⅰ段母线避雷器 B 相全电流比 A、C 相大 1 倍多，阻性电流比 A、C 相大 10 倍左右，分析判断 B 相避雷器可能存在严重绝缘缺陷，需停电开展诊断性试验进一步分析。

表 4－8　220kV Ⅰ段母线避雷器泄漏电流带电测试数据　　单位：μA

设备编号	出厂编号	全电流峰值	全电流有效值	阻性电流峰值	阻性电流有效值	检测日期
A 相	0044	1 050	747	85	51	2015－09－16
B 相	0045	**1 779**	**1 258**	**709**	**502**	2015－09－16
C 相	0046	1 105	782	47	33	2015－09－16
A 相	0044	1 042	737	121	85.6	2015－03－09
B 相	0045	1 007	712	118	83.5	2015－03－09
C 相	0046	1 110	771	127	89.8	2015－03－09

3. 停电诊断性试验

220kV Ⅰ段母线避雷器的停电绝缘电阻试验数据见表 4－9。B 相上节绝缘电阻仅为 5.42MΩ，远低于 2 500MΩ。

表 4－9　220kVⅠ段母线避雷器绝缘电阻试验数据　　单位：MΩ

设备编号	出厂编号	部位	出厂试验	交接试验	本次诊断试验	技术要求
A 相	0044	上节	无	50 000	10 000	上、下节不低于 2 500MΩ，底座不低于 10MΩ
		下节	无	50 000	10 000	
		底座	无	2 500	10 000	
B 相	0045	上节	无	50 000	5.42	
		下节	无	50 000	10 000	
		底座	无	2 500	10 000	
C 相	0046	上节	无	50 000	10 000	
		下节	无	50 000	10 000	
		底座	无	2 500	10 000	
		下节	无	50 000	10 000	
		底座	无	2 500	10 000	
		底座	无	2 500	10 000	

220kVⅠ段母线避雷器的直流 1mA 电压 U_{1mA} 测试值见表 4－10，B 相上节仅为 7.4kV，例行试验数据与出厂值的初值差为－95.1%，严重超标。

表 4－10　220kVⅠ段母线避雷器直流 1mA 电压 U_{1mA}

设备编号	出厂编号	部位	出厂试验（kV）	交接试验		本次诊断试验		技术要求
				数据（kV）	初值差（%）	数据（kV）	初值差（%）	
A 相	0044	上节	151.4	151.6	0.13	151.3	－0.06	直流 1mA 电压不小于 148kV，且与出厂值相比变化不大于 ±5%
		下节	150.8	151.5	0.46	151.1	0.19	
B 相	0045	上节	151.0	151.2	0.13	**7.4**	**－95.1**	
		下节	150.5	150.9	0.27	150.8	0.20	
C 相	861614A	上节	151.4	152.2	0.52	151.8	0.26	
		下节	152.1	153.5	0.92	151.6	－0.33	

注：初值取出厂试验数据。

220kVⅠ段母线避雷器的 75% 直流 1mA 参考电压下的泄漏电流见表 4－11，B 相上节高达 751μA，远远超过规程要求的 50μA。

表 4-11　220kV Ⅰ段母线避雷器 75% 直流 1mA 电压下的泄漏电流　单位：μA

设备编号	出厂编号	部位	出厂试验	交接试验	本次诊断试验	技术要求
A 相	0044	上节	无	17	22	≤50
		下节	无	20	24	
B 相	0045	上节	无	16	**751**	
		下节	无	17	20	
C 相	0046	上节	无	19	23	
		下节	无	17	24	

4. 解体检查分析

根据以上测试和分析结果，更换了该相缺陷避雷器，并在 10 月 12 日对其进行了解体检查。解体检查发现 B 相避雷器上节顶盖锈蚀严重，如图 4-23（a）所示，且吸潮剂已受潮变色，如图 4-23（c）所示。另外，抽出电阻片芯体发现避雷器内壁表面布满了明显的水渍，见图 4-23（b）。

（a）顶盖锈蚀情况

（b）避雷器内壁有明显水渍

（c）吸潮剂已受潮变色

图 4-23　顶盖锈蚀、避雷器内壁表面水渍及吸潮剂受潮情况

5. 综合分析

红外谱图分析，同相比较时，B 相不同部位温差最大达 8.2℃，A、C 相温差变化不大；不同相同部位比较时，B 相温度最高，与 A、C 相的温度差约 10℃。依据《带电设备红外诊断应用规范》，检测谱图基本与避雷器设备红外缺陷典型谱图一致，判定 B 相避雷器上节顶部存在局部过热点，有严重受潮或阀片老化缺陷。

持续运行电流带电检测分析，纵向比较分析发现 B 相避雷器全电流峰值比上次检测数据增大 76.7%，A、C 相基本不变；B 相避雷器阻性电流有效值比上次检测数据增大 501%，A 相减少 40%，C 相减少 63.4%；横向比较分析发现 B 相避雷器全电流峰值是 A、C 相的 1.7 倍左右，B 相避雷器阻性电流有效值是 A、C 相的 10 倍左右。

B 相避雷器全电流峰值、阻性电流有效值增量显著（大于 50%），且与 A、C 相数据差异明显，判定 B 相避雷器有绝缘受潮或阀片老化缺陷。

B 相避雷器上节的绝缘电阻、直流 1mA 电压、75% U_{1mA} 等技术参数检测指标均不满足《输变电设备状态检修试验规程》要求，B 相避雷器下节及 A、C 相避雷器各项参数的检测数据满足规程要求，判定 B 相避雷器上节存在绝缘受潮或阀片老化缺陷，解体查明为避雷器内部严重受潮缺陷。

（三）总结

（1）红外测温检测与避雷器停电检测都能有效发现避雷器内部绝缘缺陷并准确定位，避雷器持续运行电流带电检测能发现避雷器绝缘缺陷但不能定位。

（2）对于红外检测技术，采用单相对比、局部对比方法比较有效，温度对比应采用局域最高温度对比更有效，同时应结合其他带电或停电检测技术进行验证确诊。

四、红外热像检测技术发现 110kV 变电站 110kV 线路避雷器受潮缺陷

（一）案例概况

2015 年 6 月 10 日，江西某供电公司对 110kV ××变电站避雷器红外带电检测，发现 110kV ××线路避雷器有局部发热现象，谱图呈现上部低、中下部高的热像特征，近三年的阻性电流带电检测出现显著增长趋势，初步判断避雷器三相存在绝缘问题。避雷器生产厂家为乐清市登峰高压电器有限公司，型号为 YH10W－100/260，2006 年 11 月 1 日出厂，2007 年 1 月 1 日投运。

2015 年 6 月 16 日，停电诊断性试验发现该避雷器三相绝缘均不足 1 000MΩ，远低于规程要求的 2 500MΩ，直流 1mA 电压、75% U_{1mA} 泄漏电流均不满足规程要求，判断该避雷器存在严重绝缘缺陷，7 月 6 日进行了整体更换（三相）。7 月 7 日，解体检查最终查明为避雷器电阻片芯体发现水渍锈蚀

痕迹，电阻片芯体老化。

（二）检测分析方法

1. 红外热像检测情况

2015 年 6 月 10 日利用热成像仪得到该 110kV × ×线避雷器三相红外谱图，如图 4－24 所示。采用同设备三相横向比较进行分析，避雷器三相中下部的矩形 R_2 区域的温度比 R_1 区域的要高。以 B 相为例，R_1 中 33.7℃、R_2 中 35.8℃，温差超过 1K，故障特征疑似阀片老化或受潮，需停电开展诊断性试验进一步分析。

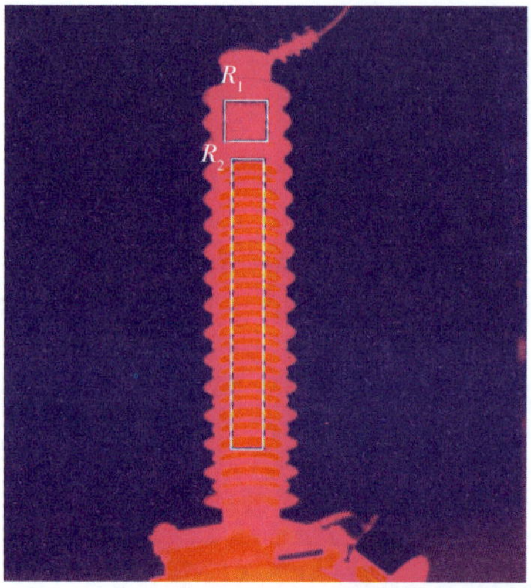

（a）A 相避雷器

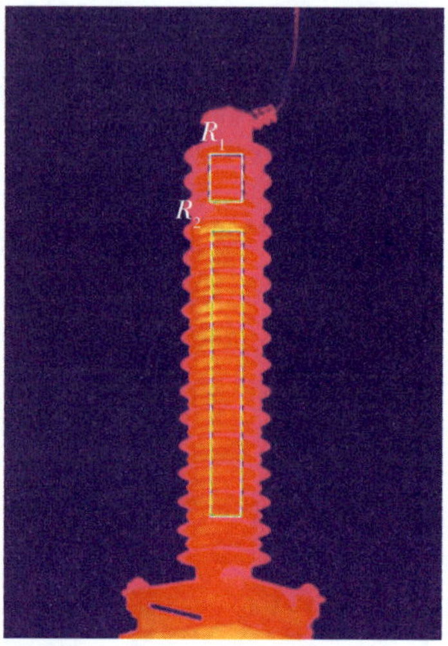

（b）B 相避雷器

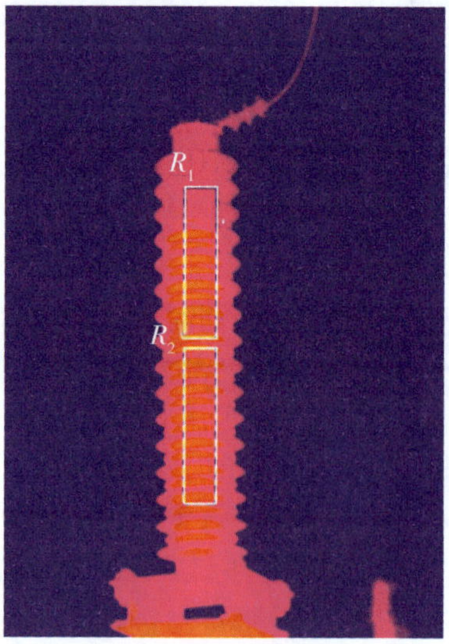

（c）C 相避雷器

图 4－24　三相避雷器整体红外谱图

2. 带电持续电流检测

110kV××线避雷器最近三年带电持续电流检测数据见表4－12。对比发现最近三年的全电流 I_x、阻性电流 I_r、阻性电流峰值 I_{rp} 有明显增加趋势，且2015年较2014年增长显著，数据出现明显异常，与红外检测结果相一致。

表4－12　110kV××线避雷器带电持续电流检测

设备编号	A相			B相			C相		
测试年份	2013	2014	2015	2013	2014	2015	2013	2014	2015
相角 Φ（°）	85.42	85.34	85.51	85.38	85.62	86.52	85.23	85.31	84.91
全电流 I_x（mA）	0.584	0.613	**0.708**	0.597	0.623	**0.719**	0.602	0.632	**0.723**
阻性电流 I_r（mA）	0.89	0.93	**0.163**	0.86	0.96	**0.169**	0.88	0.95	**0.172**
阻性电流峰值 I_{rp}（mA）	0.121	0.128	**0.181**	0.114	0.122	**0.189**	0.115	0.127	**0.193**

3. 停电诊断性试验

停电试验前，排查了相邻变电站避雷器的动作次数，某110kV××线变电站9台110kV××线避雷器动作次数，某110kV Ⅰ段母线避雷器A、B、C相分别动作5、5、4次，某110kV避雷器A、B、C相分别动作13、9、14次，某110kV避雷器A、B、C相分别动作12、4、11次，某10kV避雷器B相动作次数较少，可排除因避雷器运行中频繁动作导致该避雷器绝缘下降的情况。110kV××线避雷器停电绝缘电阻试验数据见表4－13。B相绝缘电阻仅为470MΩ，远低于2 500MΩ。

表4－13　110kV××线避雷器绝缘电阻试验数据　　单位：MΩ

设备编号	出厂编号	部位	出厂试验	交接试验	本次诊断试验	技术要求
A相	81128	上节	无	10 000	600	上节不低于2 500MΩ，底座不低于100MΩ
		底座	无	2 500	10 000	
B相	81126	上节	无	10 000	470	
		底座	无	2 500	10 000	
C相	81127	上节	无	10 000	500	
		底座	无	2 500	10 000	

110kV××线避雷器直流1mA电压U_{1mA}测试值见表4-14，B相仅为133kV，例行试验数据与出厂值的初值差为B相最高-13.2%，严重超标。

表4-14　110kV××线避雷器直流1mA电压U_{1mA}

设备编号	出厂编号	部位	出厂试验（kV）	交接试验		本次诊断试验		技术要求
				数据（kV）	初值差（%）	数据（kV）	初值差（%）	
A相	81128	上节	153.4	154.1	0.46	143.6	-6.59	直流1mA电压不小于148kV，且与出厂值相比变化不大于±5%
B相	81126	上节	151.8	153.2	0.26	**133**	**-13.2**	
C相	81127	上节	153.4	154.2	0.52	142.6	-7.29	

注：初值取出厂试验数据。

110kV××线避雷器75%直流1mA参考电压下的泄漏电流见表4-15，三相避雷器均超过规程要求的50μA或初值差≤30%。依据《输变电设备状态检修试验规程》，诊定三相避雷器不合格，须更换。

表4-15　110kV××线避雷器75%直流1mA电压下的泄漏电流　单位：μA

设备编号	出厂编号	部位	出厂试验	交接试验	本次诊断试验	技术要求
A相	81128	上节	无	12.2	65	≤50
B相	81126	上节	无	8.7	**80**	
C相	81127	上节	无	9.4	62	

4. 解体检查分析、验证

根据以上测试和分析结果，更换了A、B、C三相缺陷避雷器，并在2015年7月7日对其中数据超标最为严重的B相进行了解体检查。解体检查发现B相避雷器电阻片芯体有水渍，且存在锈蚀痕迹，电阻片外表面有明显的老化迹象，见图4-25。取出避雷器底部后发现，内部电阻片分为两部分，如图4-25（a）所示。上下两部分均有明显锈蚀痕迹，见图4-25（a）、（b）、（c）、（d），可以判断是内部受潮、电阻片老化原因引起避雷器劣化。电阻片芯体受潮情况如图4-26所示。

分析造成此避雷器绝缘劣化的原因是避雷器在生产过程中未严格密封，造成避雷器整体受潮，加速了劣化过程。

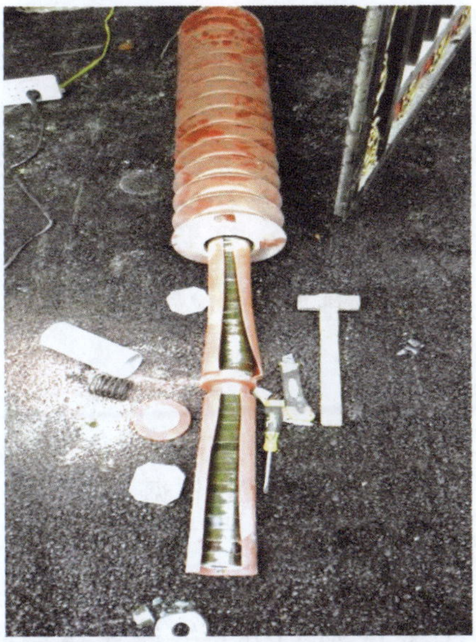

（a）阀片锈蚀情况

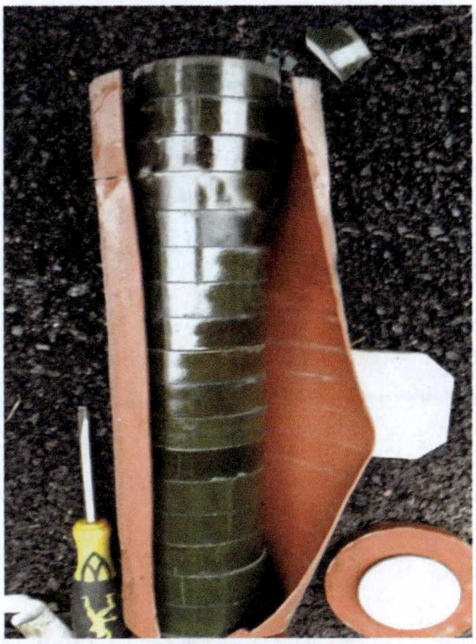

（b）电阻片表面老化

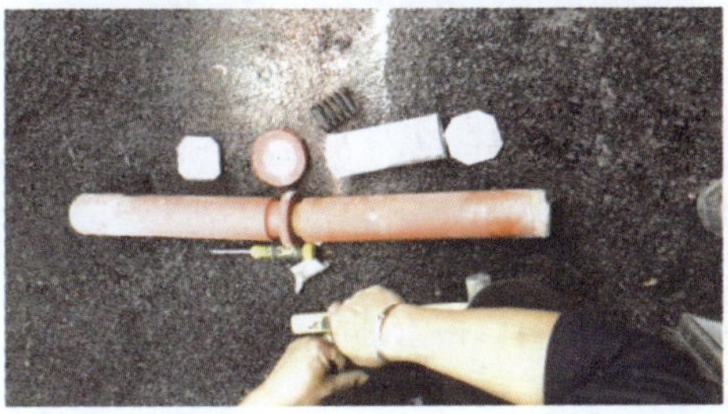

（c）电阻片表面锈蚀

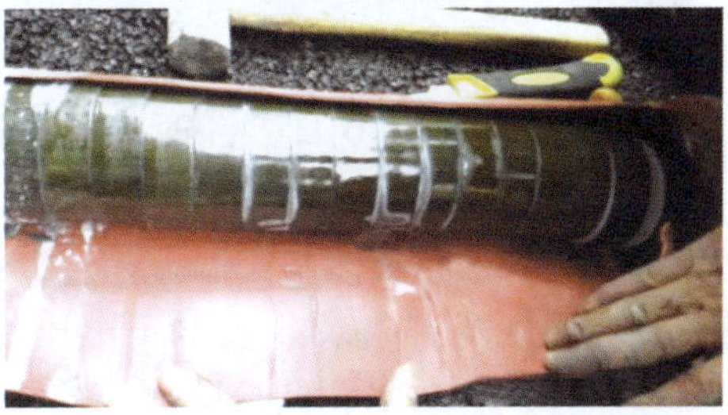

（d）电阻片表面有多处明显水渍

图 4－25　电阻片表面水渍锈蚀、老化

（a）电阻片锈蚀

（b）底部电阻片

图 4－26　电阻片芯体受潮情况

5. 综合分析

红外带电测试显示 110kV 变电站 110kV ××线避雷器三相上部与中下部温度明显区别，上部最高为 $R_1$33.7℃，下部最高为 $R_2$35.8℃，有局部发热现象，近三年的阻性电流带电检测出现显著增长趋势；停电试验显示避雷器三相本体绝缘均不足1 000MΩ，远低于2 500MΩ；直流1mA电压不满足厂家技术要求的≥148kV；75% U_{1mA} 为A相65μA、B相80μA、C相62μA，严重超标，因此依据Q/GDW 168—2008《国家电网公司输变电设备状态检修试验规程》诊断110kV××线避雷器三相存在严重绝缘缺陷，解体检查最终查明为避雷器电阻片芯体遭水渍锈蚀，导致电阻片芯体老化。

同时对该变电站其他6台110kV避雷器进行了排查，试验数据均合格。

（三）总结

通过红外热像检测技术进行一次设备精确测温及时发现设备缺陷，通过阻性电流带电检测数据综合诊断，并经过停电诊断试验进一步确认，及时发现设备隐患，为进一步采取正确的检修策略提供翔实的理论依据，避免了一起设备事故的发生。

五、红外热像检测技术发现110kV变电站110kV线路避雷器绝缘缺陷

（一）案例概况

2015年7月16日，江西某供电公司电气试验班在110kV××变电站进行红外热像带电检测，发现110kV××线避雷器C相红外测温最高温度为30.9℃，C相与其他两相温差超过2K，根据DL/T 664—2008《带电设备红外诊断应用规范》附录B表B.1电压致热型设备缺陷诊断依据，判断存在电压导致热型设备缺陷，此缺陷属于严重缺陷。

2015年7月17日，电气试验班进行停电试验，测得110kV××线避雷器C相耐压前后绝缘电阻均为100MΩ，直流试验 U_{1mA} 为73.5kV，75% U_{1mA} 下的电流为646μA，试验不合格；随后，检修班对110kV××线避雷器C相进行了更换。

（二）检测分析方法

1. 红外精确测温情况

2015年7月16日，110kV××线避雷器红外带电检测情况见图4－27，红外热像带电检测数据见表4－16。采用同组设备三相横向比较，并参照DL/T 664—2008《带电设备红外诊断应用规范》附录B.1电压致热型设备缺陷诊断依据，诊断存在发热缺陷，此缺陷属于严重缺陷，需停电对110kV××线避雷器C相进行电气试验进一步诊断，根据结果再做处理。

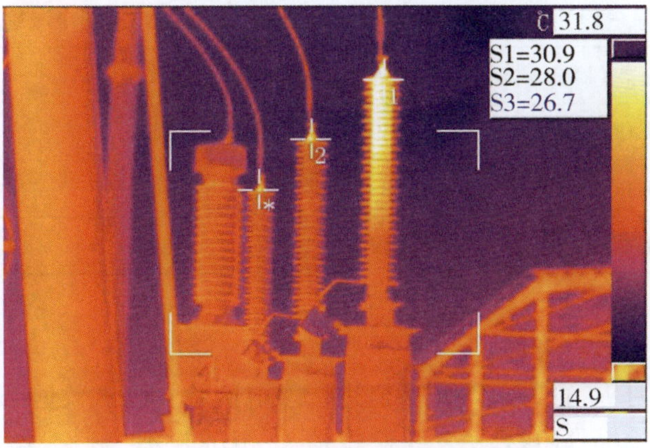

图 4－27 110kV××线避雷器红外热像图

表 4－16 110kV××线避雷器红外热像带电测试数据 单位:℃

相别	A 相	B 相	C 相
最高温度	26.7	28.0	30.9

2. 阻性电流带电检测情况

近三年运行中的持续电流检测数据见表 4－17 至表 4－19，三相横比及纵比可诊断 110kV××线避雷器 C 相试验不合格。

表 4－17 2015 年 110kV××线避雷器运行中的持续电流检测

相别	运行电压（kV）	功耗（mW/kV）	阻性电流 I_{rp}（μA）	全电流 I_x（μA）
A	64.9	58.62	90	499
B	64.9	119.27	183	553
C	64.9	1 301.23	**202**	**1 474**

表 4－18 2014 年 110kV××线避雷器运行中的持续电流检测

相别	运行电压（kV）	功耗（mW/kV）	阻性电流 I_{rp}（μA）	全电流 I_x（μA）
A	64.05	57.66	95	496
B	64.05	57.91	94	494
C	64.05	38.39	67	489

表 4－19　2013 年 110kV××线避雷器运行中的持续电流检测

相别	运行电压（kV）	功耗（mW/kV）	阻性电流 I_{rp}（μA）	全电流 I_x（μA）
A	64.06	57.69	96	496
B	64.06	57.93	96	495
C	64.06	38.32	65	488

3. 停电诊断性试验情况

2015 年 7 月 17 日，电气试验班进行停电试验，测试数据见表 4－20、4－21，横向比较诊断 110kV××线避雷器 C 相试验不合格，建议整体更换避雷器。

表 4－20　绝缘电阻测试

绝缘电阻（不分节）		耐压前绝缘电阻（MΩ）	耐压后绝缘电阻（MΩ）
A 相	本体	2 200	2 200
	底座	—	—
B 相	本体	2 000	2 000
	底座	—	—
C 相	本体	100	100
	底座	—	—
结论		C 相试验不合格	

表 4－21　直流试验

直流试验		U_{1mA}（kV）	75% U_{1mA}下的电流（μA）
A 相	第一节	159.50	50.50
B 相	第一节	162.90	55.30
C 相	第一节	73.50	646
结论		C 相试验不合格	

4. 停电检修情况

2015 年 7 月 17 日，检修班对 110kV××线避雷器 C 相进行了更换，更换送电后，110kV××线避雷器红外带电检测情况见图 4－28，未见发热现象。

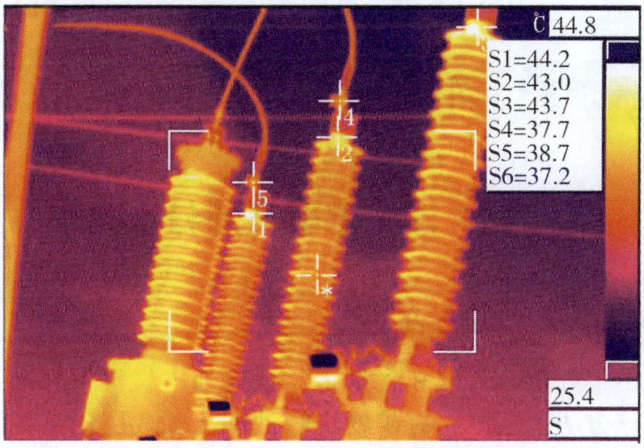

图 4－28 更换送电后 110kV××线避雷器红外热像图

5. 综合分析

110kV××线避雷器红外热像带电检测，A 相红外测温最高温度为 26.7℃，B 相红外测温最高温度为 28.0℃，C 相红外测温最高温度为 30.9℃，C 相与其他两相温差超过 2K，根据 DL/T 664—2008《带电设备红外诊断应用规范》附录 B 表 B.1 电压致热型设备缺陷诊断依据，判断存在电压导致热型设备缺陷，此缺陷属于严重缺陷。

随后安排停电电气试验，测试数据表明 110kV××线避雷器 C 相试验结论为不合格，印证了红外热像带电检测的有效性。

（三）总结

（1）红外检测技术对设备电压致热型缺陷实用、有效。按照周期规范开展变电设备红外测温工作，能够及时发现设备发热缺陷和隐患。

（2）红外检测与其他试验手段相结合，可以发挥各自的优点，互相印证，为设备缺陷诊断分析提供参考信息，使检修策略更有针对性和计划性。

参考文献

国家电网公司运维检修部．电网设备带电检测技术［M］．北京：中国电力出版社，2014：235－240.

第五章　油中溶解气体分析技术

第一节　油中溶解气体分析原理

一、绝缘油中溶解气体的来源

分析油中溶解气体的组分和含量是监视充油电气设备安全运行的最有效的措施之一。该方法适用于充有矿物绝缘油和以纸或层压纸板为绝缘材料的电气设备，其中包括变压器、电抗器、电流互感器、电压互感器和油纸套管等；主要监测对判断充油电气设备内部故障有价值的气体，即氢气（H_2）、甲烷（CH_4）、乙烷（C_2H_6）、乙烯（C_2H_4）、乙炔（C_2H_2）、一氧化碳（CO）、二氧化碳（CO_2）。定义总烃为烃类气体含量的总和，即甲烷、乙烷、乙烯和乙炔含量的总和。

（一）变压器油的分解

变压器是由许多不同分子量的碳氢化合物分子组成的混合物，电或热故障可以使某些 C—H 键和 C—C 键断裂，伴随生成少量活泼的氢原子和不稳定的碳氢化合物的自由基，这些氢原子或自由基通过复杂的化学反应迅速重新化合，形成 H_2 和低分子烃类气体，如 CH_4、C_2H_6、C_2H_4、C_2H_2 等，也可能生成碳的固体颗粒及碳氢聚合物 X 蜡。油的氧化还会生成少量的 CO 和 CO_2，长时间的累积才可达显著数量。

（二）固体绝缘材料的分解

固体绝缘材料指的是纸或层压纸板和木块等，属于纤维素绝缘材料。纤维素是由很多葡萄糖单体组成的长链状高聚合碳氧化合物（$C_6H_{10}O_5$）$_n$，其中的 C—O 键及葡萄糖苷键的热稳定性比油中的 C—H 键还要弱，高于 105℃时，聚合物就会裂解；高于 300℃时就会完全裂解和碳化。聚合物裂解在生成水的同时，生成大量的 CO 和 CO_2、少量低分子烃类气体，以及糠醛及其系列化合物。

（三）气体的其他来源

油中含有的水可以与铁作用生成 H_2；在温度较高的油中溶解 O_2 时，设备中某些油漆（醇酸树脂）在某些不锈钢的催化下，可能生成大量的 H_2，或者不锈钢与油的催化反应也可生成大量的 H_2，新的不锈钢也可能在加工过程中吸附 H_2 或焊接时产生 H_2；有些改型的聚酰亚胺型绝缘材料与油接触也可生成某些特征气体；油在阳光照射下也可以生成某些特征气体。

气体的来源还包括注入的油本身含有某些气体；设备故障排除后，器身中吸附的气体未经彻底脱除，又慢慢释放到油中；有载调压变压器切换开关油室的油向变压器主油箱渗漏，选择开关在某个位置动作时（如极性转换时）形成电火花，会造成变压器本体油中出现 C_2H_2，冷却系统附属设备（如潜油泵）故障产生的气体也会进入变压器本体油中；设备油箱带油补焊会导致油分解产气等。

低能量放电性故障，如局部放电，通过离子反应促使最弱的 C—H 键（338kJ/mol）断裂，主要重新化合成氢气而积累。对 C—C 键的断裂需要较高的温度（较多的能量），然后迅速以 C—C 键（607kJ/mol）、C═C 键（720kJ/mol）和 C≡C 键（960kJ/mol）的形式重新化合成烃类气体，依次需要越来越高的温度和越来越多的能量。

C_2H_4 是在高于 CH_4 和 C_2H_6 的温度（大约为 500℃）下生成的（虽然在较低的温度时也有少量生成）。C_2H_2 一般在 800 ~ 1 200℃ 下生成，而且当温度降低时，反应迅速被抑制，作为重新化合的稳定产物而积累。因此，大量 C_2H_2 是在电弧的弧道中产生的。当然在较低的温度下（低于 800℃）也会有少量 C_2H_2 生成。油起氧化反应时，伴随生成少量 CO 和 CO_2，并且 CO 和 CO_2 能长期积累，成为数量显著的特征气体。

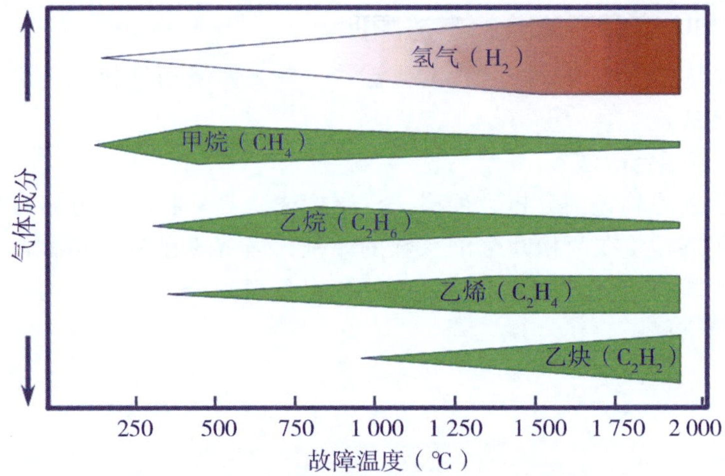

图 5-1 故障气体的产生和故障温度的关系

（四）气体在油中的溶解和扩散

油、纸绝缘材料分解产生的气体在油里经对流和扩散不断地溶解在油中。当产气速率大于溶解速率时，会有一部分聚集成游离气体进入气体继电器或储油柜中。因此，气体继电器或储油柜内有集气时，检测其中的气体，有助于对设备内部状况作出判断。

二、充油高压设备的故障气体特征

绝缘油里分解出的气体形成气泡，在油里经对流、扩散不断地溶解在油中。这些故障气体的组成和含量与故障的类型及其严重程度有密切关系。因此，分析溶解于油中的气体就能尽早发现设备内部存在的潜伏性故障，并可随时监视故障的发展状况。

不同的故障类型产生的主要特征气体和次要特征气体可归纳为表5-1。

表5-1　不同故障类型产生的气体

故障类型	主要特征气体	次要特征气体
油过热	CH_4、C_2H_4	H_2、C_2H_6
油和纸过热	CH_4、C_2H_4、CO	H_2、C_2H_6、CO_2
油纸绝缘中局部放电	H_2、CH_4、CO	C_2H_4、C_2H_6、C_2H_2
油中火花放电	H_2、C_2H_2	—
油中电弧	H_2、C_2H_2、C_2H_4	CH_4、C_2H_6
油和纸中电弧	H_2、C_2H_2、C_2H_4、CO	CH_4、C_2H_6、CO_2

注：进水受潮或油中气泡可能使氢气含量升高。

三、油中溶解气体分析方法原理

实现油中溶解气体故障分析的方法，目前主要采用气相色谱法和光声光谱法两种方法。

（一）气相色谱法

色谱法（也称色谱分析、色层法、层析法）是一种物理分离方法，它利用混合物中各物质在两相间分配系数的差别，当溶质在两相间做相对移动时各物质在两相间进行多次分配，从而使各组分得到分离。实现这种色谱法的仪器就叫色谱仪。

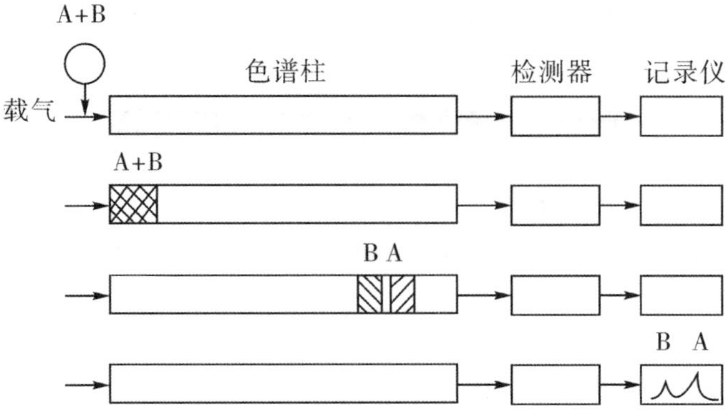

图5-2　混合气体在色谱柱里的分离

色谱法的分离原理主要是，当混合物在两相间做相对运动时，样品各组分在两相间进行反复多次的分配，不同分配系数的组分在色谱柱中的运行速度不同，滞留时间也就不一样。分配系数小的组分会较快地流出色谱柱；分配系数愈大的组分就愈易滞留在固定相间，流过色谱柱的速度较慢。这样，当流经一定的柱长后，样品中各组分得到了分离。当分离后的各个组分流出色谱柱而进入检测器时，记录仪就记录出各个组分的色谱峰。

色谱法具有分离效能高，分析速度快，样品用量少，灵敏度高，适用范围广等许多化学分析法无可与之比拟的优点。

主要检测流程：来自高压气瓶或气体发生器的载气首先进入气路控制系统，把载气调节和稳定到所需要的流量与压力后，流入进样装置把样品（油中分离出的混合气体）带入色谱柱，通过色谱柱分离后的各个组分依次进入检测器，检测到的电信号经过计算机处理后得到每种特征气体的含量。

（二）光声光谱法

气体光声效应是由气体分子吸收电磁辐射（如红外辐射等）所致，气体分子按其特征吸收一定量电磁辐射后，导致气体温度上升，部分能量随即以释放热能方式退激，并导致气体及周围介质产生压力波动。若将气体置于密闭容器内，气体的温度变化则产生成比例的压力波。

首先是需要确定每种气体特定的分子吸收光谱，从而可对红外光源进行波长调制，使其能够激发某一特定气体分子；其次则是确定气体吸收能量后退激产生的压力波强度与气体浓度间的比例关系。

因此，通过选取适当的波长并结合检测压力波的强度，不仅可验证各种气体的存在，还可进一步确定其浓度，甚至也可对某些混合物或化合物做出定性、定量分析。这也正是光声光谱技术的特点。

使用光声光谱技术检测变压器油中溶解气体的基本原理如下：

（1）光源输出稳定的红外光，经以一定频率旋转的调制盘调制，透过不同颜色的滤光片，产生周期性（照射与不照射）的窄带光。

（2）对采集到的变压器油进行动态顶空脱气，脱出的气体经气路进入密封的容器。

（3）利用调制出的周期性窄带光对混合气体进行周期性的激发，利用不同气体拥有特定的吸收波长的特性，每一种经调制的窄带光可使某一种故障气体周期性地受激退激，从而产生周期性的温度变化，进而导致周期性的压力变化。

（4）利用气室两端的高灵敏度微音器（相当于麦克风）探测这种压力的变化，将其转化成电信号，通过混合气体浓度与电信号之间的对应关系以及计算方法，得出某种故障气体的浓度。

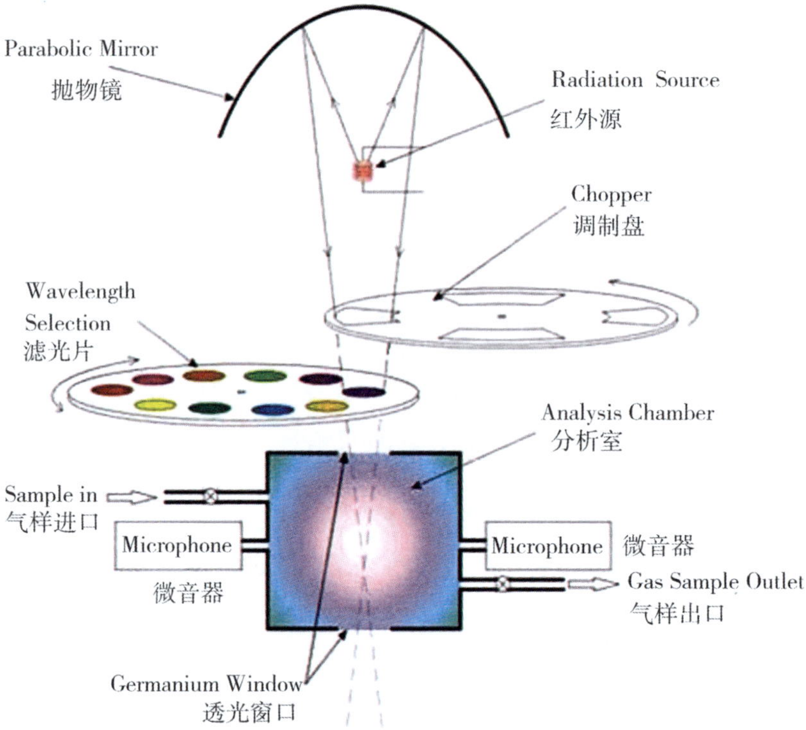

图 5－3　光声光谱监测原理图

总结以上原理，其检测过程主要分为两方面：一方面是通过使用不同的滤光片选择窄带光，激发某一种气体，从而实现对故障气体的定性检测，即检测故障气体的种类；另一方面是通过找到光声效应产生的电信号与气体浓度间的关系，从而实现对故障气体的定量检测，即检测该种故障气体的浓度。

第二节　油中溶解气体分析样品处理

一、取样容器准备

（一）取油样容器准备

（1）容器要求：应使用密封良好且无卡塞的 100mL 玻璃注射器。

（2）清洗方法。

方法一：取样注射器使用前，按顺序用有机溶剂（无水乙醇或石油醚）、自来水、蒸馏水洗净，在 105℃ 下充分干燥后，立即用密封胶帽盖住头部待用，保存在专用样品箱内。如果一次清洗多支注射器，应做好标识，防止混淆不配套。

方法二：实验室应备有10L左右经检测合格的新变压器油（清洗油），用于100mL玻璃注射器清洗。用注射器抽取20mL左右清洗油，盖上密封胶帽，上下晃动注射器几次后将油排尽，重复以上操作5次，完毕后用干净抹布将注射器外表面擦干净，立即用密封胶帽盖住头部待用，保存在专用样品箱内。

（二）取气样容器准备

（1）容器要求：应使用密封良好且无卡塞的10mL玻璃注射器。

（2）清洗方法：取样注射器使用前，按顺序用有机溶剂（无水乙醇或石油醚）、自来水、蒸馏水洗净，在105℃下充分干燥后，立即用密封胶帽盖住头部待用，保存在专用盒子内。如果一次清洗多支注射器，应做好标识，防止混淆不配套。

二、现场取油、气样方法

（一）准备工作

（1）根据现场工作时间和工作内容填写工作票，履行工作票许可手续。

（2）正确佩戴好安全帽，进入工作现场，在工作地点悬挂“在此工作”标示牌，检查安全措施是否满足工作要求，整齐摆放工器具及取样箱、取样容器。

（3）取样标签。

①填写样品标签，完毕后粘贴在注射器上。

②标签内容：变电站名称、设备名称、取样日期等。

（二）取油样步骤

（1）取油样部位：一般在设备底部取样阀取样，特殊情况下可以在不同位置取样。

（2）取油样前应确认设备油位正常，满足取样要求。

（3）核对取样设备和容器标签，用干净抹布将电气设备放油阀门擦净。

（4）用专用工具拧开放油阀门防尘罩。

（5）取油样操作。

①将三通阀连接管与放油阀接头连接，注射器与三通阀连接。

②旋开放油阀螺丝，旋转三通与注射器隔绝，放出设备死角处及放油阀的死油（大约500mL），并收集于废油桶中。

③旋转三通与大气隔绝，借助设备油的自然压力使油注入注射器，以便湿润和冲洗注射器（注射器要冲洗2～3次）。

④旋转三通与设备本体隔绝，推注射器芯子使其排空。

⑤旋转三通与大气隔绝，借助设备油的自然压力使油缓缓进入注射器中。

⑥当注射器中油样达到50～80mL时，立即旋转三通与本体隔绝，从注射器上拔下三通，在密封胶帽内的空气泡被油置换之后，盖在注射器的头部，

将注射器置于专用样品箱内。

（6）拧紧放油阀螺丝及防尘罩，用抹布擦净取样阀门周围油污。

（7）检查油位是否正常，如不正常应补油。

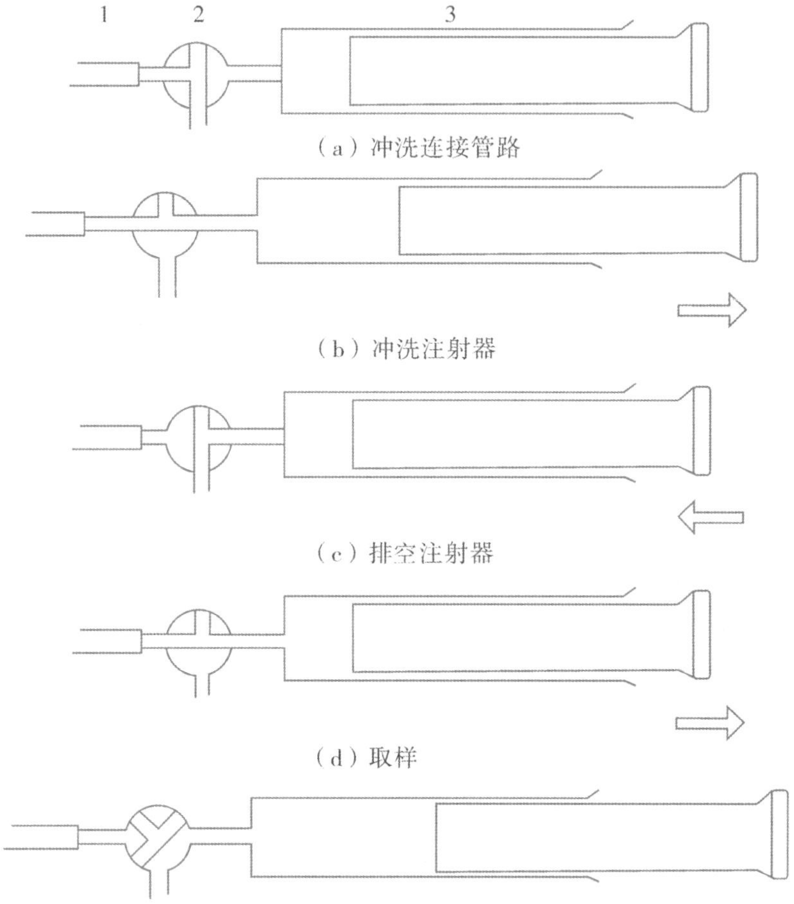

（a）冲洗连接管路

（b）冲洗注射器

（c）排空注射器

（d）取样

（e）取下注射器

1 为连接管；2 为三通阀；3 为注射器

图 5－4　用注射器取样示意图

（三）取气样步骤

（1）取气样部位：气体继电器的放气嘴。

（2）核对取样设备和容器标签，用注射器抽取少许本体油，润湿注射器后排空，盖上密封胶帽，用干净抹布将放气嘴擦净。

（3）取气样操作。

①将三通阀连接管与放气嘴连接，注射器与三通阀连接。

②旋转三通与大气隔绝，缓慢拧开放气嘴，用气体继电器内的气体冲洗

导通管及注射器。

③旋转三通与设备本体隔绝，推注射器芯子使其排空。

（气量少时可不进行②③步骤）

④旋转三通与大气隔绝，借助气体继电器内气体的压力使气样缓缓进入注射器中。

⑤当注射器中气样达到6mL左右时，立即旋转三通与本体隔绝，从注射器上拔下三通，在密封胶帽内的空气泡被油置换之后，盖在注射器的头部，将注射器置于专用盒子内。

（4）拧紧放气嘴。

三、油样保存和运输

（1）取好的油样应放入专用样品箱内，在运输中应尽量避免剧烈震动，防止容器破碎，尽量避免空运和避光。

（2）注射器在运输和保存期间，应保证注射器芯能自由滑动，油样放置不得超过4天。

四、注意事项

（1）取样应在晴天进行，取样后要求注射器芯子能自由活动，以避免形成负压空腔。

（2）取完油样后，清点工具，清理工作现场，将废油及废材料收回统一管理。

（3）取油样结束15min后应对取样阀门进行检查，确保无漏油现象产生。

（4）取样时，适当使用工具，避免造成阀门滑丝。

（5）阀门不宜打开过大，防止取样阀门脱落造成事故。

（6）应遵守现场工作相关安全管理规程。

第三节 绝缘油中溶解气体检测

一、从油中脱出溶解气体

因为气相色谱仪只能分析气样，所以必须从油中脱出溶解气体。从油中脱气方法很多，目前常用的脱气方法有真空法和溶解平衡法两种。在这两种脱气法中，溶解平衡法以其独特的特点（如操作方便、仪器用品简单、工作介质无毒安全，以及准确度高等）被列为对油样脱气的常规方法。

（一）真空法

根据取得真空的方法不同，真空法又分为水银托里拆利真空法和机械真空法两种，常用的是机械真空法。机械真空法属于不完全的脱气方法，在油中溶解度越大的气体脱出率越低，而在恢复常压的过程中，气体都有不同程度的回溶。溶解度越大的组分，回溶越多。不同的脱气装置或同一装置采用不同的真空度，将造成分析结果的差异。因此使用机械真空法脱气，必须对脱气装置的脱气率进行校核。

（二）溶解平衡法

溶解平衡法也称顶空脱气法，目前使用的是机械振荡方式，因此也称机械振荡法。其重复性和再现性均能满足实验要求。

该方法的原理是基于顶空色谱法原理（分配定律）。即在恒温恒压条件下的油样与洗脱气体构成的密闭系统内，通过机械振荡方法使油中溶解气体在气、液两相达到的分配平衡。通过测定气体中各组分浓度，并根据分配定律和两相平衡原理所导出的奥斯特瓦尔德（Ostwald）系数计算出油中溶解气体各组分的浓度。

对振荡装置的要求：频率270～280次/分钟，振幅35mm＋3mm，控温精度50℃±0.3℃，定时精度±2min，注射器放置时头部比尾部高出5°，且出口嘴在下方，位置固定不动。

（三）脱气装置的操作要点

为了提高脱气效率和降低测试的最小检知浓度，对真空法一般要求脱气室体积和进油样体积相差越大越好。对溶解平衡法，在满足分析进样量要求的前提下，应注意选择最佳的气、液两相体积比。

脱气装置应与取样容器连接可靠，防止进油时带入空气。

气体自油中脱出后，应尽快转移到储气瓶或玻璃注射器中去，以免气体与脱过气的油接触时，因各组分有选择性地回溶而改变其组成。脱出的气样应尽快进行分析，避免长时间地储存而造成气体逸散。

要注意排净前一个油样在脱气装置中的残油和残气，以免故障气含量较高的油样污染下一个油样。

（四）实操案例：机械振荡仪操作流程

1. 贮气玻璃注射器的准备

取5mL玻璃注射器A，抽取少量试油冲洗器筒内壁1～2次后，吸入约0.5mL试油，套上橡胶封帽，插入双头针头，针头垂直向上。将注射器内的空气和试油慢慢排出，使试油充满注射器内壁缝隙而不致残存空气。

2. 试油体积调节

将100mL玻璃注射器B中油样推出部分，准确调节注射器芯至40.0mL刻度（40mL为推荐值，必要时也可调整试油体积），立即用橡胶封帽将注射器出口密封。为了排除封帽凹部内空气，可用试油填充其凹部或在密封时先用手指压扁封帽挤出凹部空气后进行密封。操作过程中应注意防止空气气泡进入油样注射器 B 内。

3. 加平衡载气

取 5mL 玻璃注射器 C，用氮气（或氩气）清洗 1 ~ 2 次，再准确抽取 5mL 氮气（或氩气），然后将注射器 C 内气体缓慢注入有试油的注射器 B 内，操作示意如图 5 – 5 所示。含气量低的试油，可适当增加注入平衡载气体积，但平衡后气相体积应不超过 5mL。一般分析时，采用氮气做平衡载气，如需测定氮气组分，则要改用氩气做平衡载气。

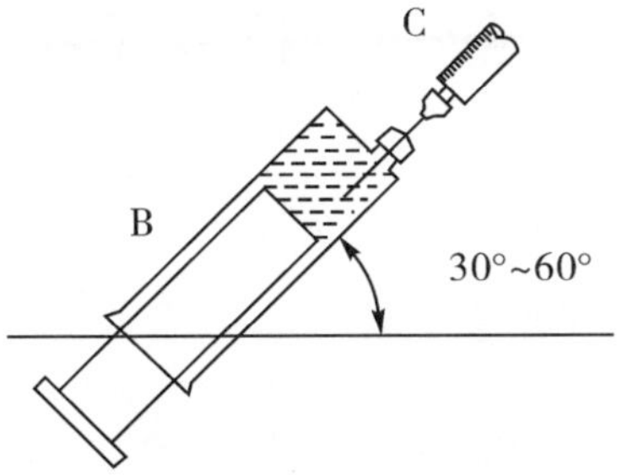

图 5 – 5　加气操作示意图

4. 振荡平衡

将注射器 B 放入恒温定时振荡器内的振荡盘上。注射器放置后，注射器头部要高于尾部约 5°，且注射器出口在下部（振荡盘上按此要求设计制造）。启动振荡器振荡操作钮，连续振荡 20min，然后静止 10min。当室温在 10℃ 以下时，振荡前，注射器 B 应适当预热，再进行振荡。

5. 转移平衡气

将注射器 B 从振荡盘中取出，并立即将其中的平衡气体通过双针头转移到注射器 A 内。室温下放置 2min，准确读其体积 V_g（精确至 0.1mL），以备色谱分析用。为了使平衡气体完全转移，也不吸入空气，应采用微正压法转移，即微压注射器 B 的芯塞，使气体通过双针头进入注射器 A。不允许使用抽拉注射器 A 芯塞的方法转移平衡气。注射器芯塞应洁净，以保证其活动灵活。转移气体时，如发现注射器 A 卡塞，可轻轻旋动注射器 A 的芯塞。

二、气相色谱仪

气相色谱仪担负着对样品的分离、检测，同时还对仪器的辅助部分，如气路、温度等进行精密控制，它的质量好坏将直接影响分析结果的准确性。

气相色谱仪应具备热导检测器（TCD）（测定氢气、氧气）、氢焰离子化检测器（FID）（测定烃类、一氧化碳、二氧化碳气体转化成的甲烷）、镍触媒转化器（将一氧化碳和二氧化碳转化为甲烷）。检测灵敏度应能满足油中溶解气体最小检测浓度的要求。

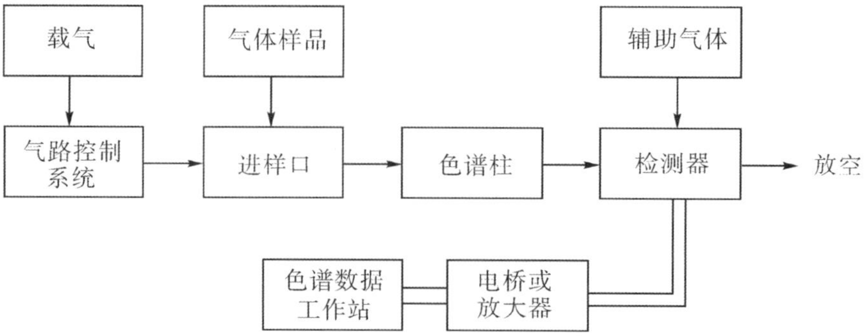

图 5-6　气相色谱流程图

气相色谱仪主要组成模块如下：

（一）气路控制模块

气路控制模块主要作用是为保证进样系统、色谱柱系统和检测器的正常工作提供稳定的载气，另外为检测器提供必需的燃气、助燃气以及有关辅助气。气路控制系统的好坏将直接影响分离效率、稳定性和灵敏度，从而直接影响定性定量的准确性。气路控制系统主要由开关阀、稳压阀、针型阀、切换阀、压力表、流量计等部件组成。

（二）进样模块

进样模块主要作用是与各种形式的进样器相配合，使有关样品快速、定量地送到各类型色谱柱上，进行色谱分离。进样系统的结构设计、使用材料、进样温度、进样时间、进样量及进样重复性都直接影响色谱分离和定量结果。

（三）色谱柱

色谱柱的作用是分离混合物样品中的有关组分。色谱柱选用的正确与否，将直接影响分离效率、稳定性和检测灵敏度。

（四）柱箱

柱箱就是装接和容纳各种色谱柱的精密控温的炉箱，为色谱柱提供精密温控。

（五）检测器

检测器是气相色谱仪的心脏部件，它的功能是把随载气流出色谱柱的各种组分进行非电量转换，将组分转变为电信号，便于记录、测量和处理。

（六）检测电路

每一种检测器都必须对应配套连接一个检测器电路，例如最常用的氢焰离子化检测器，就必须配置一个微电流放大器，热导检测器就必须配置一个电桥供电源（有直流稳压电源，也有直流恒流电源等）。

（七）温度控制模块

温度是气相色谱技术中十分重要的参数，一般气相色谱仪中至少应具备三路温度控制。

（八）色谱工作站/数据记录仪

一般色谱仪只是输出样品组分被检测器转换后的电信号，因此需要在检测电路输出端连接一个对输出信号进行记录和数据处理的装置，色谱工作站就是实现这种功能的装置，色谱仪必须和工作站或记录仪配套使用。

在气相色谱仪的基本组成中，核心是色谱柱和检测器两大部分，气相色谱仪中其他部分，如气源、气路控制、检测电路等部分都是为色谱柱和检测器这两个核心部分服务的。

（九）气路流程

常用的气路流程有单针三检测器、双针双检测器、单针双检测器等。本书以常用的单针三检测器流程为例介绍操作方法。

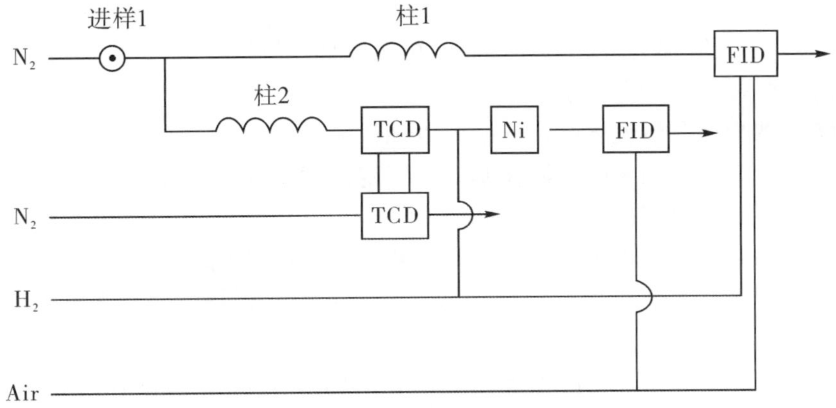

图 5－7 单针三检测器气路流程图

此流程一针进样后经三个检测器（TCD＋双 FID）将变压器油中组分全部检测，即混合组分经进样口进样，通过载气经柱头分流，一路载气通过高分子聚合物色谱柱分离，由 FID_1 检测出 CH_4、C_2H_4、C_2H_6、C_2H_2 等烃类；另一路载气经碳分子筛柱由 TCD 检测出 H_2、O_2 再经转化炉将 CO、CO_2 转化成 CH_4，然后将检测器信号切换到 FID_2，由 FID_2 检测器检测出 CO、CO_2 组分。

三、气相色谱分析操作步骤

（一）色谱仪开机

（1）检查进样胶垫，若有漏气隐患则更换。

（2）打开载气、氢气、空气三路气源，通气 10 分钟左右。

（3）通气期间，检查色谱仪工况，载气压力一般在 0.1～0.2MPa。如果压力过高，则气路可能有堵塞，如果压力过低，则气路可能有漏气点。

（4）色谱仪的主要部件均需要在适宜的温度下工作。柱箱温度一般在 60℃左右，以保证最佳的柱效率和分离度；热导检测器温度一般比柱箱高 10～20℃，以避免从色谱柱来的物质在热导检测器中冷凝；氢焰检测器温度一般在 100～200℃，以避免氢焰燃烧产生的水在检测器中冷凝；转化炉检测器温度一般在 350℃左右，以保证镍触媒的最佳催化效率。

图 5－8　气相色谱仪典型工况图

（5）氢焰检测器温度 >100℃后，可对氢焰检测器点火，会有轻微的爆鸣声，以示点火成功。若不好点火时，可适当加大氢气流量。

（6）热导检测器温度稳定后，可以加桥流。

（7）观察工作站上的检测器基线，稳定后即可进样分析。

（二）仪器的标定

气相色谱仪采用外标法计算样品结果。用 1mL 玻璃注射器 D 准确抽取已知各组分浓度 C_{is} 的标准混合气 0.6mL（或 1mL）进样标定。从得到的色谱图上量取各组分的峰面积 A_{is}（或峰高 h_{is}）。

标定仪器应在仪器运行工况稳定且相同的条件下进行，两次标定的重复性应在其平均值的 ±2% 以内。每次试验均应标定仪器。

至少重复操作两次，取其平均值 $\overline{A}_{is}$（或 $\overline{h}_{is}$）。

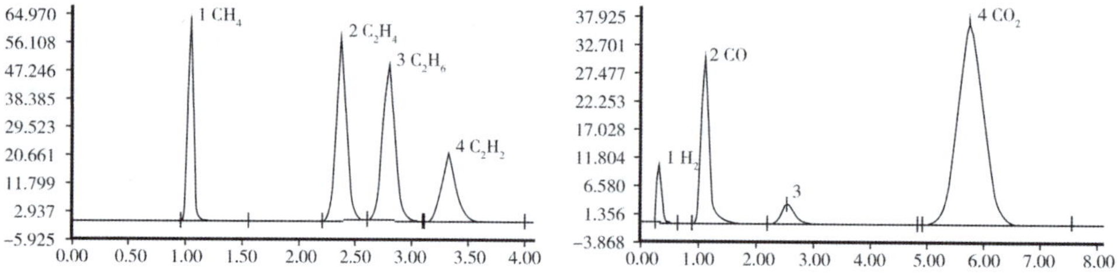

图 5－9　标样谱图

应注意检查标气的有效性，过期标气或压力过低的标气应及时更换。标气的浓度应正确输入到色谱工作站软件中。

（三）试样分析

用1mL玻璃注射器D从注射器A或气体继电器气体样品中准确抽取样品气1mL（或0.6mL），进样分析。从所得色谱图上量取各组分的峰面积A_i（或峰高h_i）。分析时还应记录试油体积、环境温度、脱气体积、大气压等工况参数。

样品分析应与仪器标定使用同一支进样注射器，取相同进样体积。

（四）结果计算

根据GB/T 17623—1998《绝缘油中溶解气体组分含量的气相色谱测定法》提供的计算公式，计算特征气体浓度结果。推荐使用专门的色谱工作站软件，正确选择脱气方式，实现自动计算。

第四节　充油电气设备内部故障诊断技术

一、充油电气设备故障诊断步骤

（一）充油电气设备故障诊断理论依据

1. 故障下产气的累积性

充油电气设备的潜伏性故障所产生的可燃性气体大部分会溶解于油。随着故障的持续，这些气体在油中不断累积，直至饱和甚至析出气泡。因此，油中故障气体的含量即其累积程度是诊断故障的存在与发展情况的一个依据。

2. 故障下产气的加速性（即产气速率）

正常情况下充油电气设备在热和电场的作用下也会老化分解出少量的可燃性气体，但产气速率很缓慢。当设备内部存在故障时，就会加快这些气体的产生速率。因此，故障气体的产生速率，是诊断故障的存在与发展程度的另一依据。

3. 故障下产气的特征性

变压器内部在不同故障下产生的气体有不同的特征。例如，局部放电时其故障特征气体是氢气和甲烷；较高温度下过热时总会有乙烯，而电弧放电时也总会有氢气、乙炔。因此，故障下产气的特征性是诊断故障性质的又一个依据。

4. 气体的溶解与扩散

只要故障不是发展得特别迅速，故障下的产气就会在油中溶解与扩散，从取样阀中取样就具有均匀性、一致性和代表性。

（二）充油电气设备故障诊断步骤

对于一个有效的分析结果，应按以下步骤进行诊断：

（1）判定有无故障。

（2）判断故障类型。

（3）诊断故障的状况：如热点温度、故障功率、严重程度、发展趋势，以及油中气体的饱和水平和达到气体继电器报警所需的时间等。

（4）提出相应的处理措施：如能否继续运行，继续运行期间的技术安全措施和监视手段（如确定跟踪周期等），或是否需要内部检查修理等。

二、充油电气设备有无故障的判断

（一）注意值比较

DL/T 722—2014《变压器油中溶解气体分析和判断导则》或 GB/T 7252—2001 导则规定，对出厂和新投运的变压器和电抗器、互感器、套管要求为：出厂试验前后的两次分析结果，以及投运前后的两次分析结果不应有明显区别，气体含量应符合表 5－2 的要求；运行中设备油中溶解气体的注意值，如表 5－3 所示。这些规定是我们判定正常设备和怀疑有故障设备的主要法定标准。

表 5－2　导则对出厂和新投运设备油中溶解气体浓度的要求　　单位：μL/L

设备	气体组分	含量	
		330kV 及以上	220kV 及以下
变压器和电抗器	氢气	<10	<30
	乙炔	<0.1	<0.1
	总烃	<10	<20
互感器	氢气	<50	<100
	乙炔	<0.1	<0.1
	总烃	<10	<10
套管	氢气	<50	<150
	乙炔	<0.1	<0.1
	总烃	<10	<10

表 5－3　导则对运行中设备油中溶解气体浓度的注意值　　单位：μL/L

设备	气体组分	含量	
		330kV 以上	220kV 以下
变压器和电抗器	氢气	150	150
	乙炔	1	5
	总烃	150	150
	一氧化碳	见 DL/T 722—2014 中 10.2.3.1	
	二氧化碳		

（续上表）

设备	气体组分	含量	
		330kV 以上	220kV 以下
电流互感器	氢气	150	300
	乙炔	1	2
	总烃	100	100
电压互感器	氢气	150	150
	乙炔	2	3
	总烃	100	100
套管	氢气	500	500
	乙炔	1	2
	总烃	150	150

注：该表所列数值不适用于从气体继电器放气嘴取出的气样（见 DL/T 722—2014 第 11 章）。

（二）产气速率比较

1. 绝对产气速率

绝对产气速率即每运行日产生某种气体的平均值，按下式计算：

$$\gamma_a = \frac{C_{i2} - C_{i1}}{\Delta t} \times \frac{m}{\rho} \qquad (5-1)$$

式中：γ_a——绝对产气速率（mL/d）；

C_{i2}——第二次取样测得油中组分 i 气体浓度（μL/L）；

C_{i1}——第一次取样测得油中组分 i 气体浓度（μL/L）；

Δt——两次取样时间间隔中的实际运行时间（d）；

m——设备总油量（t）；

ρ——油的密度（t/m^3）。

表5－4　导则推荐变压器和电抗器的绝对产气速率的注意值　　单位：mL/d

气体组分	开放式	密封式	气体组分	开放式	密封式
总烃	6	12	一氧化碳	50	100
乙炔	0.1	0.2	二氧化碳	100	200
氢气	5	10			

注：1. 对乙炔＜0.1μL/L且总烃小于新设备投运要求时，总烃的绝对产气速率可不作分析（判断）。

2. 新设备投运初期，一氧化碳和二氧化碳的产气速率可能会超过表中的注意值。

3. 当检测周期已缩短时，本表中注意值仅供参考，周期较短时，不适用。

2. 相对产气速率

相对产气速率即每运行月（或折算到月）某种气体含量增加原有值的百分数的平均值。按下式计算：

$$\gamma_r = \frac{C_{i2} - C_{i1}}{C_{i1}} \times \frac{1}{\Delta t} \times 100\% \tag{5-2}$$

式中：γ_r——相对产气速率（%/月）；

C_{i2}——第二次取样测得油中组分 i 气体含量（μL/L）；

C_{i1}——第一次取样测得油中组分 i 气体含量（μL/L）；

Δt——两次取样时间间隔内的实际运行时间（月）。

相对产气速率也可以用来判断充油电气设备内部状况，总烃的相对产气速率大于10%时应引起注意。对总烃起始含量很低的设备不宜采用此判据。

（三）气体继电器中自由气体的分析判断

在气体继电器中聚集有游离气体时使用平衡判据。

所有故障的产气速率均与故障的能量释放紧密相关。对于能量较低、气体释放缓慢的故障（如低温热点或局部放电），所生成的气体大部分溶解于油中，就整体而言，基本处于平衡状态；对于能量较大（如铁芯过热）、气体发展较快的故障，当产气速率大于溶解速率时可能形成气泡。在气泡上升的过程中，一部分气体溶解于油中（并与已溶解于油中的气体进行交换），改变了所生成气体的组分和含量。未溶解的气体和油中被置换出来的气体，最终进入继电器而积累；对于有高能量的电弧性放电故障，迅速生成大量气体，所形成的大量气泡迅速上升并聚集在继电器里，引起继电器报警。这些气体几乎没有机会与油中溶解气体进行交换，因而远没有达到平衡。如果长时间留在继电器中，某些组分，特别是电弧性故障产生的乙炔，很容易溶于油中，而改变继电器里的自由气体组分，以致得出错误的判断结果。因此当气体继电器发出信号时，除应立即取气体继电器中的自由气体进行色谱分析外，还应同时取油样进行溶解气体分析，并比较油中溶解气体和继电器中的自由气体的浓度，用以判断自由气体与溶解气体是否处于平衡状态，进而判断出故障的持续时间和气泡上升的距离。

比较方法：首先要把自由气体中各组分的浓度值利用各组分的奥斯特瓦尔德系数 k_i 计算出平衡状况下油中溶解气体的理论值，再与从油样分析中得到的溶解气体组分的浓度值进行比较。

计算方法：

$$C_{oi} = k_i \times C_{gi} \tag{5-3}$$

式中：C_{oi}——油中溶解组分 i 浓度的理论值（μL/L）；

C_{gi}——继电器中自由气体组分 i 的浓度值（μL/L）；

k_i——组分 i 的奥斯特瓦尔德系数。

判断方法：

（1）如果理论值和油中溶解气体的实测值近似相等，可认为气体是在平衡条件下放出来的。这里有两种可能：一种是故障气体各组分浓度均很低，说明设备是正常的。应找出这些非故障气体的来源及继电器报警的原因。另一种是溶解气体浓度略高于理论值，说明设备存在使产生气体较缓慢的潜伏性故障。

（2）如果气体继电器内的自由气体浓度明显超过油中溶解气体浓度，说明释放气体较多，设备内部存在使气体产生较快的故障。应进一步计算气体的增长率。

（3）判断故障类型的方法，原则上和油中溶解气体相同，但是如上所述，应将自由气体浓度换算为平衡状况下的溶解气体浓度，然后计算比值。

（四）综合判断有无故障

正常运行下，充油电气设备内部的绝缘油和有机绝缘材料，在热和电的作用下，会逐渐老化和分解，产生少量的各种低分子烃类气体及一氧化碳、二氧化碳等气体。在热和电故障的情况下也会产生这些气体，这两种气体来源在技术上不能区分，在数值上也没有严格的界限。而且依赖于负荷、温度、油中的含水量、油的保护系统和循环系统，以及与取样和测试的许多可变因素有关。因此在判断设备是否存在故障及其故障的严重程度时，要根据设备运行的历史状况和设备的结构特点以及外部环境等因素进行综合判断。

有时设备内并不存在故障，而由于其他原因，在油中也会出现上述气体，要注意这些可能引起误判的气体来源。在有些气体存在的情况下，可能不是设备故障造成的，例如油中含有水，可以与铁作用生成氢气，过热的铁芯层间油可以裂解也生成氢气。新的不锈钢部件也可能在钢加工过程中或焊接时吸附氢气而又慢慢释放到油中。特别是在温度较高，油中溶解有氧气时，设备中某些油漆（醇酸树脂），在某些不锈钢的催化下，甚至可能生成大量的氢气。某些改型的聚酰亚胺型的绝缘材料也可生成某些气体而溶解于油中。油在阳光照射下也可以生成某些气体。设备检修时暴露在空气中的油可吸收空气中的 CO_2 等。这时，如果不真空注油，油中 CO_2 的含量则与周围环境的空气有关。

此外，还应注意油冷却系统附属设备（如潜油泵）的故障产生的气体也会进入变压器本体的油中。某些操作也可生成故障气体，例如，有载调压变压器中切换开关油室的油向变压器主油箱渗漏，或极性开关在某个位置动作时，悬浮电位放电的影响；设备曾经有过故障，而故障排除后绝缘油未经彻底脱气，部分残余气体仍留在油中，或留在经油浸渍的固体绝缘中；设备油箱带油补焊；原注入的油本身就含有某些气体等。

这些气体的存在一般不影响设备的正常运行。但当利用气体分析结果确定设备内部是否存在故障及其严重程度时，要注意加以区分。

三、故障类型判断

（一）特征气体法

根据油纸分解的基本原理和一些模拟试验结果，提出了以油中气体组分，即特征气体为焦点的判断设备故障的各种方法，简称为特征气体法。

表 5－5　改进的特征气体法

故障类型	序号	故障性质	特征气体的特点
热性故障	1	过热（低于 500℃）	总烃较高，$CH_4 > C_2H_4$，C_2H_2 占总烃的 2% 以下
	2	严重过热（高于 500℃）	总烃高，$C_2H_4 > CH_4$，C_2H_2 占总烃的 6% 以下，H_2 一般占氢烃总量的 27% 以下
	3	过热故障在电路和磁路的判断方法	（1）一般总烃较高，有几百 μL/L，乙炔在 1μL/L 以下，占总烃的 2% 以下，乙炔增加得慢，总烃增加得快，C_2H_4/C_2H_6 比值较小，绝大多数情况下该比值为 6 以下，一般故障在磁路。CH_4/H_2 的比值一般接近 1

（续上表）

故障类型	序号	故障性质	特征气体的特点
热性故障	3		（2）一般总烃高，有几百 μL/L 甚至更多，乙炔一般 > 4μL/L，接近总烃的 2%，乙炔和总烃增加都快，C_2H_4/C_2H_6 比值也较高，并且 C_2H_4 的产气速率往往高于 CH_4 的产气速率。一般故障在电路或外围附件（一般为潜油泵电路有问题）。CH_4/H_2 的比值要大（一般大于 3）
电性故障	4	局部放电	总烃不高，H_2 > 100μL/L，并占氢烃总量的 90% 以上，CH_4 占总烃的 75% 以上。H_2/ CH_4 的比值 > 10 甚至超过 20，在跟踪分析时，两者同比增加
	5	火花放电	总烃不高，C_2H_2 > 10μL/L，并且 C_2H_2 一般占总烃的 25% 以上，H_2 一般占氢烃总量的 27% 以上，C_2H_4 占总烃的 18% 以下
	6	电弧放电	总烃较高，C_2H_2/总烃为 10% ~30%，H_2 占氢烃总量的 27% 以上；C_2H_2/总烃超过 50%，即使是电弧放电，但前奏肯定是火花放电
过热兼放电故障	7	过热兼电弧放电	总烃较高，C_2H_2 占总烃的 6% ~18%，H_2 占氢烃总量的 27% 以下

（二）三比值法

1. 三比值编码规则、故障类型诊断及应用

根据充油设备内油、绝缘纸在故障下裂解产生气体组分含量的相对浓度与温度的依赖关系，从五种特征气体中选用两种溶解度和扩散系数相近的气体组分组成三对比值，以不同的编码表示；根据表 5 -6 的编码规则和表 5 -7 的故障类型判断方法作为判断故障性质的依据。这种方法消除了油的体积效应影响，并可以得出对故障状态较为可靠的判断，据资料统计判断准确率可达 97.1%，是判断充油电气设备故障类型的主要方法。

表 5-6　DL/T 722—2014（或 GB/T 7252—2001）的编码规则

气体比值范围	比值范围编码			说明
	$\frac{C_2H_2}{C_2H_4}$	$\frac{CH_4}{H_2}$	$\frac{C_2H_4}{C_2H_6}$	
<0.1	0	1	0	例如：$\frac{C_2H_2}{C_2H_4}=1\sim3$ 时，编码为 1 $\frac{CH_4}{H_2}=1\sim3$ 时，编码为 2 $\frac{C_2H_4}{C_2H_6}=1\sim3$ 时，编码为 1
≥0.1 ~ <1	1	0	0	
≥1 ~ <3	1	2	1	
≥3	2	2	2	

表 5-7　故障类型判断方法

编码组合			故障类型判断	典型故障（参考）
C_2H_2/C_2H_4	CH_4/C_2H_4	C_2H_4/C_2H_6		
0	0	0	低温过热（低于 150℃）	绝缘导线过热，注意 CO 和 CO_2 的增量，以及 CO_2/CO 值
	2	0	低温过热（150 ~ 300℃）	分接开关接触不良；引线连接不良；导线接头焊接不良；股间短路引起过热；铁芯多点接地；矽钢片间局部短路等
		1	中温过热（300 ~ 700℃）	
	0，1，2	2	高温过热（高于 700℃）	
	1	0	局部放电	高湿、气隙、毛刺、漆瘤、杂质等引起的低能量密度的放电
2	0，1	0，1，2	低能放电	不同电位之间的火花放电，引线与穿缆套管（或引线屏蔽管）之间的环流
	2		低能放电兼过热	
1	0，1		电弧放电	线圈匝间、层间放电，相间闪络；分接引线间油隙闪络，选择开关拉弧；引线对箱壳或其他接地体放电
	2		电弧放电兼过热	

注：“010”也可能是由进水对铁腐蚀而产生高含量的氢气。这时有必要测定油中含水量。

2. 应用三比值法的三项原则

（1）只有根据气体各组分含量的注意值或气体增长率的注意值有理由判断设备可能存在故障时，气体比值才是有效的，并应予计算。对气体含量正常，且无增长趋势的设备，比值没有意义。

（2）假如气体的比值和以前的不同，可能有新的故障重叠在老故障或正常老化上。为了得到仅仅相应于新故障的气体比值，要从最后一次的分析结果中减去上一次的分析数据，并重新计算比值（尤其是在 CO 和 CO_2 含量较大的情况下）。在进行比较时要注意在相同的负荷和温度等情况下并在相同的位置取样。

（3）由于溶解气体分析本身存在的试验误差，导致气体比值也存在某些不确定性。利用 DL/T 722—2014 和 GB/T 7252—2001 导则所述的方法分析油中溶解气体结果的重复性和再现性。对气体浓度高于 10μL/L 的气体，两次的测试误差不应大于平均值的 10%，而在计算气体比值时，误差将提高到 20%。当气体浓度低于 10μL/L 时，误差会更大，使比值的精确度迅速降低。因此在使用三比值法判断设备故障性质时，应注意各种可能降低精确度的因素。尤其是对正常值普遍较低的电压互感器、电流互感器和套管，更要注意这种情况。

（三）回归分析法

许多故障，特别是过热性故障，产气速率与设备负荷之间呈线性回归或倍增回归关系，如果这个关系明显，说明产气速率过程依赖于欧姆发热，可用产气速率与负荷电流关系的回归线斜率作为故障发展过程的监视手段。

产气速率与负荷、时间的关系表达式较复杂，一般在实际工作中，可采用空载运行查看产气速率的增长情况判断故障是在电路还是磁路。空载运行时二次测断路，二次测电流为零，一次测在额定电压下运行，主磁通和负载运行相同，一次测空载电流很小。若空载运行时故障气体不增加或增加很少，说明产气速率与电流关系大，电流小时气体增量就少，故障应在电路；空载运行时故障气体增加很快，说明产气速率过程与磁路关系较大，故障应在磁路。

（四）溶解气体解释表

利用三比值法不能得出确切判断时，DL/T 722—2014 和 GB/T 7252—2001 导则还推荐了另一种利用三比值判断故障类型的方法，即溶解气体解释表，见表 5－8。表中将所有故障类型分为六种情况，这六种情况适用于所有类型的电气设备，气体比值的极限根据设备的具体类型可稍有不同，表 5－8 还显示了 D1 和 D2 之间的某些重叠，而又有区别，这说明放电的能量有所不同，因而必须对设备采取不同的措施。

表 5－8 溶解气体解释表

代码	故障类型	C_2H_2/C_2H_4	CH_4/H_2	C_2H_4/C_2H_6
PD	局部放电	NS①	<0.1	<0.2
D1	低能量放电	>1	0.1～0.5	>1
D2	高能量放电	0.6～0.25	0.1～1	>2
T1	热故障（t<300℃）	NS①	>1 但 NS①	<1
T2	热故障（300℃<t<700℃）	<0.1	>1	1～4
T3	热故障（t>700℃）	<0.2②	>1	>4

注：1. 在某些国家，使用比值 C_2H_2/C_2H_6 而不是 CH_4/H_2。而其他一些国家使用的比值极限值会有所不同。

2. 以上比值在至少有一种特征气体超过正常值并超过正常增长速率时计算才有意义。

3. 在互感器中，CH_4/H_2 <0.2 时为局部放电；在套管中，CH_4/H_2 <0.7 时为局部放电。

4. 有报告称，过热的铁芯叠片中的薄油膜在 140℃及以上发生分解产生气体的组分类似于局部放电所产生的气体。

① NS 表示无论什么数值均无意义。

② C_2H_2 的总量增加，表明热点温度增加，高于 1 000℃。

（五）气体比值的图示法

利用三比值法和溶解气体解释表仍不能作出确切的判断时，DL/T 722—2014 和 GB/T 7252—2001 导则建议可以使用立体图示法或大卫三角形法予以判定。利用气体的三对比值，在立体坐标图上建立图 5－10 所示的立体图，可方便地直观不同类型故障的发展趋势。利用 CH_4、C_2H_2、C_2H_4 的相对含量，在图 5－11 所示的三角形坐标图上判断故障类型的方法也可辅助这种判断。

立体图示法更适合利用计算机软件显示，可要求厂家在工作站体现出来。

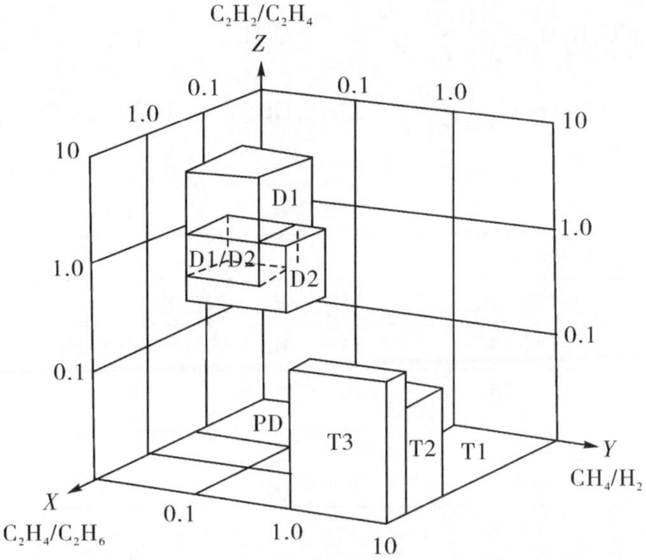

PD 为局部放电；D1 为低能量放电；D2 为高能量放电；
T1 为热故障，$t<300℃$；T2 为热故障，$300℃<t<700℃$；
T3 为热故障，$t>700℃$

图 5－10　立体图示法

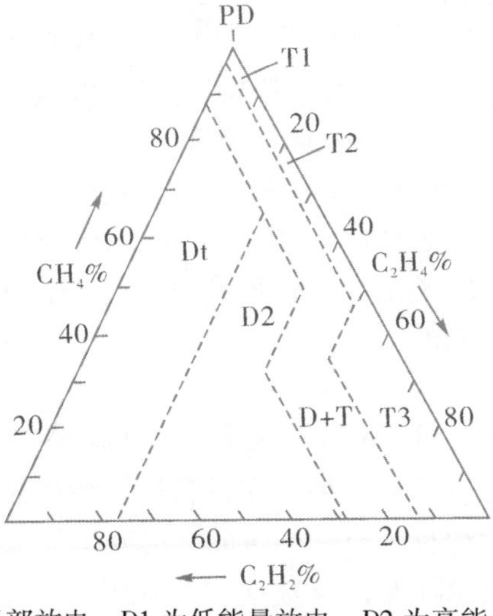

PD 为局部放电；D1 为低能量放电；D2 为高能量放电；
T1 为热故障，$t<300℃$；T2 为热故障，$300℃<t<700℃$；
T3 为热故障，$t>700℃$

图 5－11　大卫三角形法

$$C_2H_2\% = \frac{100X}{X+Y+Z},\ X=[C_2H_2]\qquad 单位：\mu L/L$$

$$C_2H_4\% = \frac{100Y}{X+Y+Z},\ X = [\ C_2H_4\ ] \quad 单位：\mu L/L$$

$$CH_4\% = \frac{100Z}{X+Y+Z},\ X = [\ CH_4\ ] \quad 单位：\mu L/L$$

区域极限

PD	98% CH_4			
D1	23% C_2H_4	13% C_2H_2		
D2	23% C_2H_4	13% C_2H_2	38% C_2H_4	29% C_2H_2
T1	4% C_2H_2	10% C_2H_4		
T2	4% C_2H_2	10% C_2H_4	50% C_2H_4	
T3	15% C_2H_2	50% C_2H_4		

（六）与三比值法配合判断故障的其他方法

我国现行的 DL/T 722—2014 和 GB/T 7252—2001 导则推荐了其他几种辅助方法。

1. CO_2/CO 比值法

固体绝缘的正常老化过程与故障情况下的劣化分解，表现在油中 CO 和 CO_2 的含量上，一般没有严格的界限。随着油和固体绝缘材料的老化，CO 和 CO_2 会呈现有规律的增长，当增长趋势发生突变时，应与其他气体的变化情况进行综合分析，判断故障是否涉及固体绝缘。

当故障涉及固体绝缘材料时，一般 CO_2/CO 小于 3，最好用 CO_2 和 CO 的增量进行计算；当固体绝缘材料老化时，一般 CO_2/CO 大于 7。

当怀疑纸或纸板过度老化时，应参照 DL/T 984—2005《油浸式变压器绝缘老化判断导则》进行判断。

2. O_2/N_2 比值法

一般在油中都溶解有 O_2 和 N_2，这是油在开放式设备的储油罐中与空气作用的结果，或密封设备泄漏的结果。在设备里，考虑到 O_2 和 N_2 的相对溶解度，油中的 O_2/N_2 的比值反映空气的组成，接近 0.5。运行中由于油的氧化或纸的老化，这个比值可能降低，因为 O_2 的消耗比扩散更迅速。负荷和保护系统也可影响这个比值。但当 $O_2/N_2 < 0.3$ 时（国内有经验认为 $O_2/N_2 < 0.1$），一般认为出现了氧被极度消耗的迹象，应引起注意。对密封良好的设备，由于 O_2 的消耗，O_2/N_2 的比值在正常情况下可能会低于 0.05。

3. C_2H_2/H_2 比值法

有载分接开关切换时产生的气体与低能量放电的情况相似，假如某些油或气体在有载分接开关油箱与主油箱之间相通，或各自的储油柜之间相通，这些气体可能污染主油箱的油，并导致误判。

当特征气体超过注意值时，若 C_2H_2/H_2 大于 2（最好用增量进行计算），认为是有载分接开关油（气）污染造成的。这种情况可利用比较主油箱和切换开关油室的油中溶解气体含量来确定。气体比值和 C_2H_2 含量决定有载分接开关的切换次数和产生污染的方式（通过油或气），因此 C_2H_2/H_2 不一定大于 2。

4. CH_4/H_2 比值法

CH_4/H_2 比值法有助于判断高温过热故障是涉及导磁回路还是导电回路。大量数据表明，如果高温过热故障涉及导电回路，例如分接开关接触不良、引线接触不良、导线接头焊接不良或断股以及多股导线中股间短路等，所产生 CH_4 的量比涉及导磁回路时产生的量要多，也就是 CH_4/H_2 的比值要大（一般大于 3）。如果高温过热故障只涉及导磁回路，此比值一般接近 1。值得注意的是，潜油泵磨损引起的绝缘油过热所产生的气体与导磁回路过热时产生的气体非常相似。

四、故障状况判断

故障状况判断是向设备维护管理者提供故障严重程度和发展趋势的信息，作为编制合理的维护措施的重要依据，以便从安全和经济性考虑，既可防止事故，又不致盲目停电检查修理，造成人力物力的浪费。根据产气速率可以初步了解故障的严重程度。进一步判断可估算故障源热点温度、故障源功率、油中气体达到饱和状态所需时间以及故障源面积等。

（一）热点温度估算

变压器油裂解后的产物与温度有关，温度不同产生的特征气体也不同；反之，如已知故障情况下油中产生的有关各种气体的浓度，可以估算出故障源的热点温度。如对于变压器油过热，且当热点温度高于 400℃时，可根据日本月冈淑郎等人推荐的经验公式来估算，即

$$T = 322\log\left(\frac{C_2H_4}{C_2H_6}\right) + 525 \tag{5-4}$$

IEC 标准指出，若 CO_2/CO 的比值低于 3 或高于 11，则认为可能存在纤维素分解故障。当涉及固体绝缘裂解时（如导线过热），绝缘纸热点温度的经验公式如下：

300℃以下时

$$T = -241\log\left(\frac{CO_2}{CO}\right) + 373 \tag{5-5}$$

300℃以上时

$$T = -1\ 196\log\left(\frac{CO_2}{CO}\right) + 660 \qquad (5-6)$$

（二）故障源功率的估算

绝缘油热裂解需要的平均活化能约为210kJ/mol，即油热解产生1mol体积（标准状态下为22.4L）的气体需要吸收热能为210kJ/mol，则每升热解气体所需能量的理论值为：

$$Q_i = 210/22.4 = 9.38\text{kJ/L} \qquad (5-7)$$

由于温度不同，油裂解实际消耗的热量一般大于理论值。若热裂解时需要吸收的理论热量为 Q_i，实际需要吸收的热量为 Q_p，则热解效率系数为：

$$\varepsilon = \frac{Q_i}{Q_p} \qquad (5-8)$$

式中：Q_i——理论热值（kJ/L）；

Q_p——实际热值（kJ/L）。

如果已知单位故障时间内的产气量，则可导出故障功率估算公式：

$$P = \frac{Q_i\gamma}{\varepsilon H} \qquad (5-9)$$

式中：Q_i——理论热值（9.38kJ/L）；

γ——故障时间内的产气量（L）；

ε——热解效率系数；

H——故障持续时间（s）。

ε 值可查热解效率系数与温度的关系的曲线（见图5-12），或可根据该曲线推定出如下近似公式：

局部放电　　$\varepsilon = 1.27 \times 10^{-3}$

铁芯局部过热　　$\varepsilon = 100.009\ 88T - 9.7$

线圈层间短路　　$\varepsilon = 100.006\ 86T - 5.83$

式中：T——热点温度（℃）。

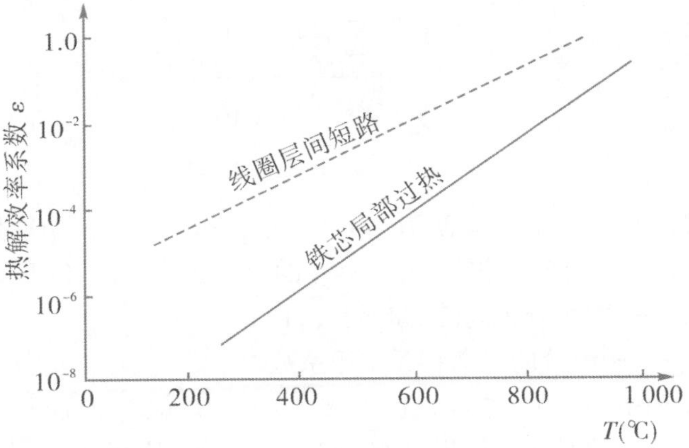

图 5-12 热解效率系数 ε 与温度 T 的关系

此外，由于气体逸散损失和气体分析精度的影响，实际故障产气速率计算的误差可能较大（一般偏低），故障能量估算一般也可能偏低。因此，计算故障产气量时应对气体扩散损失加以修正。

（三）油中气体达到饱和状态所需时间的估算

一般情况下，气体溶于油中并不妨碍变压器正常运行。但是，如果溶解气体在油中达到饱和，就会有某些游离气体以气泡形态释放出来。这是危险的，特别是在超高压设备中，可能在气泡中发生局部放电，甚至导致绝缘闪络。因此，即使对故障较轻而正在产气的变压器，为了监测油中不发生气体饱和释放，应根据油中气体分析结果，估算溶解气体饱和水平，以便预测气体继电器可能动作的时间。

当油中全部溶解气体（包括 O_2、N_2）的分压力总和与外部气体压力相当时，气体达到饱和状态。一般饱和压力相当于 1 个标准大气压（1atm），即 101.3kPa。据此可在理论上估算气体进入气体继电器所需的时间。

当设备外部压力为 1atm 时，油中溶解气体的饱和值为

$$S_{\mathrm{atm}}\% = 10^{-4}\sum \frac{C_i}{K_i} \tag{5-10}$$

式中：C_i——气体组分 i（包括 O_2、N_2）的浓度（μL/L）；

K_i——气体组分 i 的奥斯特瓦尔德系数。

可用式（5-11）来估算溶解气体达到饱和所需要的时间：

$$t=\frac{1-\sum\frac{C_{i2}}{K_i}\times10^{-6}}{\sum\frac{C_{i2}-C_{i1}}{K_i\Delta t}\times10^{-6}}\tag{5-11}$$

式中：C_{i1}——i 组分（包括 O_2、N_2）的第一次分析值（μL/L）；

C_{i2}——i 组分（包括 O_2、N_2）的第二次分析值（μL/L）；

Δt——两次分析间隔的时间（月）；

K_i——i 组分的奥斯特瓦尔德系数。

准确测定油中 O_2、N_2 浓度，代入式（5-11）就能准确估算油中气体饱和水平和达到饱和的时间。如果没有测 N_2 的含量，则可取 N_2 的饱和分压为 0.8atm。这时对故障设备来说，O_2 往往被消耗完，其分压接近于零。

再根据气液平衡状态下，油面气体分压力的公式：

$$P_{i1}=\frac{C_{i1}}{K_i}\times10^{-6}\tag{5-12}$$

即 N_2 的分压力 $P=\frac{C_{N_21}}{K_{N_2}}\times10^{-6}=0.8\text{atm}$

把式（5-12）代入式（5-11）就可得出溶解气体达到饱和所需要的时间公式（不需计算 O_2、N_2 的浓度）：

$$t=\frac{0.2-\sum\frac{C_{i2}}{K_i}\times10^{-6}}{\sum\frac{C_{i2}-C_{i1}}{K_i\Delta t}\times10^{-6}}\tag{5-13}$$

实际中应注意，由于故障发展往往是非等速的，所以在加速产气的情况下，估算出的时间可能比实际油中气体达到饱和的时间长，因此在追踪分析期间，应随时根据最大产气速率进行估算，并修正报警。必须注意，报警时间要尽可能提前。

（四）故障源面积估算

日本月冈淑郎等人根据试验得出单位面积产气速率与温度的关系（见图 5-13），相应的经验公式为：

$$t=200\sim300^{\circ}\text{C},\ \log K=1\times20-\frac{2\ 460}{T}\tag{5-14}$$

$$t = 400 \sim 500℃,\ \log K = 5 \times 50 - \frac{4\ 930}{T} \tag{5-15}$$

$$t = 500 \sim 600℃,\ \log K = 14 \times 40 - \frac{11\ 800}{T} \tag{5-16}$$

式中：K——单位面积产气速率［mL/(cm^2·h)］；

T——绝对温度（K）。

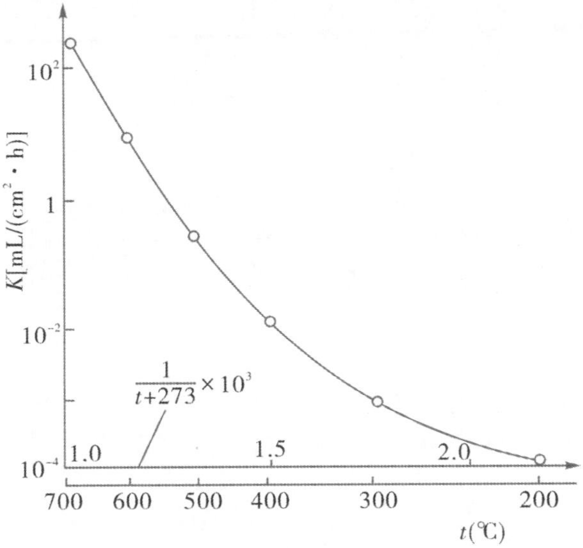

图 5－13　油裂解产气速率与温度的关系（1）

在 800℃以上过热时，单位面积产气速率与温度的关系如图 5－13 所示。可根据式（5－17）估算故障源的面积 S：

$$S = \frac{\gamma}{K} \tag{5-17}$$

式中：γ——单位时间产气量（mL/min）；

K——单位面积产气速率［mL/(mm^2·min)］。

估算故障源面积时，单位时间的产气量可按油中气体追踪分析数据得到，并根据故障点的温度估算结果。在图 5－13 或图 5－14 中查出单位面积的产气速率 K，从而求出故障源面积 S。例如，某变压器三年内产气 500L，1 年 =5.256 × 105min，过热点温度估算为 850℃，由图 2－14 查得 K=0.10mL/(mm^2·min)。则

$$S=\frac{(500\times1\ 000)/5.256\times10^{5}}{0.10}\approx10\text{mm}^{2}$$

对该变压器进行内部检查，实际过热面积约为（3×3）mm^2，基本相符。

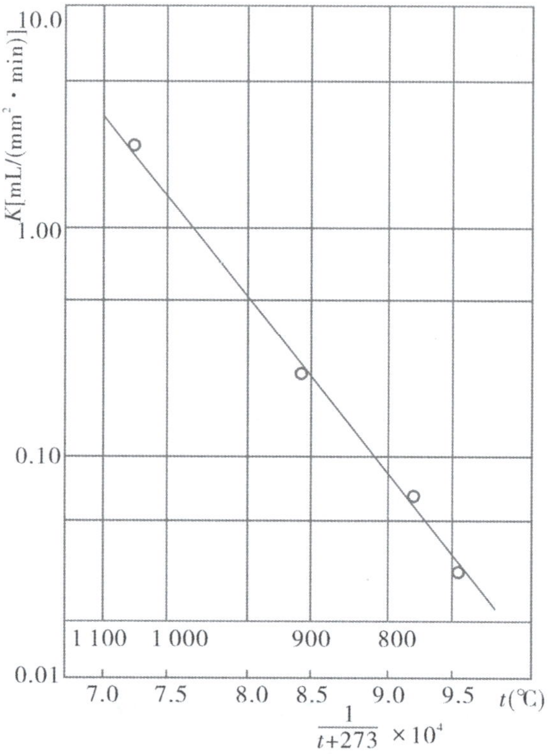

图 5-14　油裂解产气速率与温度的关系（2）

另外，若考察产气量时没有计入气体损失率，则有可能求得的单位时间的产气量偏低，因此，估算出的故障面积也可能偏小。

第五节　典型应用分析

案例：变压器绝缘缺陷诊断实例分析

某公司某台 35kV SZ9－8000 型的主变压器，2015 年 4 月 15 日运行中取油样色谱分析，发现乙炔超标，立即进行跟踪试验，并对数据进行分析作出初步判断。之后对主变吊芯检查发现主变高压侧 A 相套管下部高压引线有明显放电点（该引线与变压器外壳最近距离 1.5cm），放电点烧损导线 1 股，受损导线尖端外突。判定由于高压引线对地距离过近，雷击过电压下对外壳放电引起。对变压器进行换油、高压引线重新布置、尖端打磨并重新包扎绝缘纸等检修处理后，变压器恢复正常并投入运行。

一、带电检测情况

油色谱检测数据如表 5 - 9 所示，并采用三比值法进行分析，结果如表 5 - 10 所示。

表 5 - 9 带电检测色谱分析结果 单位：μL/L

日期	组分							
	H_2	CO	CO_2	CH_4	C_2H_4	C_2H_6	C_2H_2	总烃
2015 - 04 - 15	8	352	5 523	15	17	4	55	91
2014 - 03 - 15	0	285	4 869	2	4	2	0	8

表 5 - 10 三比值法分析

编码组合			故障类型判断
C_2H_2/C_2H_4	CH_4/H_2	C_2H_4/C_2H_6	
2	2	2	不同电位之间的火花放电，引线与穿缆套管（或引线屏蔽管）之间的环流

二、停电判断性试验情况

停电判断试验除变压器局放、耐压试验未做外，其他试验数据合格。

三、解体检查分析

（1）主变吊罩检查发现高压侧 A 相套管下部高压引线预留圈外翻有明显放电（见图 5 - 15），放电烧损导线 1 股（见图 5 - 16）。

图 5-15　高压侧 A 相套管下部高压引线放电点

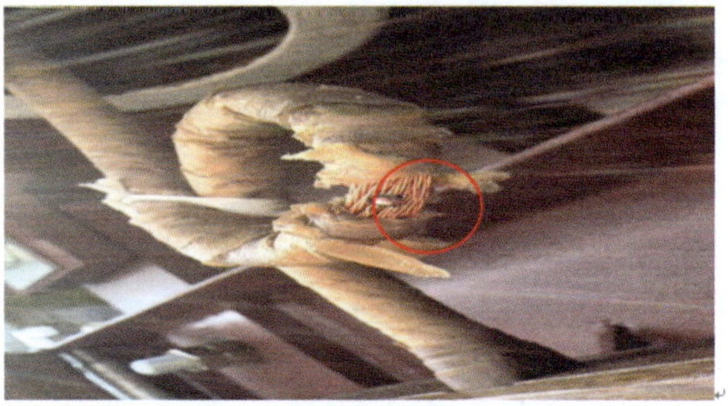

图 5-16　高压侧 A 相绕组受损断股

（2）主变低压侧线圈出线压板在出厂装备过程中受过冲击，造成固定木质压板的基桩弯曲，木质压板开裂。线圈压块均出现错位现象（见图 5-17）。

图 5-17　木质压板开裂

（3）铁芯上部木质垫块脱落后掉入箱体（见图 5－18）。

图 5－18 木质垫块掉入箱体

四、综合分析及结论

（1）变压器油中主要特征气体为 H_2、C_2H_2，根据《变压器油中溶解气体分析和判断导则》判定变压器曾发生放电故障。

（2）变压器油中气体组分含量编码为 2∶2∶2，根据《变压器油中溶解气体分析和判断导则》判定变压器曾发生低能放电兼过热故障。

（3）纵向对比分析，变压器油中气体组分中 H_2、C_2H_2 增量明显，判定变压器曾发生放电故障。

根据变压器油中气体组分含量分析，结合变压器解体检查结果，判定变压器曾在雷击过电压时发生放电故障。

参考文献

[1] 电力用油（变压器油、汽轮机油）取样方法：GB/T 7597—2007 [S]. 北京：中国标准出版社，2007.

[2] 国家质量技术监督局. 绝缘油中溶解气体组分含量的气相色谱测定法：GB/T 17623—1998 [S]. 北京：中国标准出版社，1999.

[3] 操敦奎. 变压器油色谱分析与故障诊断 [M]. 北京：中国电力出版社，2010.

[4] 王风雷. 电力设备状态监测新技术应用案例精选 [M]. 北京：中国电力出版社，2009.

[5] 国家电网公司生产技术部. 电网设备状态检测技术应用典型案例 [M]. 北京：中国电力出版社，2012.

[6] 国家电网公司人力资源部. 国家电网公司生产技能人员职业能力培训专用教材：油务化验 [M]. 北京：中国电力出版社，2011.

[7] 罗竹杰. 电力用油与六氟化硫 [M]. 北京：中国电力出版社，2007.

第六章 超声波局部放电检测技术

第一节 超声波局部放电检测技术基本原理

超声波是指振动频率大于 20kHz 的声波，超声和可闻声本质上是一致的，都是一种机械振动模式，通常以纵波的方式在弹性介质内传播，是一种能量的传播形式。其不同点是超声波频率高、波长短，在一定距离内沿直线传播，具有良好的束射性和方向性。

设备内部发生局部放电的主要形式是导电颗粒、电晕和局部放电。导电颗粒在设备内部受到电场力和重力的作用会与设备外壳发生碰撞，产生机械波在壳体内传播；电晕和局部放电发生时同样伴有声音信号，也会在壳体内传播。因此，可以通过超声波传感器紧贴在设备金属外壳上，接收内部超声波信号，从而实现对设备内部局部放电的有效检测和分析。该方法的特点是传感器与电力设备的电气回路无任何联系，不受电气方面的干扰，但在现场使用时易受周围环境噪声或设备机械振动的影响。超声波局部放电检测的基本原理示意图见图 6－1。

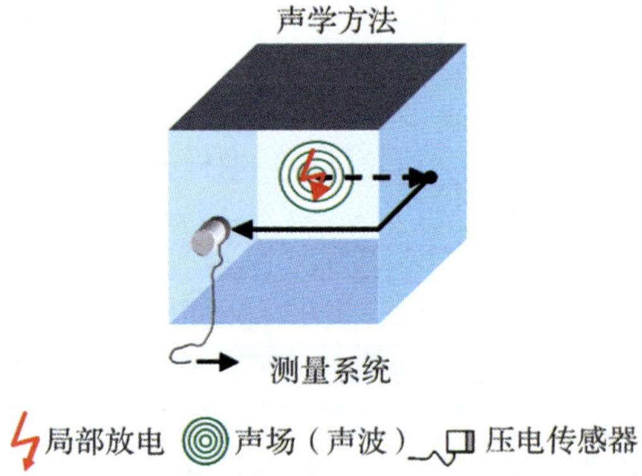

图 6－1　超声波局部放电检测的基本原理

声波在气体和液体中传播的是纵波，纵波主要是靠振动方向平行于波传播方向上的分子撞击传递压力。而声波在固体中传播的，除了纵波之外还有横波。发生横波时，质点的振动方向垂直于波的传播方向，这需要质点间有足够的引力，质点振动才能带动邻近的质点振动，所以只有在固体或浓度很高的液体中才会出现横波。当纵波通过气体或液体传播到达金属外壳时，将会出现横波，在金属体中继续传播，如图 6－2 所示。

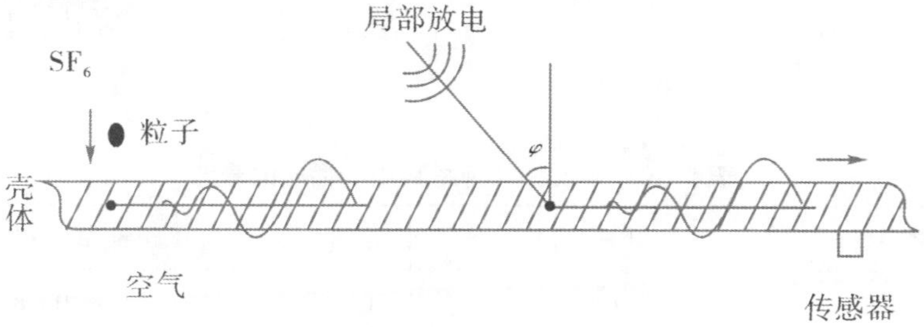

图 6－2　声波的传播路径

不同类型、不同频率的声波，在不同的温度下，通过不同媒质时的速率不同。纵波要比横波快约 1 倍，频率越高传播速度越快。声波传播速度在矿物油中随温度的升高而下降，在气体中为 130～1 300m/s，在固体中要快得多。表 6－1 列出了 20℃时纵波在几种媒质中的传播速度。

表 6－1　20℃时纵波的传播速度　　　　单位：m/s

媒质	速度	媒质	速度	媒质	速度
空气	330	油纸	1 420	铝	6 400
SF_6	140	聚四氟乙烯	1 350	钢	6 000
矿物油	1 400	聚乙烯	2 000	铜	4 700
水	1 483	有机玻璃	2 640～2 820	铅	2 170
瓷料	5 600～6 200	聚苯乙烯	2 320	铸铁	3 500～5 600
天然橡胶	1 546	环氧树脂	2 400～2 900	不锈钢	5 660～7 390

声波的强弱，可以用声压幅值和声波强度等参数来表示。声压是单位面积上所受的压力；声强是单位时间内通过与波的传播方向垂直的单位面积上的能量。声强与声压的平方成正比，与声阻抗成反比。

声波在媒质中传播会产生衰减，造成衰减的原因有很多，如波的扩散、反射和热传导等。在气体和液体中，波的扩散是衰减的主要原因；在固体中，分子的撞击把声能转变为热能散失是衰减的主要原因。理论上，若媒介本身是均匀无损耗的，则声压与声源的距离成反比，声强与声源的距离的平方成反比。声波在复合媒质中传播时，在不同媒质的界面上，会产生反射，使穿透过的声波变弱。当声波从一种媒质传播到声特性阻抗不匹配的另一种媒质时，会有很大的界面衰减。两种媒质的声特性阻抗相差越大，造成的衰减就越大。声波在传播中的衰减，还与声波的频率有关，频率越高衰减越大。在空气中声波的衰减约正比于频率的 2 次方和 1 次方的差（f^2-f）；在液体中声波的衰减约正比于频率的 2 次方（f^2）；而在固体中声波的衰减约正比于频率（f）。几种常见材料的声波传播衰减见表 6－2。

表 6－2　声波在几种材料中传播时的衰减

材料	频率	温度（℃）	衰减（dB/m）
空气	50kHz	20～28	0.98
SF_6	40kHz	20～28	26.0
铝	10MHz	25	9.0
钢	10MHz	25	21.5
有机玻璃	2.5MHz	25	250.0
聚苯乙烯	2.5MHz	25	100.0
氯丁橡胶	2.5MHz	25	1 000.0

第二节　超声波局部放电检测及诊断方法

一、典型仪器的组成

超声波局部放电检测仪主要包括声发射传感器及主机，其中声发射传感器用于将局部放电激发的超声波信号转换成电信号，主机用于局部放电电信号的采集、分析、诊断及显示。

此外，根据现场检测需要，不同厂商还供应有前置放大器、绝缘支撑杆、耳机等配件。其中，当被测设备与检测仪之间距离较远（大于 3m）时，为防止信号衰减，需在靠近声发射传感器的位置安装前置放大器。当开展电缆终端等设备局放检测时，为保障检测人员安全，应用绝缘支撑杆将声发射传感器固定在被测设备表面。部分超声波检测仪可将超声波信号转换成可听声信号，通过耳机可直观监测设备内部放电情况。

超声波局部放电检测仪的性能满足以下要求：

（1）峰值灵敏度一般不小于 60dB［V/(m/s)］，均值灵敏度一般不小于 40dB［V/(m/s)］。

（2）检测频带：用于 SF_6 气体绝缘电力设备的超声波检测仪，一般在 20～80kHz；对于充油电力设备的超声波检测仪，一般在 80～200kHz；对于非接触方式的超声波检测仪，一般在 20～60kHz。

（3）线性度误差：不超过 ± 20% 。

（4）稳定性：局部放电超声波检测仪连续工作 1 小时后，注入恒定幅值的脉冲信号时，其响应值的变化不应超过 ±20% 。

超声波检测仪器通常会包括以下几种检测模式：

（一）连续检测模式

连续检测模式是超声波局部放电检测法应用最为广泛的一种检测模式。该模式主要用于快速获取被测设备信号特征，具有显示直观、响应速度快的特点。

连续检测模式可显示被测信号在一个工频周期内的有效值、周期峰值，以及被测信号与 50Hz、100Hz 的频率相关性（50Hz 频率成分、100Hz 频率成分）。通过不同参数值的大小组合可快速判断被测设备是否存在异常局部放电以及可能的放电类型。

（二）相位检测模式

由于局部放电信号的产生与工频电场具有相关性，因此可以将工频电压作为参考量，通过观察被测信号的发生相位是否具有聚集效应来判断被测信号是否因设备内部放电引起。

当连续检测模式中频率成分 1 或频率成分 2 较大时，可进入相位检测模式。该模式主要用于进一步确认异常信号发生的具体相位，以便判断异常信号是否与工频电压存在相关性，进而判断异常信号是否为放电信号，以及潜在的放电类型。

（三）脉冲检测模式

当连续检测模式中有效值或周期峰值幅值偏大，但频率成分 1 及频率成分 2 较小时，可进入脉冲检测模式。该模式主要用于自由微粒缺陷的进一步确认。

微粒每碰撞壳体一次，就发射一个宽带瞬态声脉冲，它在壳体内来回传播。这种颗粒的声信号是颗粒端部的局放和颗粒碰撞壳体的混合信号。脉冲模式可记录微粒每次碰撞壳体时的时间和产生的脉冲幅值，并以飞行图的形式显示出来。

（四）时域波形检测模式

时域波形检测模式用于对被测信号的原始波形进行诊断分析，以便直观地观察被测信号是否存在异常。时域波形检测模式的典型谱图如图 6－3 所示。

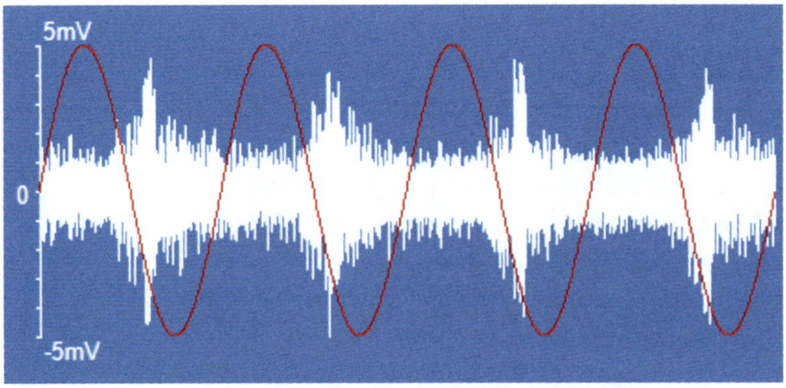

图6－3　时域波形检测模式典型谱图

（五）特征指数检测模式

部分厂商提供的仪器提供有特征指数检测模式。在该检测模式下，特征谱图表征超声波信号发生的时间间隔，其横坐标为时间间隔，纵坐标为信号发生次数。如果超声波信号发生的间隔在10ms（如局部放电缺陷），那么在整数1的位置出现波峰，如图6－4（a）所示；如果超声波信号发生的间隔在20ms（如电晕缺陷），那么在整数2的位置出现波峰，如图6－4（b）所示。

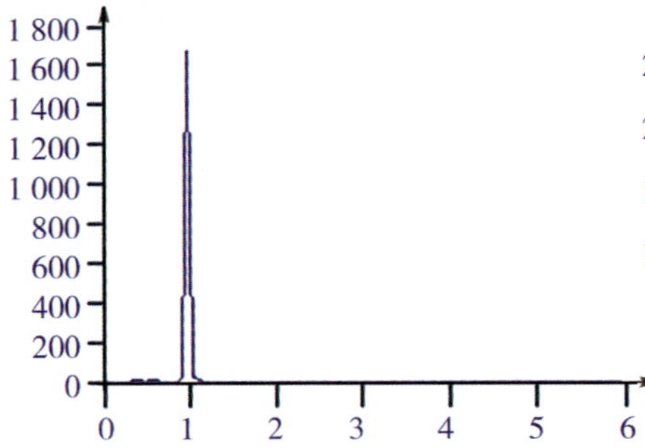

（a）局部放电缺陷谱图

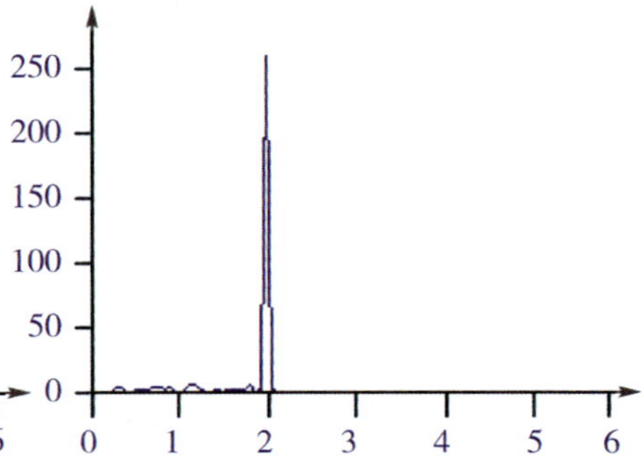

（b）电晕缺陷谱图

图6－4　特征指数检测模式典型谱图

二、超声波局部放电检测技术

超声波局部放电检测技术主要讲述GIS设备超声波局部放电的检测方法。

（一）测试点选择

检测过程中应包含所有气室，法兰之间最少1个点，一般选择气室的侧下方作为选点位置，母线筒选择靠近绝缘支撑部件的位置，在GIS拐臂、断路器断口处、隔离刀闸、接地刀闸、CT、PT、避雷器等处均应设置测试点。由于超声波衰减较快，因此在开展超声波局部放电检测时，两个测试点之间的距离不应大于0.5m，如图6－5所示。

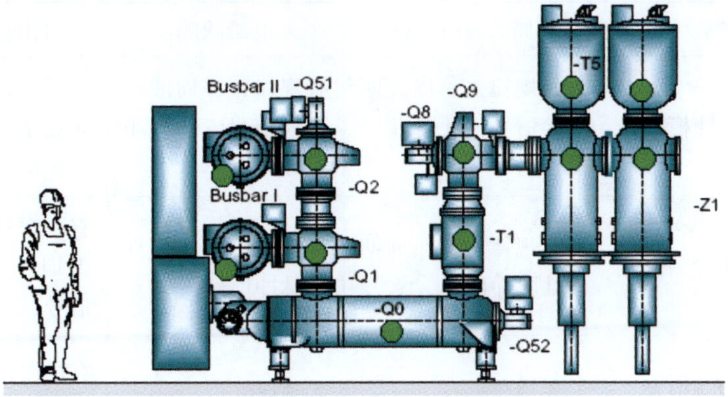

图6－5 GIS超声波局部放电检测典型测试点

（二）试验程序

（1）测试背景噪声，应尽量避免工作环境中其他噪声的干扰。

（2）将传感器放置在待测点上，传感器在使用之前应均匀涂抹专用硅胶并适当增加压力，尽可能减小信号衰减。测量之时应尽量保持静止状态。

（3）观察连续检测模式谱图，与背景噪声谱图比较，如信号增长明显，由判据来区分故障类型，确定之后颗粒故障需结合脉冲模式进行危险性评估，毛刺和电位悬浮引起的放电需结合相位检测模式再具体区别判定。根据声音在气室传递衰减的特性，结合GIS内部结构判断故障部位。可通过调整测量频带的方法，将带通滤波器测量频率从100kHz减小到50kHz。如果信号幅值明显减小，则缺陷应在壳体上；如果信号水平基本不变，则缺陷位置应在中心导体上。或者如果信号水平的最大值在GIS罐体表面周线方向的较大范围出现，则缺陷位置应在中心导体上。如果最大值在一个特定点出现，则缺陷应在壳体上。

（三）缺陷判据

可参照表6－3进行故障类型的基本判断。

表6－3 超声波局部放电检测缺陷判据

参数		局部放电缺陷	电晕缺陷	自由颗粒缺陷
连续检测模式	有效值	高	较高	高
	周期峰值	高	较高	高
	50Hz频率相关性	弱	有	有
	100Hz频率相关性	弱	弱	有

（续上表）

参数	局部放电缺陷	电晕缺陷	自由颗粒缺陷
相位检测模式	有规律，一周波两簇信号，且幅值相当	有规律，一周波一簇大信号，一簇小信号	无规律
时域波形检测模式	有规律，存在周期性脉冲信号	有规律，存在周期性脉冲信号	有一定规律，存在周期不等的脉冲信号
脉冲检测模式	无规律	无规律	有规律，三角驼峰形状
特征指数检测模式	有规律，波峰位于整数特征值处，且特征指数 1 > 特征指数 2	有规律，波峰位于整数特征值处，且特征指数 2 > 特征指数 1	无规律，波峰位于整数特征值处，且特征指数 2 > 特征指数 1

（四）典型缺陷谱图分析与诊断

1. 尖端放电

（1）尖端放电的特征表现为：

①局部场强增加。

②由于电晕球的保护作用，工频耐压水平不受影响。

③雷电冲击电压水平会大幅度下降。

④尖端如果大于 2mm 就认为是有害的。

⑤导体上的尖端与壳体上的尖端放电谱图是一样的，但导体上的尖端位于气室中心，其产生的压力波会呈扇形在整个气室传递，在壳体外能在较广的范围内接收到信号，而壳体上的尖端信号较集中，在放电处信号最强。也可以根据 SF_6 气体对高频信号的衰减特性，调整带通滤波器的上限频率。如果信号明显降低，表明是壳体上的尖端放电；如果信号变化不大，表明是导体上的尖端放电。一般来说，导体上的尖端放电更具危险性。

尖端放电的典型谱图：

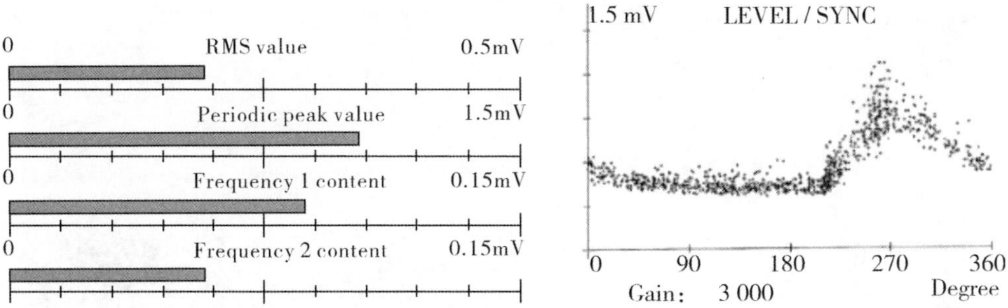

(a)尖端放电连续检测模式下典型谱图　　(b)尖端放电相位检测模式下典型谱图

图 6-6　尖端放电的典型谱图

尖端放电故障在连续检测模式下有效值和峰值都会增大，信号稳定，而 50Hz 相关性明显，100Hz 相关性较弱。在相位检测模式下，一个周期内会有一簇较集中的信号聚集点。

（2）经验判据。

如果尖端放电发生在母线壳体上，信号的峰值 $V_{peak} < 2mV$，认为不是很危险，可继续运行；如果尖端放电发生在导体上，信号的峰值 $V_{peak} > 3mV$，建议停电处理或密切监测；对于不同的电压等级，如 110kV/220kV，可参照上述标准执行；对于 330kV/500kV/750kV，由于母线筒直径大，信号有衰减，并且设备重要性提高，应更严格要求，标准提高一些；其他气室，如开关气室，由于内部结构更复杂，绝缘间距相对短，应更严格要求。在耐压过程中发现尖端放电现象，即使低于标准值，也应进行处理，使缺陷消灭在初始阶段。

2. 自由颗粒

（1）自由颗粒放电的基本特征为：

①雷电冲击电压影响很小；

②工频耐压会有很大的降低；

③超声传感器接收到典型的机械撞击信号；

④飞入高场强区非常危险；

⑤信号表征不重复，随机性强。

自由颗粒放电典型谱图：

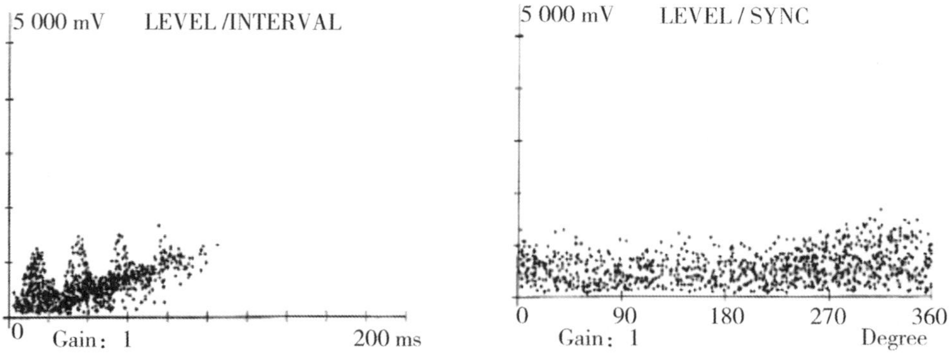

(a) 自由颗粒放电脉冲检测模式下典型谱图　　(b) 自由颗粒放电相位检测模式下典型谱图

图 6－7　自由颗粒放电的典型谱图

颗粒故障的连续检测模式谱图中，有效值和峰值会很大，往往达几百上千毫伏，其信号不稳定，表现为周期性的波动，而 100Hz 和 50Hz 相关性没有。对信号进行危险性评估需要进入脉冲模式观察颗粒的幅值和飞行时间，通过上面的信息判断颗粒的危险性。

（2）经验判据。

自由颗粒的危险性可以根据 AIA 内的脉冲模式谱图分析，可参照图 6－8 来进行评估：

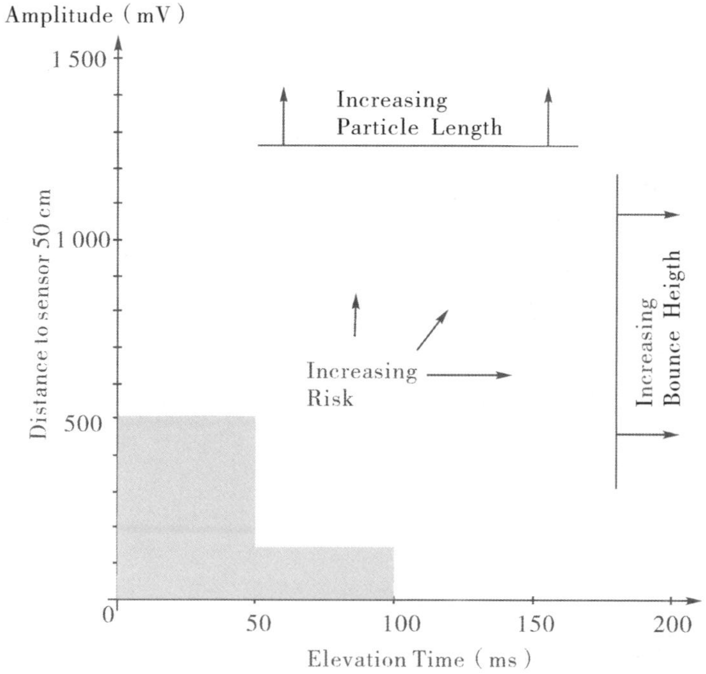

图 6－8　脉冲检测模式谱图

阴影区为安全区域，颗粒的幅值 $V_{peak} < 500mV$ 且飞行时间 $T < 50ms$，或 $50ms < T < 100ms$ 且峰值 $V_{peak} < 150mV$，可认为是安全的；对于新投运的 GIS 和大修后的 GIS 建议 $V_{peak} > 100mV$ 即应处理。

只要 GIS 内部存在自由颗粒，就是有害的。因为它的随机运动，信号可能会增大，也有可能会消失，自由颗粒掉进壳体陷阱中不再运动，可等同于尖端。在新 GIS 耐压试验过程中，建议发现有自由颗粒，即应进行擦拭。

3. 悬浮屏蔽（电位悬浮）

（1）悬浮屏蔽的基本特征。

松动或接触不良会引起电位悬浮，有时电场屏蔽松动并开始振动，也可能是电接触松动而变为电位悬浮。一块大的悬浮金属体将可能被充电，并当物体与基点之间的电压超出耐受电压时就会发生大规模放电/电弧。这类放电一般发生在电压上升沿，且产生一大簇连续的以 100Hz 为主的包络线，并且有低的波峰因数。其特征为：

①工频耐压水平降低；

②信号稳定，重复性强；

③100Hz 的相关性强烈。

电位悬浮的典型谱图如下：

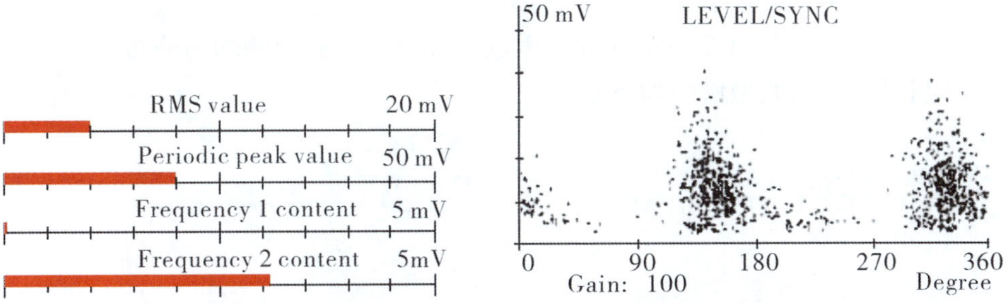

（a）电位悬浮连续检测模式下典型谱图　（b）电位悬浮相位检测模式下典型谱图

图 6－9　电位悬浮的典型谱图

电位悬浮故障在连续检测模式下有效值和峰值都会增大，信号稳定，而 100Hz 相关性明显，50Hz 相关性较弱。在相位检测模式下，一个周期内会有两簇较集中的信号聚集点。

（2）经验判据。

经验表明，电位悬浮一般发生在开关气室的屏蔽松动，PT/CT 气室绝缘支撑松动或偏离，母线气室绝缘支撑松动或偏离，气室连接部位接插件偏离或螺母松动等。

对于 110kV GIS，如果 $V_{f_2}/V_{f_1} \gg 1$，$V_{peak} > 10mV$，应停电处理或密切监测。

如果 $2 > V_{f_2}/V_{f_1} > 1$，$V_{peak} > 200mV$ 就应停电处理或密切监测。对于220 kV及以上电压等级的 GIS，应更严格执行。

对于铁芯的 PT，由于磁致伸缩引起的磁噪声，可能也会产生类似电位悬浮的谱图，但一般 A、B、C 三相都会有这种类似的谱图，可以加以区分。

4. 绝缘子上的颗粒

移动到绝缘子上的颗粒有许多种行为方式，它可能在绝缘子四周移动，并可能放电、充电等，这特别与水平绝缘子有关系。它也可能固定到绝缘子上，并向绝缘子表面放电，绝缘子表面不是自热绝缘材料，也可能损害表面，从而最终导致击穿。

目前，有关绝缘子表面上的颗粒发出的超声波信号知识有限，调查也表明这些放电没有确定的超声波信号。一些初步研究表明，来自于绝缘子上大颗粒的信号可以被灵敏的传感器探测出来。其基本特征为：

（1）信号不稳定，但不像自由颗粒那样变化大，有一定的稳定值；

（2）表现出 50Hz 的相关性较强，但一般 100Hz 的成分也有；

（3）在紧邻盆子附近信号强，距离远后则很弱。

5. 机械振动

有些缺陷形成了机械振动，但没形成悬浮电位，应加以区分。其基本特征为：

（1）信号不稳定；

（2）相位图呈现多条竖线并在零点（180°）左右两侧均匀分布。

机械振动的典型谱图如下：

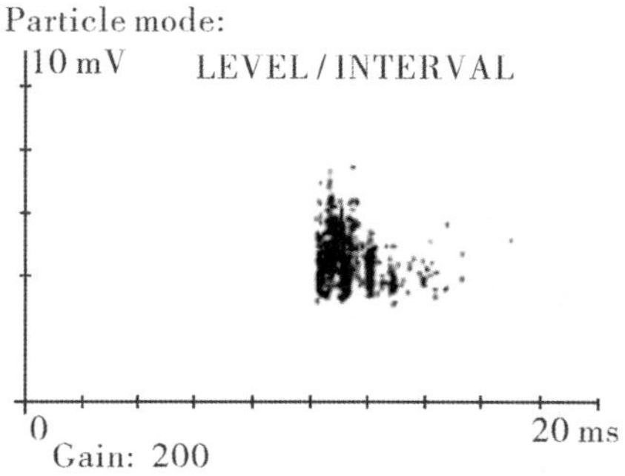

(a) 机械振动颗粒模式下典型谱图

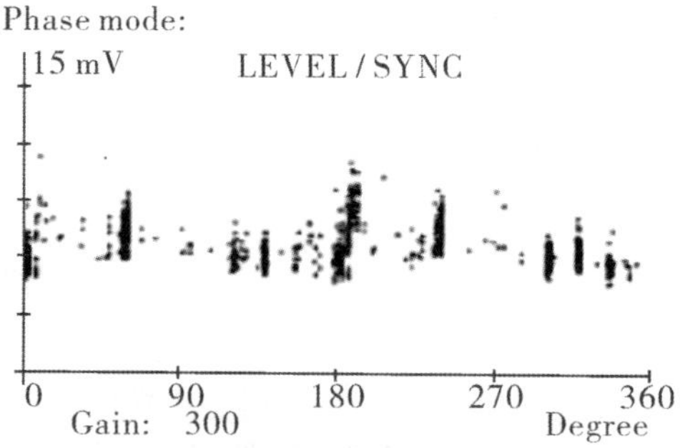

(b) 机械振动相位检测模式下典型谱图

图 6－10　机械振动的典型谱图

（五）试验周期

（1）应在设备投运后或 A 类检修后 1 周内进行一次运行电压下的超声波局部放电检测，记录每一测试点的测试数据作为初始数据，今后运行中测试应与初始数据进行对比。

（2）550kV（363kV）及以上电压等级设备半年一次，252kV 及以下电压等级设备一年一次。

（3）检测到 GIS 有异常信号但不能完全判定时，可根据 GIS 设备的运行工况，缩短检测周期，增加检测次数，并分析信号的特点和发展趋势，必要时采用 SF_6 分解物检测等方法进行综合判别。

（4）必要时，对重要部件（如断路器、隔离开关、母线等）进行重点检测。

（5）对于运行年限超过 15 年的 GIS 设备，宜考虑缩短检测周期。

第三节　典型应用分析

一、500kV 某变电站 220kV GIS 设备隔离开关气室悬浮放电

2015 年，对 500kV 某变电站 GIS 设备进行超声波局放带电检测，进行至 220kV 母线隔离开关 B 相气室时，发现异常超声波信号，幅值约为 1.5mV。设备型号为 ZF9－252，结构为三相分箱户外式，生产厂家为西安西开高压电气股份有限公司，投运时间为 2008 年 6 月。220kV 侧采用双母分段接线方式。超声波局部放电检测仪，型号：AIA－2；生产厂家：挪威 TransNor As。

（一）检测数据

异常信号部位位于母线隔离开关 B 相气室，见图 6－11。

图 6－11　隔离开关 B 相气室现场

采用 AIA－2 超声波局部放电检测仪进行全频模式测量（10～100kHz）。背景超声波信号幅值约为 0.6mV。在西母侧隔离开关 B 相气室检测到异常超声波信号，在连续模式下，B 相气室测到 50Hz、100Hz 频率成分，100Hz 频率相关性大于 50Hz 频率相关性，见图 6－12（a）；相位模式下，B 相超声波信

号一个工频周期有两簇放电，放电信号幅值相当，相位对称，见图 6－12（b），A、C 相气室超声波信号无相位特征，见图 6－12（c）、图 6－12（d）。

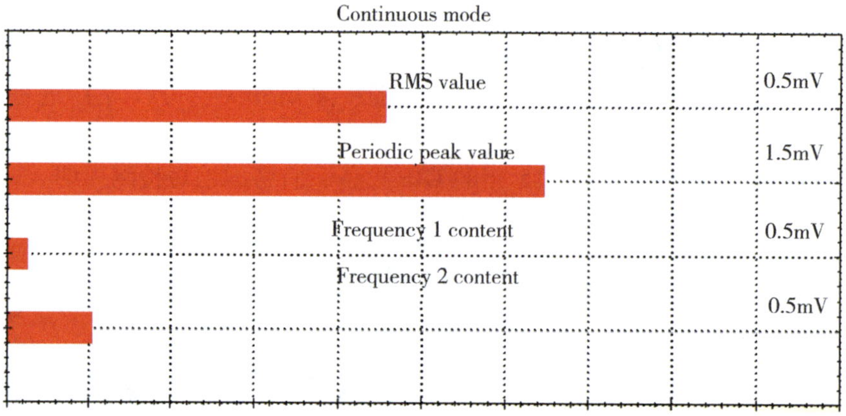

（a） B 相超声波信号连续谱图

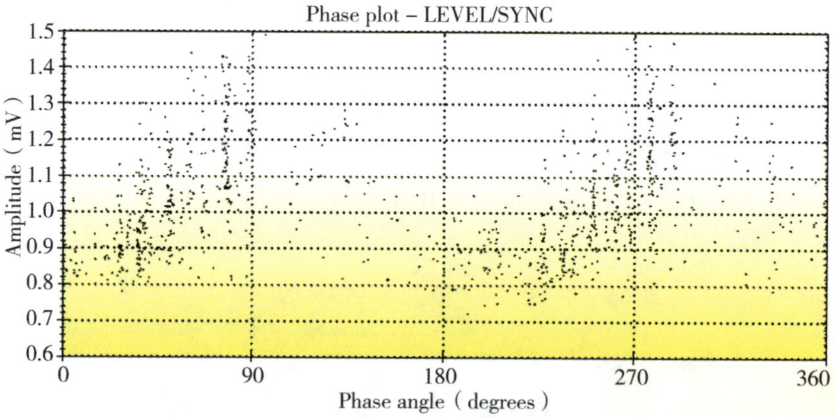

（b） B 相超声波信号相位谱图

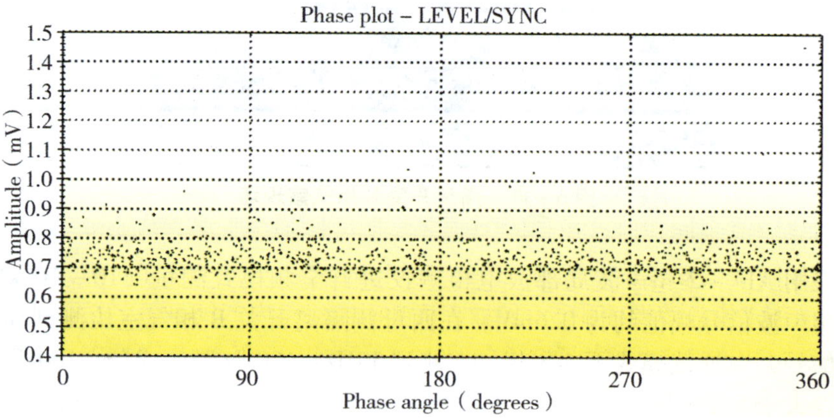

（c） A 相超声波信号相位谱图

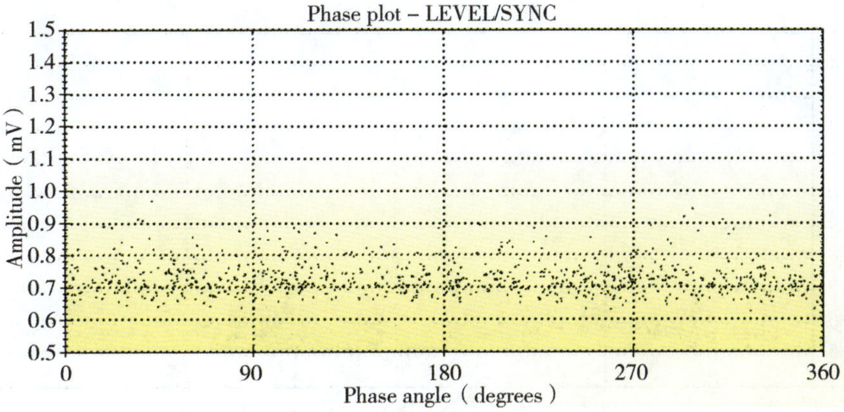

（d）C 相超声波信号相位谱图

图 6－12　西母侧隔离开关气室超声波信号谱图

针对放电源来自中心导体还是罐壁上，对该气室的超声波信号进行低频模式（10～50kHz），见图 6－13（a），以及高频模式（50～100kHz）检测，见图 6－13（b）。低频模式下的超声波信号幅值约为 1.4mV，相比全频模式衰减程度小；高频模式下的超声波信号幅值约为 0.7mV，相比全频模式衰减程度大，因此判断放电源来自中心导体。

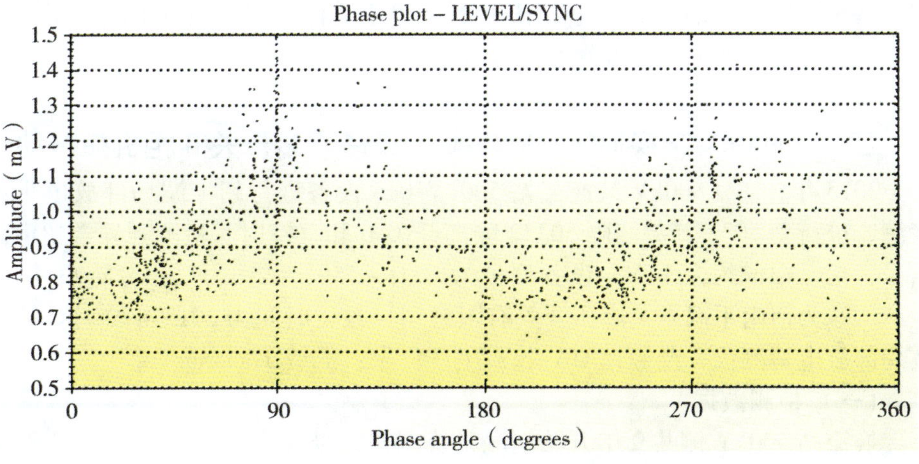

（a）低频模式下的超声波信号相位谱图

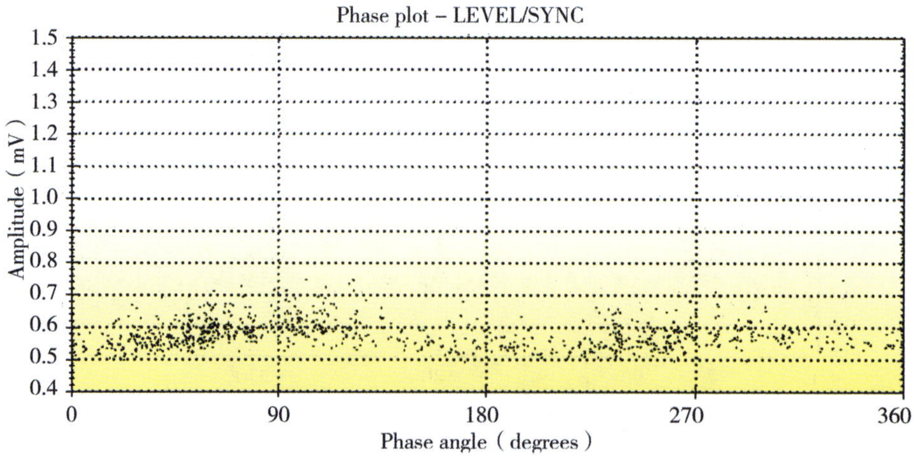

（b）高频模式下的超声波信号相位谱图

图 6－13　B 相隔离开关气室超声波信号低频及高频模式下相位谱图

翌日，对 220kV B 相隔离开关气室进行复测，均再次检测到放电的超声波信号，信号稳定。分析该隔离开关断口处屏蔽罩发生松动。

（二）异常信号类型判断

参照 Q/GDW 11059. 1—2013《气体绝缘金属封闭开关设备局部放电带电测试技术现场应用导则》“第 1 部分　超声波法”中的悬浮放电典型案例谱图，一个工频周期的两簇放电幅值相当，相位对称，与悬浮放电典型谱图具有类似特征，判断 GIS 内部存在悬浮放电信号。

二、±800kV 某换流站 500kV GIS 设备隔离开关 B 相机械振动

2015 年，对 ±800kV 某换流站 500kV GIS 设备进行超声波局部放电带电检测，进行至 5033 开关间隔 50332 隔离开关 B 相气室时，检测到异常超声波信号，信号幅值约为 3mV。设备型号为 G1D－550，结构为三相分箱户内式，生产厂家为河南平高东芝高压开关有限公司，投运时间为 2013 年 9 月。超声波局部放电检测仪，型号：AIA－2；生产厂家：挪威 TransNor As。

（一）检测数据

换流站 500kV 侧共 9 串开关间隔，采用 3/2 母线接线方式。在 5033 开关间隔 50332 隔离开关 B 相气室发现机械振动信号，异常信号部位如图 6－14 所示。

图 6-14 异常信号部位现场

被测 GIS 设备间隔外部干扰信号小，空气背景超声波信号幅值为 0.6mV。对 50332 隔离开关 B 相气室进行超声波局部放电检测，相位谱图和连续谱图分别见图 6-15（a）、(b)。B 相气室信号幅值约为 3mV，在一个工频周期内出现四簇垂直信号，位于工频周波的正半波与负半波的信号簇相位对称，幅值相当，相位宽度窄，100Hz 频率相关性强。对 50332 隔离开关 A、C 相气室分别进行超声波信号检测，相位谱图见图 6-15（c）、(d)，A、C 相气室的超声波信号检测结果相近，幅值约为 1.5mV，在一个工频周期内出现多个信号簇。

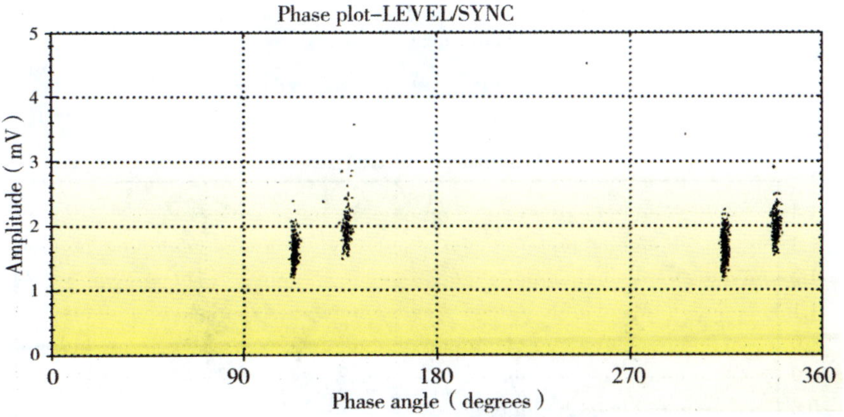

（a）B 相超声波信号相位谱图

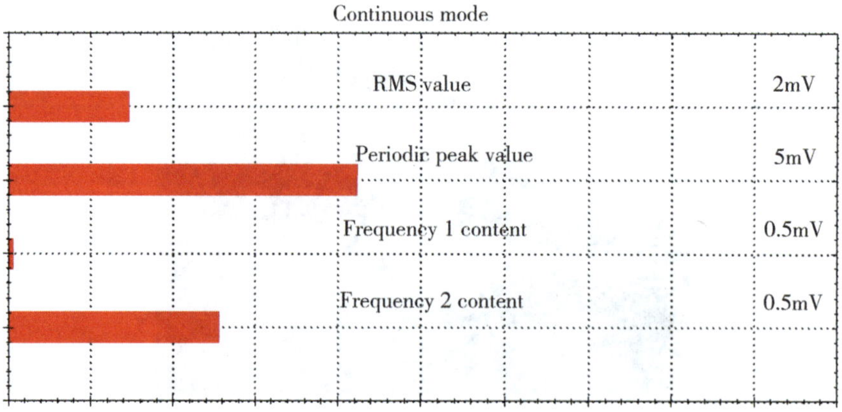

（b）B 相超声波信号连续谱图

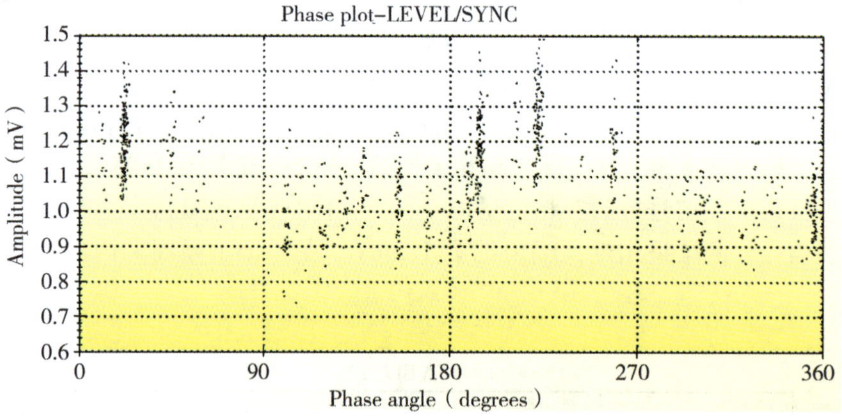

（c）A 相超声波信号相位谱图

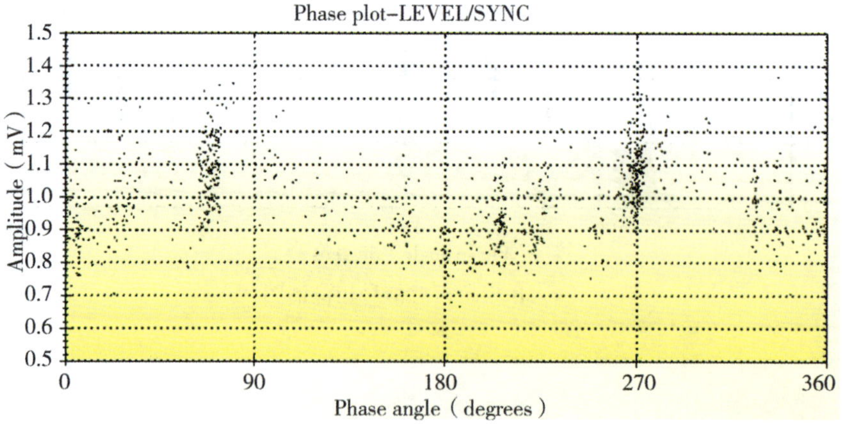

（d）C 相超声波信号相位谱图

图 6－15　50332 隔离开关气室相间超声波信号对比

±800kV 某换流站 500kV GIS 设备处于室内，基础为水泥地面，受外部换流变压器侧的振动影响，在大部分 500kV GIS 设备上检测到不同程度大小的超声波振动信号，因此，A、C 相气室的超声波信号相位谱图表现出振动的特征，但 B 相气室信号幅值明显大于 A、C 相，因此判断 B 相气室超声波信号异常。

翌日，对 5033 开关间隔 50332 隔离开关 B 相气室进行复测，复测结果无变化。

（二）异常信号类型判断

参考 Q/GDW 11059. 1—2013《气体绝缘金属封闭开关设备局部放电带电测试技术现场应用导则》“第 1 部分　超声波法”中的机械振动典型谱图，该典型谱图出现多簇、每簇相位宽度窄的特点，判定为机械振动，判断为 GIS 罐体可能发生支撑件、紧固螺栓松动等情况。

三、±800kV 某换流站 500kV GIS 设备#1 母线 A 相气室尖端放电

2015 年，对 ±800kV 某换流站 500kV 侧 GIS 设备进行超声波局部放电带电检测，进行至 5072 间隔处的#1 母线 A 相气室时，在该气室检测到明显的放电信号，信号幅值为 6mV。之后对该部位进行跟踪检测，未检测到超声波局放信号，具有很强间歇性。设备型号为 G1D－550，结构为三相分箱户内式，生产厂家为河南平高东芝高压开关有限公司，投运时间为 2013 年 9 月。超声波局部放电检测仪，型号：AIA－2；生产厂家：挪威 TransNor As。

（一）检测数据

被测 GIS 设备外部干扰信号小，超声波背景幅值为 0. 6mV。在 5072 开关间隔处的#1 母线 A 相气室处检测到异常超声波信号，幅值约为 6mV，用 AIA－2 超声波局放检测仪可听到明显放电声音。准备对放电源进行定位时，信号消失。该放电部位的超声波信号相位谱图如图 6－16 所示。

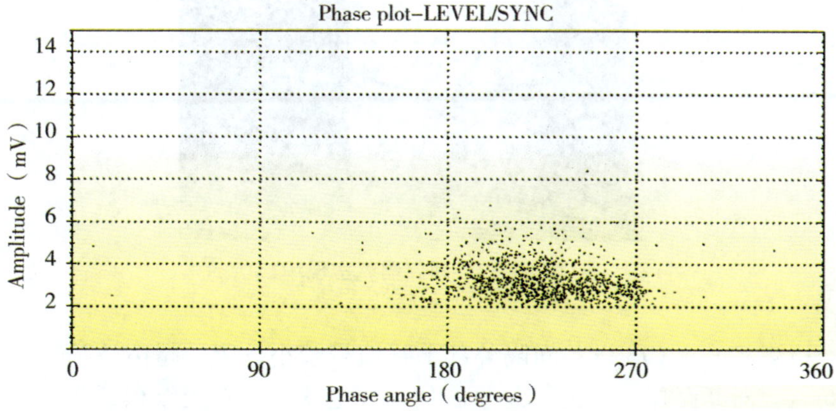

图 6－16　5072 开关间隔处的#1 母线 A 相气室的超声波信号相位谱图

（二）放电类型判断

该放电部位的相位谱图在一个工频周期内有一簇放电，与 Q/GDW 11059.1—2013《气体绝缘金属封闭开关设备局部放电带电测试技术现场应用导则》“第 1 部分　超声波法”中尖端放电的典型图谱吻合度较高，判断为尖端放电类型。

四、220kV 某变电站 110kV GIS 设备气室颗粒跳动

2015 年，对某 220kV 变电站 GIS 设备进行超声波局部放电带电检测，进行至 110kV 断路器气室时，发现异常超声波信号，信号幅值约为 1.5mV，在连续检测模式下信号周期峰值发散性较大，且用 AIA－2 型超声波局部放电检测仪可听见明显的颗粒跳动声响。设备型号为 ZF6－110，结构为三相共箱户内式，生产厂家为沈阳开关厂，投运时间为 1999 年 2 月。超声波局部放电检测仪，型号：AIA－2；生产厂家：挪威 TransNor As。

（一）检测数据

异常信号部位位于断路器底部，见图 6－17。

图 6－17　断路器气室现场

经检测，被测 GIS 设备间隔外部干扰信号较小，背景超声波信号幅值约为 0.6mV。对断路器气室进行超声波局部放电检测。在连续模式下，信号的

周期峰值发散性大，50Hz、100Hz 频率成分不明显，用超声波局部放电检测仪可听见颗粒跳动的声响；在脉冲模式下测量，飞行谱图反映颗粒的飞行时间轨迹，颗粒飞行时间约为 60ms，见图 6－18（a）；在相位模式下测量，相位谱图显示信号与工频周期之间无明显的相位关系，见图 6－18（b）。

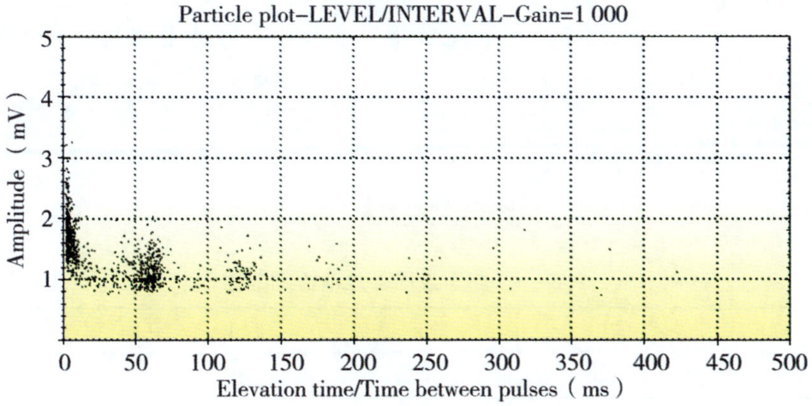

（a）超声波信号飞行谱图

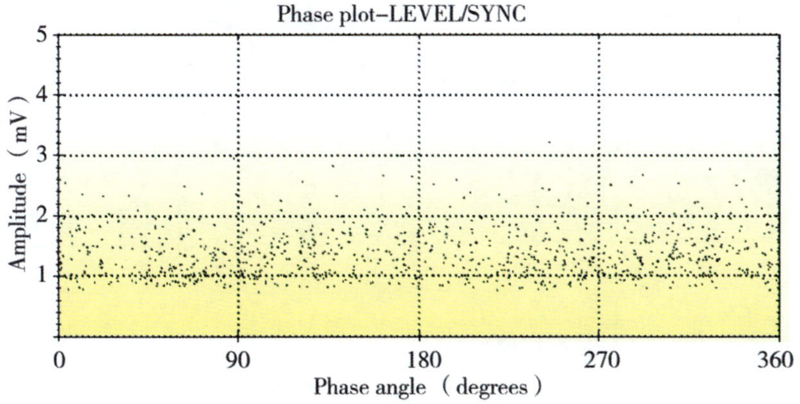

（b）超声波信号相位谱图

图 6－18　超声波信号对比

翌日，对该气室进行复测，再次检测到颗粒跳动的超声波信号。

（二）异常信号类型判断

参照 Q/GDW 11059. 1—2013《气体绝缘金属封闭开关设备局部放电带电测试技术现场应用导则》“第 1 部分　超声波法”中自由颗粒放电的典型飞行谱图，该飞行谱图可反映颗粒飞落时的飞行轨迹。断路器气室的飞行谱图与典型谱图具有相似谱图特征，因此判断该异常信号为颗粒跳动类型。

五、超声波局部放电带电检测技术发现110kV变电站35kV开关柜缺陷

2015年，某供电公司运行人员对某110kV变电站巡视时发现35kV开关柜有异常声响。试验人员对其进行超声波局部放电带电检测，发现开关柜后柜门超声波测试数据异常，超声波检测幅值为24dB，可听到连续的放电音响，并且频率成分1大于频率成分2，主要集中在开关柜后的电缆室，该开关柜其他格室及相邻柜体均正常。初步判断该开关柜电缆室存在局部放电，放电类型为尖端放电。

（一）检测分析方法

超声波局部放电检测，检测数据如表6－4所示。

表6－4　超声波局部放电检测数据

位置	前中	前下	后上	后下
数值	－2dB	－1dB	2dB	24dB

在该开关柜附近测得的背景噪声谱图如图6－19所示。311开关电缆室超声波谱图如图6－20所示。

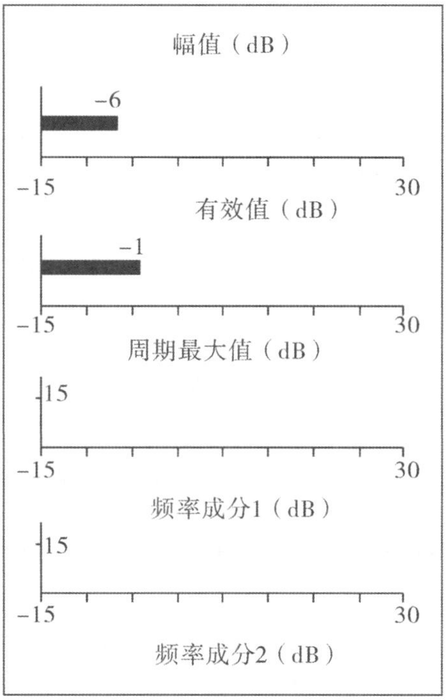

图6－19　背景噪声谱图

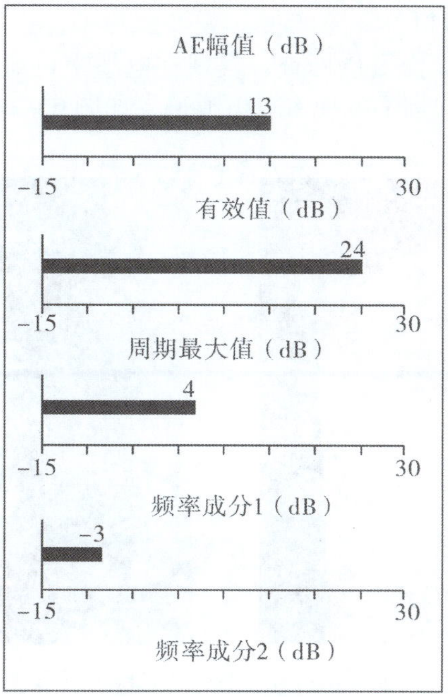

图 6－20　超声波谱图

311 开关特高频局部放电检测数据如图 6－21 所示。

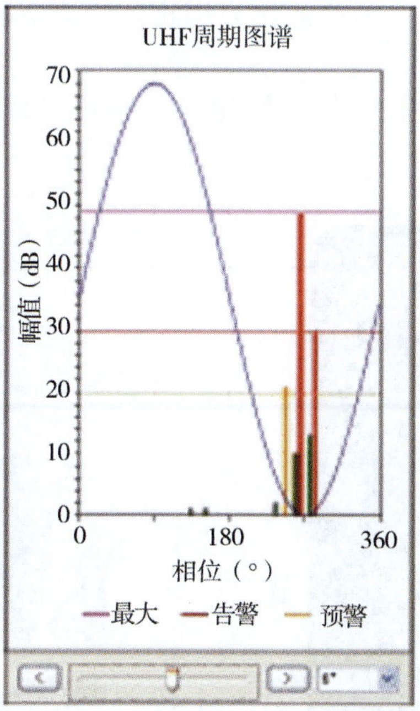

图 6－21　特高频局部放电检测数据

（二）解体检查分析

开关柜停电后经检修人员检查，发现在电缆室电流互感器接头铜排上有毛刺，造成放电，并在周围发现有放电痕迹，如图 6－22 所示。

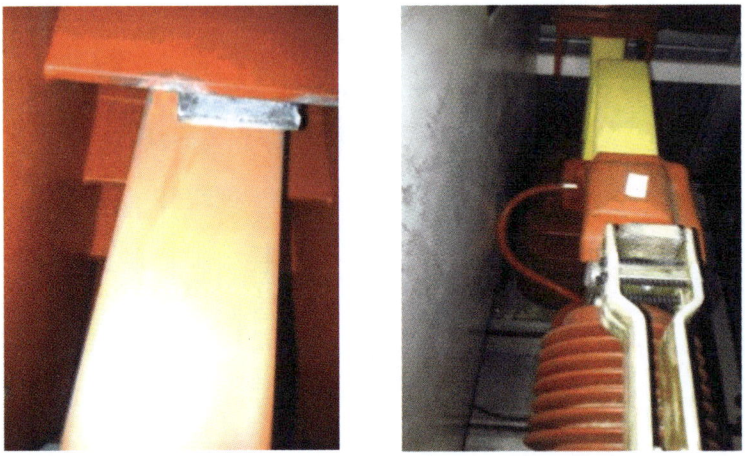

图 6－22　电缆室电流互感器接头铜排上有毛刺放电痕迹

处理方法：缺陷发现后当晚 10 点许可工作检测开关柜，发现柜口位置狭窄，当晚处理后送电，第二天运行柜运行依然有响声，检修人员再次停电检修，处理后送电，开关运行正常。

（1）将 C 相 CT 与 3 刀闸连接处铜排的毛刺去除，并包裹热缩套，如图6－23 所示。

（2）因 A 相避雷器连接线对绝缘隔板有放电痕迹，将 A 相避雷器连接线调整位置，如图 6－24 所示。

图 6－23　把连接处铜排的毛刺去除

图 6－24　将 A 相避雷器连接线调整位置

（3）因 B 相电缆外绝缘对绝缘隔板有放电痕迹，将 B 相电缆外绝缘用酒精擦拭干净。

送电后进行超声波局部放电复测，背景噪声测试如图 6－25 所示，测试结果如图 6－26 所示，从测试结果可以看出，经处理后，该开关柜局部放电现象已消除。

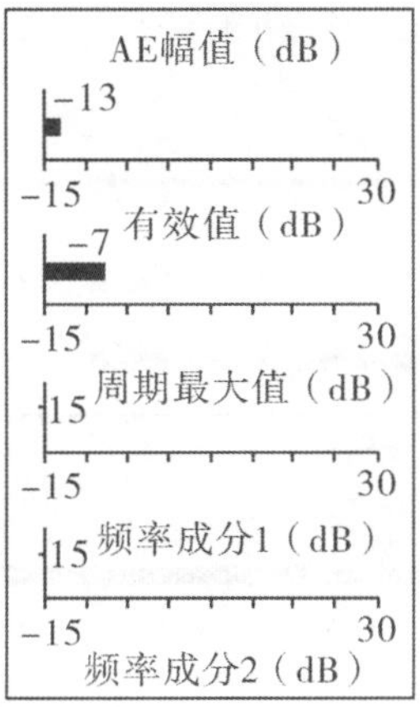

图 6－25　背景噪声测试

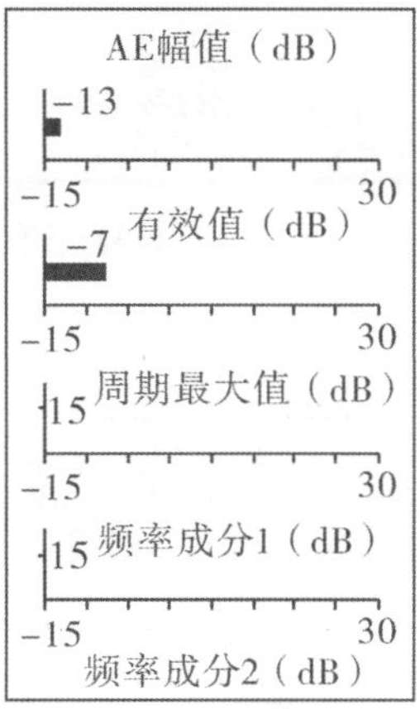

图 6－26　测试结果

（三）综合分析及结论

开关柜后柜电缆室超声波幅值明显增大，达到 24dB，其他格室超声波幅值与背景噪声相近，测试中有典型放电音响，并且频率成分 1 大于频率成分 2，后进行特高频局部放电测试，所测谱图具有典型局部放电谱图特征，与尖端电晕放电类似，初步判断为开关柜电缆室存在尖端局部放电，已达严重缺陷。

（四）经验体会

（1）进行超声波检测和特高频局放检测前务必对所有干扰进行关闭或屏蔽，尽量避免检测中的干扰，合理地测试并记录背景噪音作为分析基础。

（2）超声波带电检测分析判断中应重视横向比较法的应用，即与同电压等级、同批次、同型号产品的测试值进行横向比较。

六、超声波、特高频局放联合检测 110kV 变电站开关柜放电缺陷

2015 年，某供电公司对某 110kV 变电站 10kV 开关柜进行局部放电测试，发现 10kV 开关柜母线室有异常超声波信号。对该开关柜进行了局部放电诊断复测，PDS－T90 型局部放电检测仪检测信号峰值为 9.9mV，放电类型及部位判断为开关柜母线室穿屏套管存在悬浮放电。开关柜为天宇电气集团福州第一开关厂生产，型号为 KYN31－12－02，出厂日期为 2001 年 4 月，投运日期为 2002 年 1 月。12 月 30 日晚上停电检查发现，916 开关柜母线室 A 相穿屏

套管金属板有明显放电烧蚀痕迹，母排热缩套绝缘有明显的放电灼烧痕迹。放电原因为穿屏套管结构设计不合理，存在悬浮电位体。

（一）检测分析方法

采用 PDS－T90 型局部放电测试仪对 10kV 开关柜进行局部放电测试。超声波背景噪声谱图如图 6－27 所示，峰值为 1.0mV。在开关柜后柜门上部（母线室）超声波信号幅值最大，谱图如图 6－28 所示，峰值为 9.9mV，100Hz 相关性大于 50Hz 相关性。测试过程中通过超声波局部放电巡检仪耳机可听见明显的放电声响。

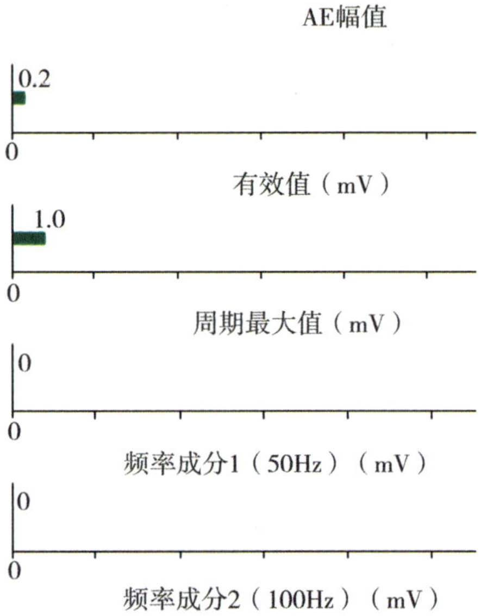

图 6－27　背景噪声谱图

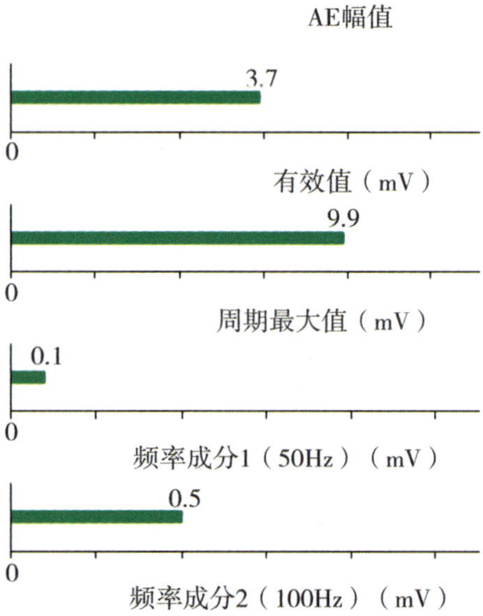

图 6－28　超声波谱图

图 6－29　开关柜后柜门

采用 PDS－G1500 型局部放电测试仪进行特高频局放定位。将特高频传感器放置在后柜门上部缝隙（图 6－29）进行测量，将传感器 1（红色）放置在开关柜后柜门上部缝隙左侧，将传感器 2（黄色）放置在相邻开关柜后柜门上部缝隙右侧，两传感器和柜与柜交界面距离相等。一个工频周期内放电波形如图 6－30 所示，一个工频周期内存在两簇放电信号，放电脉冲幅值稳定，且相邻放电时间间隔基本一致。与 Q/GDW 11059.2—2013《气体绝缘金属封闭开关设备局部放电带电测试技术现场应用导则　第 2 部分特高频法》中悬浮放电特征较为吻合。

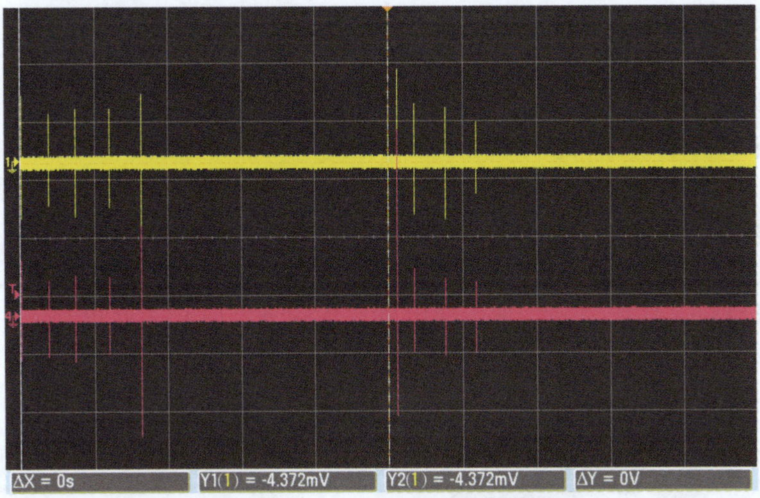

图 6－30　一个工频周期放电波形

两传感器检测放电脉冲波形如图 6－31 所示，两传感器检测脉冲波形特征基本一致，且起始沿非常接近，可认为两传感器与放电源距离基本一致，即放电源位于两传感器连线垂直平分面上。

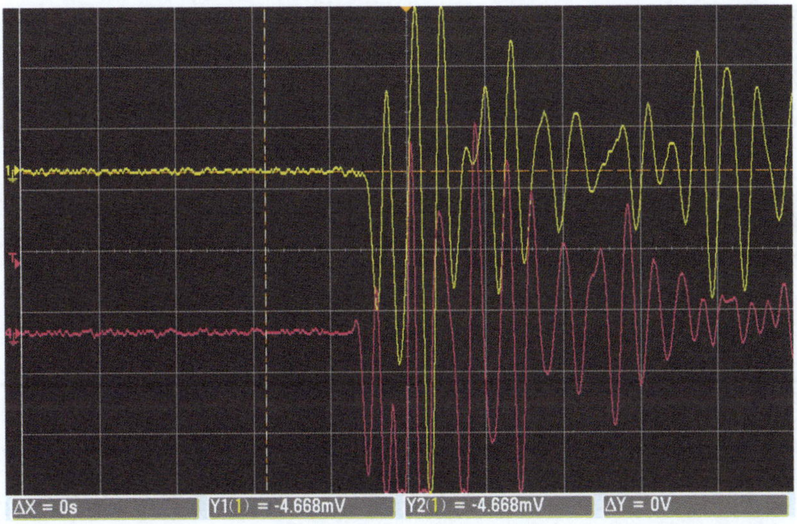

图 6－31　放电脉冲波形

结合放电特征与部位，初步判断为柜与柜穿屏套管处存在悬浮放电。与之前检测情况比较，放电有明显发展趋势，建议立即停电检查。

（二）解体检查分析

对10kV Ⅰ段母线进行停电，同时对开关柜母线室进行检查。检查发现A相穿屏套管内侧存在金属杂质，如图6－32（a）所示。将A相穿屏套管及母排拆下后，发现母排与套管接触部位存在放电痕迹，且热缩套被击穿，如图6－32（b）所示；穿屏套管内金属板及连接螺栓有明显痕迹，如图6－32（c）所示；穿屏套管与柜体连接螺栓处也存在放电痕迹，如图6－32（d）所示。

放电原因分析：穿屏套管内部存在金属板及螺栓，金属板与螺栓既未与母排连接，也未与地连接，形成悬浮电位体，并发生放电；放电逐步发展，导致母排热缩套击穿；母排与金属板间存在放电，金属板与母排可能通过间歇性电弧连接，导致穿屏套管表面电场发生畸变，引起穿屏套管与柜体连接螺栓同时发生放电。

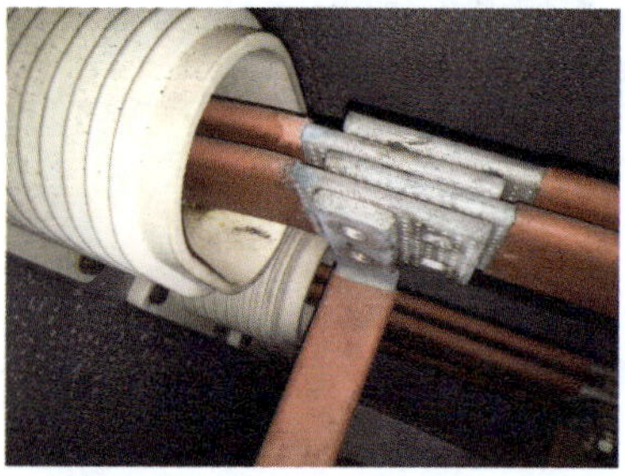

（a）

（b）

（c）

（d）

图6－32　解体照片

（三）结论及建议

开关柜母线室穿屏套管存在悬浮放电，放电原因为穿屏套管结构设计不合理，存在悬浮电位体。对该套管进行更换，但由于该类型套管存在设计缺陷，建议对该厂家穿屏套管进行排查并更换。

（四）经验体会

（1）超声波、特高频检测能够有效发现开关柜内悬浮放电缺陷；当放电有明显发展趋势时，应立即停电处理。

（2）特高频电磁波信号在开关柜内传播路径复杂，即便只有一个放电源存在，采用特高频进行定位时也可能检测到多个时间差，造成误判。因此需要仔细甄别，当检测到的特高频放电信号波头较陡，且起始沿明显时，可认为传感器距离放电源较近。

七、超声波、特高频、暂态地电压局放联合检测 110kV 变电站 10kV 开关柜振动及悬浮放电缺陷

2014 年，某供电公司对某 110kV 变电站 10kV 开关柜进行局部放电测试，发现 10kV#1 主变 901 开关柜后上方母线桥架有振动异常及悬浮放电信号。经停电检查带电检测定位放电源未见明显放电痕迹，判断检测到悬浮放电可能由振动引起。开关柜为广东省顺德开关厂有限公司生产，型号：KYN28A－12(Z)/006。

（一）TEV 测试结果分析

使用 PDS－T90 的 TEV 模式对变电站 10kV 高压室第一排开关柜 TEV 信号进行普测，测试结果见表 6－5。

表 6－5　10kV 高压室第一排开关柜带电局部放电测试数据

序号	开关柜名称	开关柜测试点 TEV 值（dB）				超声测试（正常/异常）		UHF 测试值（dB）
		前中	前下	后上	后下	测试情况	异常点	
1	10kV 赛利得线 918 开关柜	11	5	0	5	正常	无	0
2	10kV 巨通 II 线 916 开关柜	7	5	0	3	正常	无	0
3	10kV 豫宁线 914 开关柜	10	3	0	2	正常	无	0
4	10kV 世明 II 线 912 开关柜	5	5	16	10	正常	无	0
5	10kV 分段母联 9312 刀闸柜	2	2	20	13	正常	无	0
6	10kV 分段母联 931 刀闸柜	6	3	20	16	正常	无	0
7	10kV#02 电容器 939 开关柜	3	5	21	17	正常	无	0
8	10kV#01 电容器 937 开关柜	3	2	21	17	正常	无	0
9	10kV#01 站变 907 开关柜	3	3	24	26	正常	无	0
10	10kV I 母 PT 9511 刀闸柜	3	3	23	19	正常	无	0
11	10kV#01 主变 901 开关柜	5	10	41	24	异常	柜后上部	62
12	10kV 武安线 917 开关柜	13	6	23	15	正常	无	0

（续上表）

序号	开关柜名称	开关柜测试点 TEV 值（dB）				超声测试（正常/异常）		UHF 测试值（dB）
		前中	前下	后上	后下	测试情况	异常点	
13	10kV 华宁线 915 开关柜	12	5	23	15	正常	无	0
14	10kV 四横线 913 开关柜	13	11	18	12	正常	无	0
15	10kV 水口线 911 开关柜	16	16	18	15	正常	无	0

注：10kV 高压室第一排开关柜 UHF 测试采用高通滤波器。

按照开关柜的排列顺序对变电站 10kV 高压室第一排开关柜进行 TEV 测试，选择前中、前下、后上、后下四个点记录 TEV 测量值，按照开关柜的分布情况，对开关柜的测试数据进行横向对比，TEV 数据在 2～41dB 波动，部分开关柜 TEV 数据超过国网规定的标准 20dB，且第一排开关柜柜后的 TEV 测试值均较柜前的测试值大。

使用 PDS－T90 的 TEV 模式对变电站 10kV 高压室第二排开关柜 TEV 信号进行普测，测试结果见表 6－6。

表 6－6　10kV 高压室第二排开关柜带电局部放电测试数据

序号	开关柜名称	开关柜测试点 TEV 值（dB）				超声测试（正常/异常）		UHF 测试值（dB）
		前中	前下	后上	后下	测试情况	异常点	
1	10kV#02 站变 908 开关柜	5	7	15	14	正常	无	0
2	10kV 源口线 935 开关柜	11	3	25	24	正常	无	0
3	10kV 雷邦线 933 开关柜	3	3	16	11	正常	无	0
4	10kV 新区线 929 开关柜	10	10	13	15	正常	无	0
5	10kV 西坪线 927 开关柜	15	10	11	20	正常	无	0
6	10kV 绿明线 925 开关柜	17	22	10	13	正常	无	0
7	10kV 巨通 I 线 923 开关柜	22	5	10	15	正常	无	0
8	10kV 九岭线 921 开关柜	12	4	20	14	正常	无	0
9	10kV 世明 I 线 919 开关柜	13	11	18	8	正常	无	0

注：10kV 高压室第二排开关柜 UHF 测试采用低通滤波器。

按照开关柜的排列顺序对变电站 10kV 高压室第二排开关柜进行 TEV 测试，选择前中、前下、后上、后下四个点记录 TEV 测量值，按照开关柜的分布情况，对开关柜的测试数据进行横向对比，TEV 数据在 3～25dB 波动，部分开关柜 TEV 数据超过国网规定的标准 20dB。

该变电站 10kV 高压室内的开关柜 TEV 测试值在 2～41dB，从检测结果可知该高压室内测试的开关柜 TEV 测试数据异常。

（二）超声波测试结果分析

使用 PDS－T90 的超声波模式对该变电站 10kV 高压室内所有开关柜进行超声波信号普测。

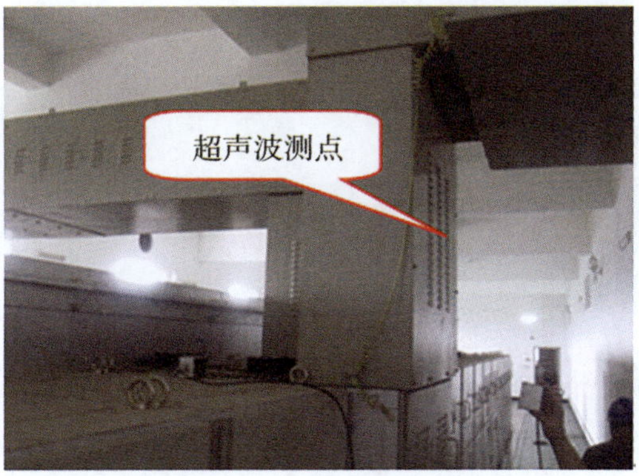

图 6－33　超声波测试点

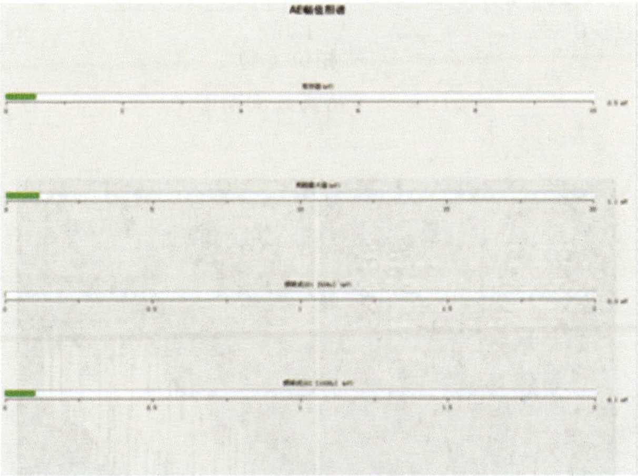

图 6－34　超声波幅值谱图

10kV#1 主变 901 开关柜后如图 6－33 所示位置存在较大的异响，不通过仪器人耳即可以听见，通过用力按住柜体的后面板，则异响减弱。通过仪器测试超声波信号，耳机中未听到具有局放特征的声信号。超声波幅值谱图如图6－34所示，频率成分1［50Hz］幅值＜频率成分2［100Hz］幅值，信号最大为1.1mV，信号较小。

综上分析，该柜的异响应为振动产生的，并非由局部放电产生的。

（三）特高频测试结果分析

使用PDS－T90的特高频模式对变电站10kV高压室内的开关柜进行特高频信号测试。①T90仪器在放大增益开低通滤波的情况下，发现在靠近主变方向的一排15面开关柜均能够检测到明显的特高频信号，且信号波形相似。②T90仪器在放大增益开高通滤波的情况下，测试数据差异性较为明显，且只在10kV#1主变901开关柜检测到特高频信号，信号幅值达到62dB，说明局放信号源即在该柜中。特高频具体的谱图如下：

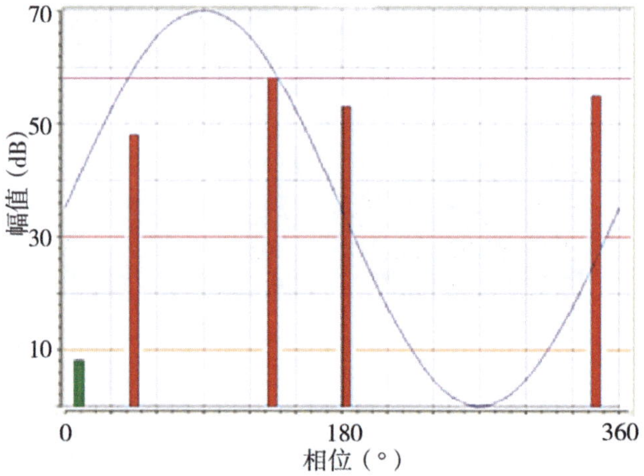

图6－35　特高频周期谱图

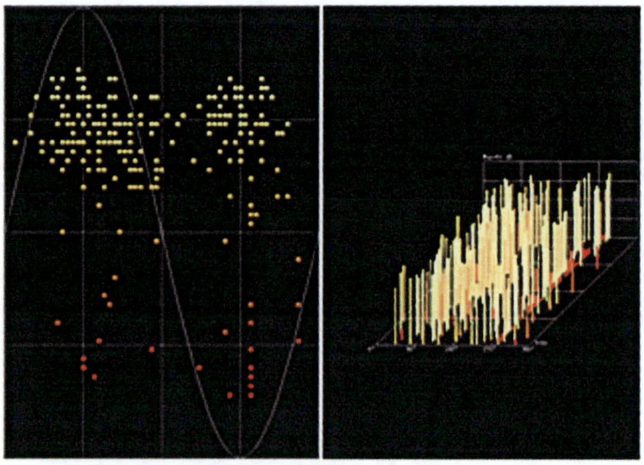

图6－36　特高频PRPD/PRPS谱图

特高频周期谱图如图 6－35 所示，PRPD/PRPS 谱图如图 6－36 所示，一个工频周期出现两簇局放信号，信号相对比较对称，具有明显的放电特征，初步判断为浮电位放电。

（四）测试结论

通过使用 PDS－T90 对该变电站 10kV 高压室内开关柜进行局部放电测试，发现在 10kV#01 主变 901 开关柜存在局放特高频信号。需应用 PDS－G1500 变电站局部放电检测与定位系统进一步确定信号性质及在开关柜内的具体位置。

（五）PDS－G1500 局部放电定位分析

1. 10kV#1 主变 901 开关柜局部放电定位

使用 PDS－G1500 局放检测及定位系统判断局部放电特高频信号的大小、类型，并定位局部放电源在开关柜内部的具体位置：包括水平位置、垂直位置以及深度位置。

（1）横向定位。

判断局部放电特高频信号的水平位置。如图 6－37（a）所示，将紫色传感器放置在 10kV 914 柜后缝隙处，绿色传感器放置在 10kV 分段母线刀闸柜后缝隙处。示波器波形图如图 6－37（b）所示，可知绿色传感器波形超前紫色传感器波形，说明信号来自绿色传感器方向。

运用以上分析的方法，通过不断地移动两个传感器之间的位置，最终确定一个位置，使信号同时到达两个传感器。

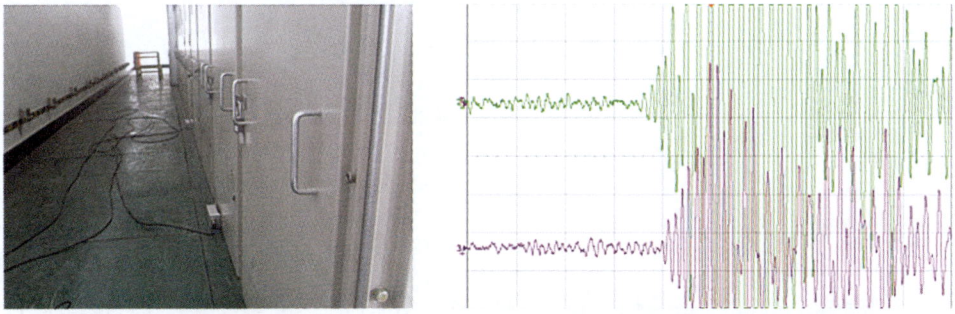

（a）传感器位置图　　（b）定位波形图

图 6－37　特高频现场传感器位置和波形图

如图 6－38（a）所示，将紫色传感器放置在 10kV Ⅰ母线 PT 9511 刀闸柜后缝隙处，绿色传感器放置在 10kV 武安线 917 开关柜后缝隙处。示波器波形图如图 6－38（b）所示，可知紫色传感器波形与绿色传感器波形的起始沿基本一致，说明信号到达两个传感器的时间基本一致，说明信号源来自 10kV#1 主变 901 开关柜所在的方向。

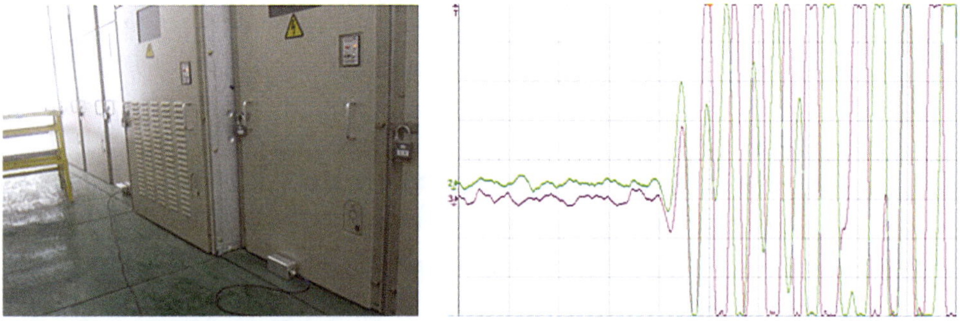

（a）传感器位置图　　（b）定位波形图

图 6－38　特高频现场传感器位置和波形图

判断局部放电特高频信号的大小及类型。将传感器放在 10kV#1 主变 901 开关柜后观察窗处，示波器波形图如图 6－39（a）、（b）所示，可以观察到每隔 10ms 出现 1～2 根脉冲信号，信号具有工频周期内的对称性，信号连续存在，最大幅值在 1.58V 左右，判断为浮电位放电。

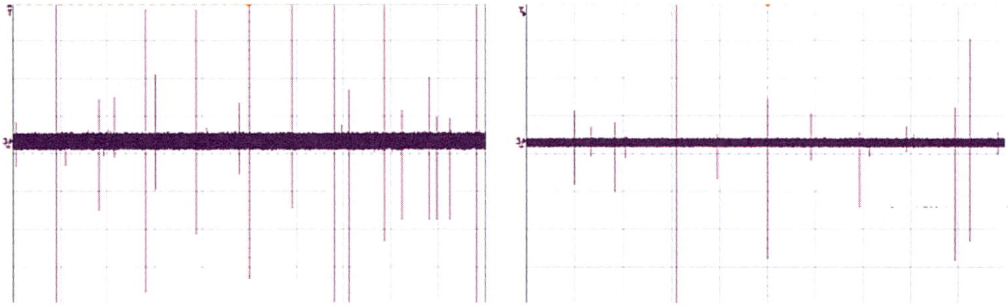

（a）判断信号类型　　（b）判断信号大小

图 6－39　特高频现场信号波形图

（2）垂直定位。

判断局部放电特高频信号的垂直位置。如图 6－40（a）所示，将绿色传感器放置在 10kV#1 主变 901 开关柜后下部缝隙处，紫色传感器放置在绿色传感器上部的观察窗处。示波器波形图如图 6－40（b）所示，可知紫色传感器波形超前绿色传感器波形，说明信号来自紫色传感器方向。

(a) 传感器位置图

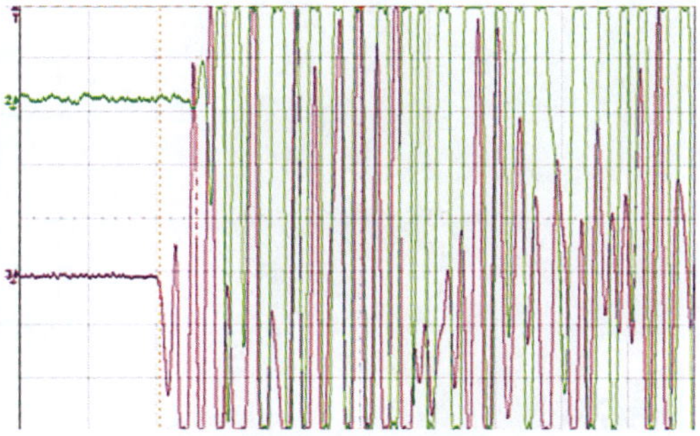

(b) 定位波形图

图 6-40 特高频现场传感器位置和波形图

最终垂直定位。

说明：将紫色传感器及绿色传感器放置在 10kV#1 主变 901 开关柜如图 6-41（a）所示位置。示波器波形图如图 6-41（b）所示，可知紫色传感器波形与绿色传感器波形的起始沿基本一致，说明信号到达两个传感器的时间基本一致，说明信号源位于两个传感器连线所在的中分面上。

(a) 传感器位置图

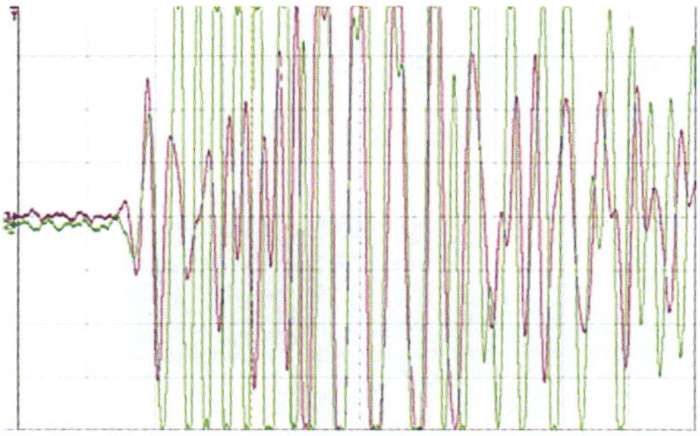

(b) 定位波形图

图 6-41 特高频现场传感器位置和波形图

（3）深度定位。

判断局放特高频信号的深度位置。将紫色传感器及绿色传感器放置在 10kV#1 主变 901 开关柜后上方母排桥架如图 6-42（a）所示位置。示波器波形图如图 6-42（b）所示，可知紫色传感器波形超前绿色传感器波形，说明信号来自紫色传感器方向。

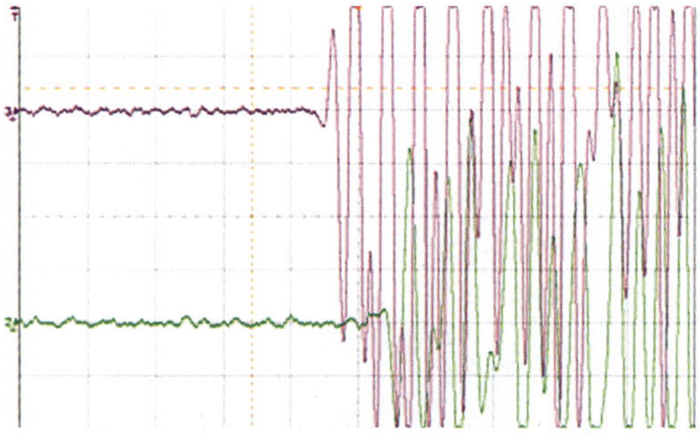

（a）传感器位置图　　（b）定位波形图

图 6－42　特高频现场传感器位置和波形图

最终深度定位。

将紫色传感器放置在 10kV#1 主变 901 开关柜上方母线桥架后，将绿色传感器放置在与紫色传感器同一水平线的 10kV#1 主变 901 开关柜后空间处，如图 6－43（a）所示。示波器波形图如图 6－43（b）所示，可知紫色传感器波形与绿色传感器波形的起始沿基本一致，说明信号到达两个传感器的时间基本一致，说明信号源位于如图 6－43（a）所示传感器连线所在的中分面上。

综合以上所有步骤的定位结果可知，局放信号源位于 10kV#1 主变 901 开关柜上方母线桥架，具体位置如图 6－43（a）所示绿色圆圈所在位置的母线桥架内部。

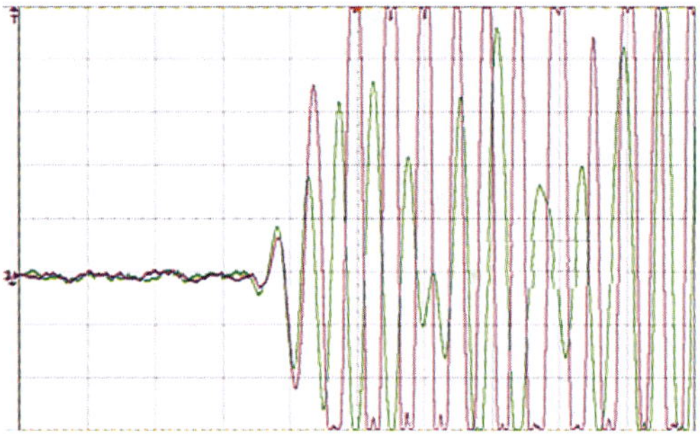

（a）传感器位置图　　（b）定位波形图

图 6－43　特高频现场传感器位置和波形图

2. 解体检查及处理

对 10kV#1 主变 901 开关柜停电检查，母线桥架处未见放电痕迹，母排连接螺栓亦未见明显松动，拆除母线桥架外壳后对母线桥架进行交流耐压下局部放电测试，未见明显异常。判断带电测试中检测到的信号为母线桥架外壳振动及其引发的轻微悬浮放电现象。

图 6－44　901 开关柜停电检查照片

（七）经验体会

（1）开关柜局部检测过程中应当注意对振动产生的声信号及局部放电信号进行有效辨别，通过声特征或对开关柜外壳用力按压，观察声响变化情况进行区分。

（2）开关柜停电检修排查不可避免地造成设备停电，尤其是涉及主变开关柜停电的影响面更大，因此在检测过程中对缺陷严重程度的判别尤为重要。只有准确掌握缺陷对正常运行可能产生的影响，根据轻重缓急结合设备状态评价适时进行停电检修排查处理，将停电影响降到最低。

参考文献

[1] 邱昌容，王乃庆．电工设备局部放电及其测试技术［M］．北京：机械工业出版社，1994．

[2] PEARSON J S，FARISH O，HAMPTON B F，et al．Partial Discharge Diagnostics for Gas Insulated Substations［J］．IEEE Transactions on Dielectrics and Electrical Insulation，1995，2（5）：893－905．

[3] 罗学琛．SF_6 气体绝缘全封闭组合电器（GIS）［M］．北京：中国电力出版社，1998：27－28．

[4] 国家电网公司运维检修部．电网设备带电检测技术［M］．北京：中国电力出版社，2014：43－46．

[5] 王瑞，白志强，徐征宇，等．GIS 局部放电超声波检测方法探讨［J］．内蒙古电力技术，2012，30（3）：29－34．

第七章 特高频局部放电检测技术

第一节 特高频局部放电检测技术概述

一、发展现状

电力设备内发生局部放电时的电流脉冲（上升沿为纳秒级）能在内部激励频率高达数 GHz 的电磁波，特高频局部放电检测技术就是通过检测这种电磁波信号实现局部放电检测的。特高频法检测频段高（通常为 300MHz ~ 3GHz），具有抗干扰能力强、检测灵敏度高等优点，可用于电力设备局部放电缺陷的检测、定位和故障类型识别。

2000 年年初，国内开始引入特高频局部放电检测技术。2006 年起，通过与新加坡能源电网公司进行同业对标，以国网北京、上海、天津电力公司为代表的一批国内电网公司率先引进特高频局部放电检测技术，开展现场检测应用，并发现多起 GIS 内部局部放电案例，为该技术的推广应用积累了宝贵经验。

2013 年 8 月至 2014 年 10 月，国家电网公司组织开展了特高频局部放电检测装置等带电仪器的性能检测工作，首次对国内市场上 35 款特高频局部放电带电检测仪器进行了综合性能的检测工作，对规范和引导国内仪器开发和制造技术领域起到了积极的推动作用。

经过二十余年的发展，该技术逐渐成熟，相关的技术标准也相继形成。国际电工委员会（IEC）TC42 下属工作组正在致力于相关标准 IEC62478 的制定工作，国内相应的标准制定也在进行中。2010 年，国家电网公司颁布了《电力设备带电检测技术规范（试行）》和《电力设备带电检测仪器配置原则（试行）》，首次在国家电网公司范围内统一了特高频局部放电检测的判据、周期和仪器配置标准，特高频局放检测技术在国家电网公司范围内全面推广。在国家电网公司 2012 年修订的《国家电网公司十八项电网重大反事故措施》中，明确规定了新建的 220kV 以上 GIS 应内置特高频传感器。2014 年，为进一步规范仪器选型，指导现场检测应用，国家电网公司颁布了《特高频局部放电检测仪技术规范（试行）》和《GIS 特高频局部放电带电检测技术现场应用导则（试行）》，初步建立起完善的特高频局部放电检测技术标准体系。

二、技术特点

（一）技术优势

1. 检测灵敏度高

局部放电产生的特高频电磁波信号在 GIS 中传播时衰减较小，如果不计绝缘子等处的影响，1GHz 的特高频电磁波信号衰减仅为 3～5dB/km。而且由于电磁波在 GIS 中绝缘子等不连续处反射，还会在 GIS 腔体中引起谐振，使局部放电信号振荡时间加长，便于检测。因此，特高频法具有很高的灵敏度。另外，与超声波检测法相比，其有效检测范围大得多，实现在线监测需要的传感器数目较少。

2. 现场抗低频电晕干扰能力强

由于电网设备运行现场存在着大量的电气干扰，给局部放电检测带来了一定的难度。高压线路与设备在空气中的电晕放电干扰是现场最为常见的干扰，其放电能量主要在 200MHz 以下频率。特高频法的检测频段通常为 300MHz～3GHz，有效避开了现场电晕等干扰，因此具有较强的抗干扰能力。

3. 可实现局部放电源定位

局部放电产生的电磁波信号在气体中传播近似为光速，其到达各特高频传感器的时间与其传播距离直接相关，因此，可根据特高频电磁波信号到达其附近两侧特高频传感器的时间差，计算出局部放电源的具体位置，实现绝缘缺陷定位。为 GIS 设备的维修计划制订、提高检修工作效率提供了有力的支持。

4. 便于识别绝缘缺陷类型

不同类型绝缘缺陷的局部放电所产生的特高频信号具有不同的频谱特征。因此，除了可利用常规方法的信号时域分布特征以外，还可以结合特高频信号频域分布特征进行局部放电类型识别，实现绝缘缺陷类型判断。

（二）技术局限性

1. 容易受到环境中特高频电磁干扰的影响

由于特高频局部放电检测技术的检测频率范围为 300MHz～3GHz，在如此宽的频带范围内可能存在手机信号、雷达信号、电机碳刷火花等电磁干扰信号，在超高压敞开式变电站内存在着较强的电磁干扰信号。这些干扰信号可能会影响特高频检测的准确性。

2. 尚未实现缺陷劣化程度的量化描述

目前，国内外尚没有该检测技术、检测装置的技术标准，同时受到电磁波信号传播路径、缺陷放电类型差异等因素影响，虽然其检测信号幅值与缺陷劣化程度在趋势上基本具有一致性，但尚不能实现与脉冲电流法类似的缺陷劣化程度准确量化描述。

（三）适用范围

特高频法适用范围主要取决于该技术方法的原理，即只有电网设备内部局部放电激发的电磁波能够传播出来并被检测到，该方法才可用。特高频法在各种电力设备的检测中，GIS 中的局部放电检测效果最好，已是国际上对 GIS 普遍采用的状态检测技术，可以达到相当于几个皮库的检测灵敏度。当前特高频法现场应用较多的有在线监测和带电检测，检测设备包括 GIS、变压器、电缆附件、开关柜等，多数采用外置传感器检测，而内置式传感器主要用于 GIS、变压器等关键设备。预先设置内置式传感器，可进行带电检测，也可组成在线监测系统，这将成为下一步的重要发展趋势。

第二节　特高频局部放电检测技术基本原理

一、基本原理

对于特高频局部放电检测技术基本原理而言，国内外研究成果大多以 GIS 为对象，因此本书也以 GIS 为载体介绍特高频局部放电检测技术基本原理，变压器等其他电力设备可参考。GIS 中局部放电脉冲电流具有极陡的上升沿，其上升时间为纳秒级，激发起频率高达数 GHz 的电磁波，在 GIS 腔体构成的同轴结构中传播。由于 GIS 的同轴结构，使得电磁波不仅以横向电磁波（TEM）传播，而且会建立高次模波，即横向电波（TE）和横向磁波（TM）。TEM 为非色散波，它以任何频率在 GIS 中传播，但当频率 $f>100$MHz 时，沿传播方向衰减很快；TE 和 TM 则不同，它们具有各自的截止频率 f_c。信号频率 $f<f_c$ 时，信号迅速衰减，不能传输；当 $f>f_c$ 时，信号则基本上可以无损耗地传输。同时，GIS 母线连接腔在特高频波段可视为同轴谐振腔，电磁波的谐振持续时间一般在数十微秒级，最长可在 10ms 以上。GIS 内部有高压导体、接头、屏蔽、盆式绝缘子等部件，其结构有直筒、L 型分支、T 型分支，再加上局部放电发生的位置各不相同，所以 GIS 中电磁波的传播与谐振模式非常复杂。

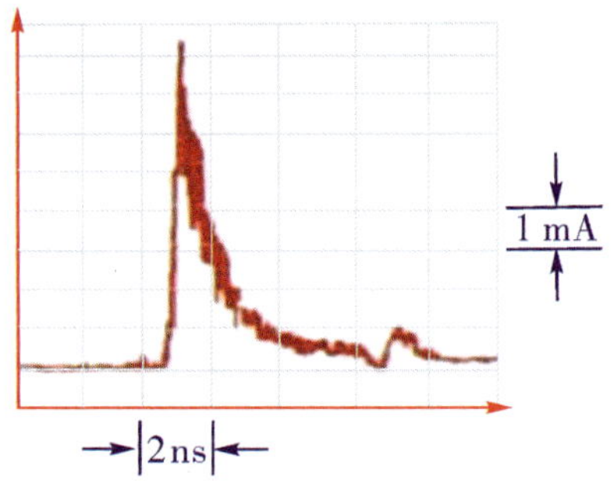

图 7－1　SF_6 正极性放电脉冲电流波形图

GIS 中局部放电产生持续时间仅为纳秒级的脉冲电流。比如当高压导体上有针状突出物时，因 SF_6 气体中负离子释放电子而不需要依靠场致发射电子，通常会发生脉冲放电，SF_6 正极性放电脉冲电流波形如图 7－1 所示，其等值频率可大于 1GHz，属于特高频波段。根据现场设备情况的不同，可以采用内置式特高频传感器和外置式特高频传感器，图 7－2 为特高频局部放电检测法基本原理示意图。当电力设备内部绝缘缺陷发生放电时，激发出的电磁波会透过环氧树脂等非金属部件传播出来，便可通过外置式特高频传感器进行检测。同理，若采用内置式特高频传感器，则可直接从设备内部检测局部放电激发出来的电磁波信号。

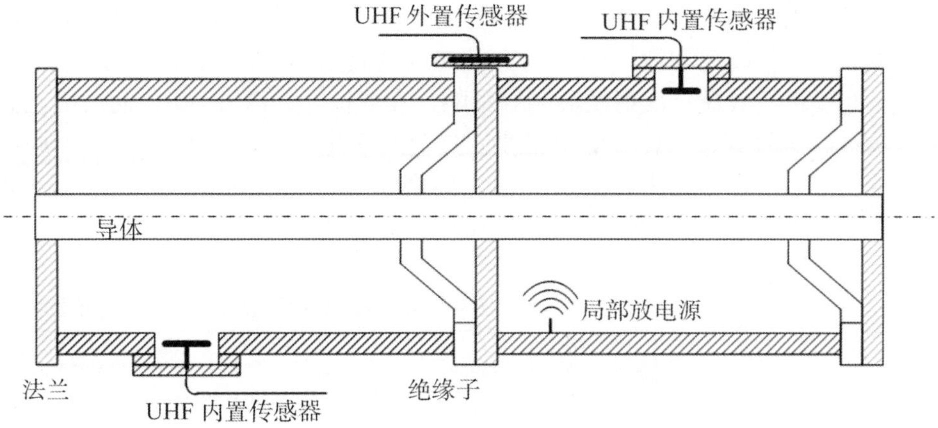

图 7－2 特高频局部放电检测法基本原理

二、电磁波的传播特性

特高频局部放电检测法检测的对象是局部放电产生的电磁波信号。但由于受电力设备结构的影响，局部放电激发的电磁波信号在电气设备内部传播到特高频传感器时的信号波形与幅值等参数发生变化，从而增加运用检测到的信号对局部放电源进行评估的复杂性。不同电气设备结构存在较大差异，其传播特性也存在各自特点，本书介绍 GIS、变压器及开关柜内部特高频电磁波的传播特性。

（一）GIS 内部电磁波传播特性

当 GIS 内部存在局部放电现象时，所产生的特高频电磁波能够沿着 GIS 的管体向远处传播。由于 GIS 的管体结构类似于波导，特高频电磁波在传播时的衰减比较小，因此能够传播到较远的距离，通过 GIS 体外的盆式绝缘子处安装的外置式传感器，则可以检测到 GIS 内部的特高频局部放电信号。但是 GIS 波导壁为非理想导体，电磁波在 GIS 内部传播的过程中会有功率损耗，因此电磁波的振幅将沿传播方向逐渐衰减。并且 GIS 中 SF_6 气体将会引起波导体积中的介质损耗，也会造成波的衰减，这种衰减比信号在绝缘子处由于反射造成的能量损耗低得多，一般在进行测量时不考虑这种衰减。

GIS 有许多法兰连接的盆式绝缘子、拐弯结构和 T 型接头、隔离开关及断路器等不连续点，特高频信号在 GIS 内传播过程中经过这些结构时，必然造成衰减，绝缘子和接头处的反射是造成信号能量损失的主要原因，绝缘子处衰减 2 ~ 3dB，T 型接头衰减为 8 ~ 10dB。

电磁波在同轴波导中传播时，TEM 分量很小，波形基本不变，传播速度为0. 3m/ns。而高次模波的色散效应使得局部放电电磁波信号幅值降低较大且波形发生变化，但对能量的传播影响较小。电磁波信号经过单个绝缘子时，绝缘子对信号幅值衰减较大，信号中 700MHz 以下分量衰减较小，700MHz 以上其衰减有随频率升高而增大的趋势。而由绝缘子泄漏的电磁波信号衰减更为严重，相当于高通滤波器的作用。局部放电激励的电磁波信号经过第一个绝缘子时受色散效应、反射及泄漏等影响，衰减很大，达 7. 1dB，而后电磁波信号经过后面的绝缘子衰减变得很小。经过 6 个绝缘子后的信号与发生局部放电的气室中的信号相比只有其 10%，即衰减达 20dB。电磁波信号经过 GIS 各不连续部件时衰减特性的仿真分析结果见表 7 – 1。

表 7 – 1　电磁波信号经过 GIS 中各不连续部件后的衰减特性　　**单位：**dB

部件参数	电磁波经过绝缘子的衰减			电磁波经过 L 型分支后的衰减	电磁波经过 T 型分支后的衰减	
	第一个绝缘子	第二个绝缘子	第三个绝缘子		直线部分	垂直部分
信号幅值	7. 1	3. 2	2. 6	8. 0	6. 9	10. 5
600MHz 低通滤波信号幅值	1. 5	1. 4	1. 6	0. 9	3. 9	4. 9
信号能量	16. 9	6. 6	8. 5	25. 1	14. 9	19. 1

（二）变压器内部电磁波传播特性

电力变压器的外壳通常是由盖板、箱体或者箱体、底座两部分组成，两者之间通过密封橡胶圈进行密封。当发生局部放电时，特高频信号在变压器本体内传播的同时，会在变压器的密封接缝处发生衍射，从而泄漏出来，这就使得在外部进行变压器局部放电的检测成为可能。由于电磁波在通过接缝时的衍射，通过接缝衍射出来的信号高频部分相比低频更加明显。同时，由于天线距接缝的距离不同，衍射的性质也不同，天线接收到的信号场也不同，而接收信号强度最大的距离决定波和场两者的综合作用。对于 1cm 的接缝宽度，在距离接缝 50cm 之内的信号能量呈振荡特性；大于 50cm 的距离则迅速衰减变弱，在 600 ~ 900MHz 的频带范围内信号能量最大。

用 UHF 法检测变压器局部放电时，接收天线最理想的安装位置为变压器箱体内，因为变压器箱体屏蔽作用良好，有利于提高测量系统的抗干扰能力。变压器局部放电产生的脉冲电流可以激发出 UHF 电磁波，脉冲电流的脉宽和幅值对电磁波的辐射特性影响很大。UHF 电磁波在铁芯及高低压绕组结构中发生反射、折射、绕射等一系列现象，致使电磁波的波形发生严重畸变，信号幅值衰减严重。

绕组对局部放电电磁波时域特征的影响主要表现在：当局部放电发生在绕组内部（匝间放电和段间放电）以及绕组端部时，绕组对电磁波幅值有增强作用，当电磁波穿过绕组后其幅值基本与在无障碍空间中类似。当局部放电发生在绕组外部时，绕组对外部放电产生的电磁波幅值有较强的衰减作用，穿过绕组后电磁波的幅值至少衰减为无障碍空间时幅值的70%。

绕组对局部放电电磁波频域特征的影响主要表现在：当放电发生在绕组内部时，绕组对电磁波不同频率段的幅值有增强的作用，而且对 1GHz～2.5GHz 高频段的增强作用比其他频率段强，而绕组匝数的变化对频率幅值的影响不大；对于外部放电，绕组仅使 1GHz～2.5GHz 高频段的比例略微增加，增加值为5%，而对于其他各个频率段的比例基本没有影响。

（三）开关柜内部电磁波传播特性

开关柜柜门与柜壁的缝隙截面为矩形，结构类似于矩形波导。当局部放电产生的 UHF 电磁波由开关柜内部向外传播时，必将穿过开关柜的缝隙部位。局部放电与元电流辐射特性相似，且开关柜内的各种结构对局部放电激发产生的 UHF 电磁波的传播有一定的影响。开关柜柜门的缝隙处各个方向的 UHF 电磁波辐射电场分量是不同的：柜体上下处的缝隙，其 Y 方向上的辐射电场强度最大；柜体左右处的缝隙，其 X 方向上的辐射电场强度最大。这是由于电磁波在矩形波导中传播时，各个方向的电场分量是不同的，这与电磁波的传播方向、该矩形波导信号传播的截止频率有关。开关柜柜门的缝隙处周围的部位 UHF 电磁波辐射电场场强值不尽相同，且成一定的规律变化：在越接近开关柜柜门的缝隙处位置辐射电场场强越大，在开关柜柜门缝隙内的辐射电场强度最大，而在离缝隙处越远的位置辐射电场强度越小。开关柜内同一元件的不同位置发生局部放电时，其在开关柜缝隙处形成的辐射电场强度将会不同，主要原因是元件对电磁波的传播产生了阻碍。

三、检测仪器

（一）检测装置组成

特高频局部放电检测装置由下列部分组成：

（1）特高频传感器：用于耦合 300MHz～3GHz 的特高频电磁波信号，其主要由天线、高通滤波器、放大器、耦合器和屏蔽外壳组成。天线所在面为环氧树脂，用于接收放电信号，其他部分采用金属材料屏蔽，以防止外部信号干扰。特高频传感器的检测灵敏度常用等效高度 H 来表征，单位为 mm。其计算方法为 $H=U/E$，其中：U 为传感器输出电压，单位为 V；E 为被测电场强度，单位为 V/mm。

按其安装位置可分为内置传感器和外置传感器。外置传感器使用和维护方便、尺寸和机械性能要求较低、成本低，能用于无法或难以安装内置传感器的存量电力设备。但由于电磁信号的衰减，以及传感器直接暴露在外界空间中受到电磁干扰，外置传感器的灵敏度相对较低、抗干扰能力相对较弱。相比较之下，内置式传感器灵敏度高、抗干扰能力强，但是制作和安装的成本也更高，一般在设备生产时直接安装在内部。内置式传感器的结构不仅和灵敏度有关，还受到工作环境和安装方式的影响。合适的内置传感器应该在不影响电力设备结构和内部场强分布的前提下，实现带宽为 300MHz ~ 3GHz 局放信号检测，并具有足够的灵敏度和抗干扰能力。图 7 - 3 列举几种内置式或外置式传感器。

（a）外置式

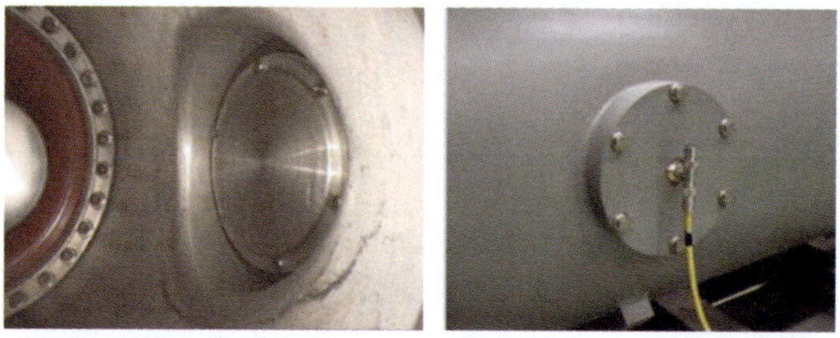

（b）GIS 内置式

（c）变压器内置式

图 7 - 3　特高频传感器

（2）信号调理单元（可选）：一般由信号滤波器、放大器和检波器组成。信号滤波器用于滤除外部干扰信号，如手机信号；放大器一般为宽带带通放大器，用于传感器输出电压信号的放大；检波器用于降低特高频信号频率，保留信号的峰值和相位。

（3）检测仪器主机：接收、处理传感器采集的特高频局部放电信号；对于电压同步信号的获取方式，通常采用主机电源同步、外电源同步以及仪器内部自同步三种方式，获得与检测设备所施电压同步的正弦电压信号，用于分析主机特征图谱的显示与诊断。特高频传感器接收的放电信号经过放大、滤波处理后也可直接接入高速示波器，可对特高频原始信号进行观察，并利用各个通道采集信号的时间差来进行定位。

（4）分析主机（一般为笔记本电脑）：安装专门的局部放电数据处理及分析诊断软件，对采集的数据进行处理，识别放电类型、判断放电强度。

（二）检测频带

特高频局部放电检测技术根据检测频带的不同可分为窄带和宽带监测方式。特高频宽带监测系统利用前置的高通滤波器测取 300MHz～3GHz 的信号；特高频窄带监测系统则利用频谱分析仪对特定频段信号进行监测，通过选择合适的中心频率能够有效提高系统抗干扰能力。空气电晕等产生的电磁波干扰频率一般较低，可用宽频方式对其进行有效抑制；而对特高频通信、广播电视信号，由于其有固定的中心频率，因而可以窄带方式将其与局部放电信号加以区别。

（三）数据处理

由于放电类型分析通常是由局部放电信号的峰值和时域工频相位所决定的。为了获得特高频信号峰值，采集装置需要很高的采样率，并且需要记录大量的数据，但是巨大的信息量难以实时处理，可以利用检波器解决这个问题。它从高频载波信号中取出低频调制信号，将特高频成分滤除，而保留信号的峰值和相位信息，这就大大减少了数据量，实现了放电类型分析。但是检波后的波形发生了变化，无法根据检波的信号利用时间差法进行定位，因此，检波器通常都装在特高频局部放电分析仪主机内，而不是装在传感器内部。有的放大器具备两路信号输出功能，即未经检波器处理的原始信号以及检波器输出信号。

（四）特征谱图

分析主机上的诊断软件通过脉冲序列相位分布谱图（PRPS）、局部放电相位分布谱图（PRPD）实时显示数据，根据设定条件进行存储，可利用谱图库对存储的数字信号进行分析诊断，给出局部放电类型诊断结果。高速示波器通过周期谱图、脉冲波形谱图实时显示数据，获取放电信号相位特征及脉冲信号时间差，判断放电类型及放电部位。

PRPS 是分析主机的一种实时三维图，一般情况下 x 轴表示相位，y 轴表示信号周期数量，z 轴表示信号强度或幅值。PRPS 谱图是特高频法局部放电类型识别的最主要的分析谱图，如图 7－4（a）所示。

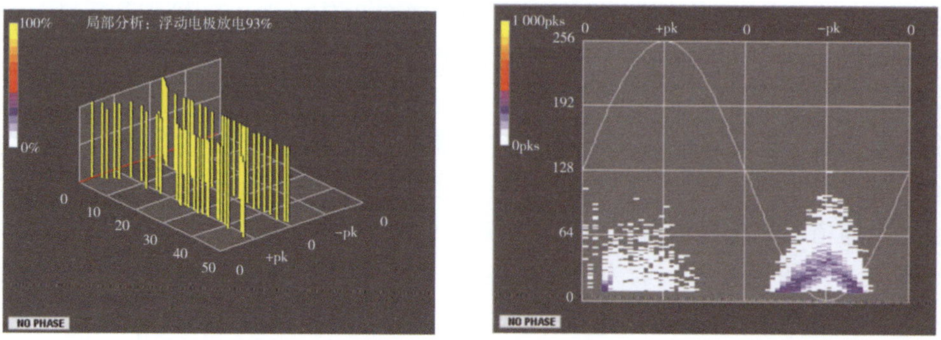

（a）PRPS 局部放电分析谱图　　（b）PRPD 局部放电分析谱图

图 7－4　特征谱图

PRPD 谱图是一种平面点分布图，点的横坐标是相位、纵坐标是幅值，点的累积颜色深度表示此处的放电脉冲的密度，根据点的分布情况可判断信号主要集中的相位、幅值及放电次数情况，并根据点的分布特征来对放电类型进行判断。PRPD 谱图也是特高频法局部放电类型识别常用的分析谱图，如图 7－4（b）所示。

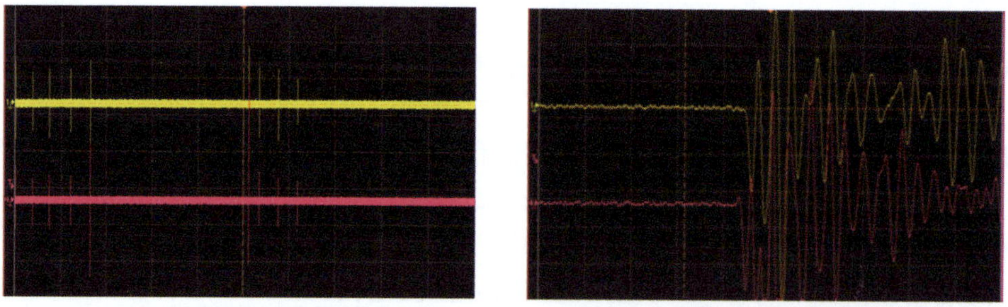

（a）周期波形谱图　　（b）脉冲波形谱图

图 7－5　周期波形和脉冲波形谱图

周期谱图为示波器采集的实时谱图，可以显示单个工频周期或多个工频周期放电信号，可判断放电相位分布、放电幅值及放电时间间隔，如图 7－5（a）所示。脉冲波形谱图是示波器采集的实时谱图，可获取不同通道放电信号时间差，主要用于放电源时间差定位，如图 7－5（b）所示。

四、系统校验

局部放电 UHF 检测相关技术标准规范的建设滞后，迄今为止，国际上仍未形成一致和有效的评价方法，国内这方面则仍处于空白阶段。由于行业内缺乏统一的标准和科学有效的手段对 UHF 传感器和检测系统的性能进行量化评价，产品水平参差不齐，不利于运行单位选型采购，无法有效保障入网检测设备的质量水平。工程实践发现，大量已经安装的 UHF 传感器和检测装置存在漏报和误报的情况，不仅造成投资浪费，而且造成了非常恶劣的影响，严重妨碍了 UHF 局放技术的推广应用以及影响了状态检修工作的成效。2015 年，国家电网公司发布工作方案，要求各省公司开展 UHF 局部放电检测仪器校验比对工作。目前，国内华北电力大学在该领域取得了一定的科研成果，实现了对局部放电 UHF 检测的传感器接收特性、检测系统的核心性能指标进行了科学合理的量化评价考核。

（一）UHF 检测系统量化评价指标研究

1. 传感器的耦合特性

局部放电特高频信号的物理本质为特高频脉冲电磁波。局部放电特高频传感器基于耦合器原理，耦合局部放电所产生的瞬态脉冲电磁波，并将其转化为电压信号后输出。

一般局部放电特高频传感器为电场型天线，感应的是电磁波的电场分量。设 $E(t)$ 为传感器所在位置处的电场强度，经过天线的耦合作用，转化为电压输出信号 $U(t)$，并通过 Fourier 变换将时域转换至频域，则根据入射电场和输出电压的关系，即可得到天线的传递函数 $H(f)$。

$$H(f) = \frac{U(f)}{E(f)} \tag{7-1}$$

式中，$U(f)$ 为输出电压 $U(t)$ 的 Fourier 变换，$E(f)$ 为入射电场 $E(t)$ 的 Fourier 变换，$H(f)$ 即为天线传感器的传递函数，由于电压的单位为 V，电场单位为 V/mm，所以 $H(f)$ 的量纲为 mm，因此也可称其为频域等效高度。对于同样的入射电场而言，天线输出信号的电平越高，则表示其耦合能力越强，也即等效高度越大。因此，该参数反映了天线的接收能力的大小，是表征其性能的关键指标。

2. 检测系统灵敏度

当前对于局部放电特高频检测系统灵敏度的表示方法仍比较混乱，存在“dB”“mV”“归一化表示”等多种形式。

采用“dB”来表征信号强度的适用对象是功率信号，即周期性连续时间信号，一般通信领域的调幅信号、调频信号均适用这种表示方式。对于周期性脉冲信号，其平均功率由脉冲幅度、脉冲波形及脉冲占空比共同决定，“dB”并非表示信号强度的合理选择。

以方波信号为例予以说明，如图7－6所示。假设图7－6中两个方波信号的幅值均为1 V，耦合阻抗为50 Ω，则折算成“dB”，图7－6（a）与图7－6（b）相比，功率小了10lg2＝3 dB，由此可见，两者信号幅值一样，功率却相差了3 dB，显然不能作为检查系统灵敏度评价指标来使用。

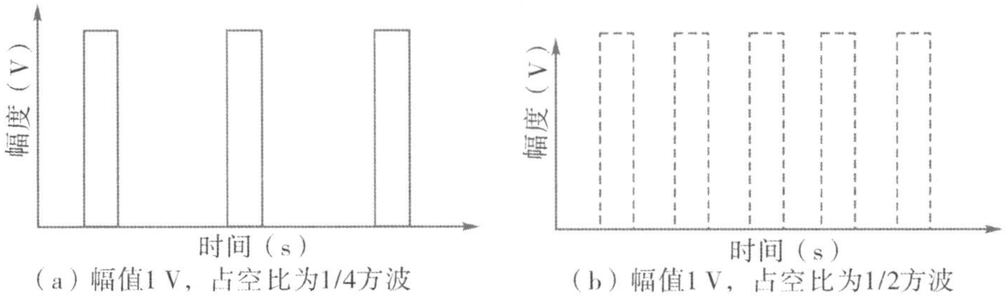

图7－6　幅值相同占空比不同方波信号

随机性脉冲信号更无法通过信号的平均功率“dB”来描述信号的强度。特别对于局部放电信号而言，不同放电类型的重复频率差异非常大，具有很强的随机性特征，即使能量很大的放电脉冲信号，如果重复周期较长，则其平均功率也接近于“0”，因此“dB”不适合用来表示局部放电特高频信号的检测结果。

通过“mV”来表示局部放电特高频信号幅度比较直观，然而对于局部放电信号检测来讲，为了获得尽可能高的信噪比和抑制干扰，不同设备的带宽和增益各不相同，这样对于同样的信号，不同的检测设备和同一检测设备在不同的参数设置下，测量结果均不具有可比性，所以“mV”表示尽管比较直观，却无法适应标准化的要求。

根据局部放电特高频信号物理本质，可以用瞬态峰值脉冲电场强度来统一表示局部放电特高频检测结果。基于此，检测系统灵敏度可定义如下：在一定的环境背景噪声条件下局部放电特高频检测所能分辨的最小脉冲电场强度峰值。

因此要对标定信号源在其有效输出范围内各输出电平下GTEM小室内的场强进行标定，建立标定源输出电平与GTEM小室检测点场强的映射关系，具体可通过（7－2）式由参考天线的输出U_{ref}来反推。

$$E_i = \frac{U_{ref}}{H_{ref}} \tag{7-2}$$

式中：U_{ref}是传感器输出电压 $U_{ref}(t)$ 的 *FFT* 变换值，$H_{ref}(f)$ 为参考传感器的频响曲线，由 $E_i(f)$ 即可求得入射场的时域波形 $E_i(t)$。

基于入场波电场强度的表示方式，不同检测系统的检测结果不仅可比性强，而且反映的是特高频检测的物理本质，对于局部放电的进一步诊断而言具有重要意义。

3. 检测系统的动态检测范围

沿用上面提出的概念，检测系统动态范围上限以其最大饱和场强峰值来表征：在一定的环境条件下，局部放电特高频检测系统所能反映的最大脉冲场强峰值，为标准信号源输出增大至某值，检测系统检测到的信号达到 3 dB 饱和点，此时对应的 GTEM 小室测试窗口处的场强峰值。

（二）基于 GTEM 的局部放电特高频检测标定系统平台

1. 脉冲时域参考法原理

标定系统平台以 GTEM 为标准传输环境，通过性能已知、稳定可控的脉冲信号源向 GTEM 小室内注入标定信号，在 GTEM 小室内建立覆盖 200MHz ~ 2GHz 频带范围的脉冲电磁场。被测传感器安装在 GTEM 小室上，根据其对 GTEM 内脉冲电磁场的瞬态响应，基于脉冲时域参考法计算其等效高度曲线。

所谓时域参考测量法，即通过参考传感器特性来间接表示被测传感器特性的一种方法。参考传感器的选择至关重要，要求其对被测电场影响小，且接收特性已知，其原理如图 7 - 7 所示。

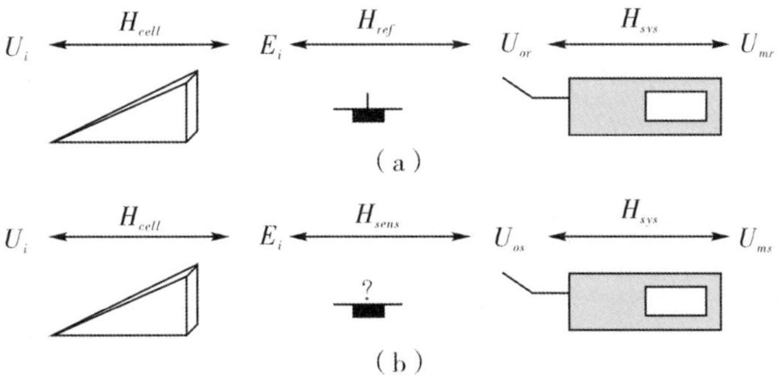

图 7 - 7 采用 GTEM 小室的时域参考测量法原理

脉冲时域参考法的具体实施步骤为：通过标定信号源注入脉冲电压$U_i(f)$至 GTEM，分别采用参考传感器和被测传感器测量 GTEM 内部产生的电场 $E_i(f)$，产生的电压输出分别为 $U_{or}(f)$ 和 $U_{os}(f)$。设 GTEM 小室的传递函数为 $H_{cell}(f)$，参考天线传感器的传递函数为 $H_{ref}(f)$，待测传感器的传递函数为 $H_{sens}(f)$，测量系统的传递特性为 $H_{sys}(f)$，则参考传感器和待测传感器的测量输出可分别表示为：

$$\left.\begin{aligned} U_{mr} &= U_i \cdot H_{cell} \cdot H_{ref} \cdot H_{sys} \\ U_{ms} &= U_i \cdot H_{cell} \cdot H_{sens} \cdot H_{sys} \end{aligned}\right\} \tag{7-3}$$

由（7－3）式中的上下两式左右相除，可得到用参考传感器的传递函数来表示待测传感器传递函数的表达式：

$$H_{sens} = \frac{U_{ms}}{U_{mr}} \cdot H_{ref} \tag{7-4}$$

由（7－4）式知，利用参考传感器的传递函数 $H_{ref}(f)$、参考传感器和被测传感器对于注入脉冲信号的电压响应，即可求得待测传感器的传递函数特性。参考法的好处在于不必知道 GTEM 小室的传输特性 $H_{cell}(f)$ 和测量系统的频响 $H_{ref}(f)$，因为其对于所有测量的影响都是一样的，并且在取比值时被约掉了。而且，这种测量技术对于入射波 $E_i(f)$ 的波形畸变也不敏感，因为其作用对于两种方式测量信号的影响都是相同的。

2. 标定系统平台组成

局部放电特高频检测装置标定系统平台由标准脉冲信号源、GTEM 小室、参考天线、高速示波器和测控计算机组成，如图 7－8 所示。

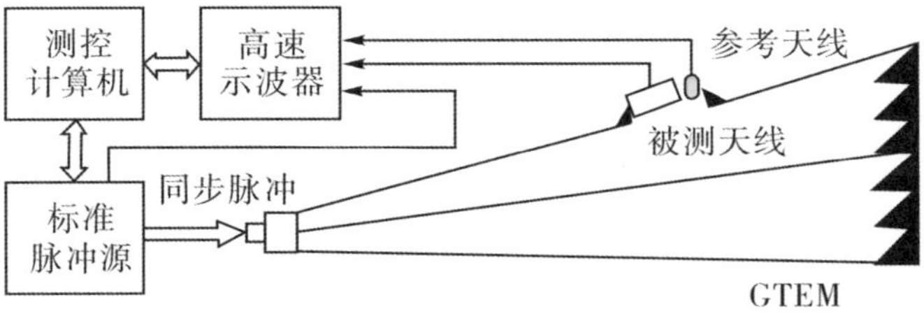

图 7－8　GTEM 局部放电特高频检测系统标定平台

（1）标准脉冲信号源特性。

脉冲标定技术的关键之一就是脉冲发生器特性，对于局部放电特高频检测系统灵敏度标定而言，基本要求就是标定信号源能够产生稳定、可控、能有效覆盖 UHF 频带的信号，并且能够对各类局部放电具有相当的可比性。标定脉冲源参数指标如表 7－2 所示。

表 7－2 标定脉冲源参数

名称	参数
输出电压波形	标准双指数充放电波形 上升沿（10%～90%）：≤900 ps 下降沿：5±10% ns
输出电压峰值	电压分2段输出：0～5V，步进0.1V； 5～200V，步进1V；幅值误差不超过±10%
脉冲重复频率	50～200Hz，可调
信号同步方式	内外同步
控制接口	RS232 串口控制

脉冲源经单极探针注入开阔空间内激发电磁波信号，检测系统测得的 UHF 波形、频谱如图 7－9 所示。

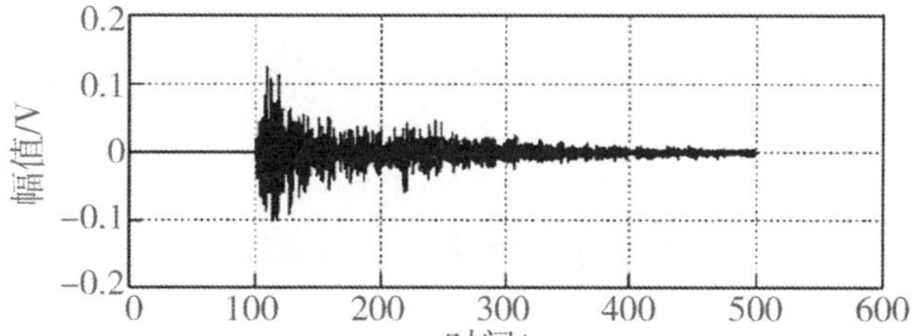

（a）时域波形

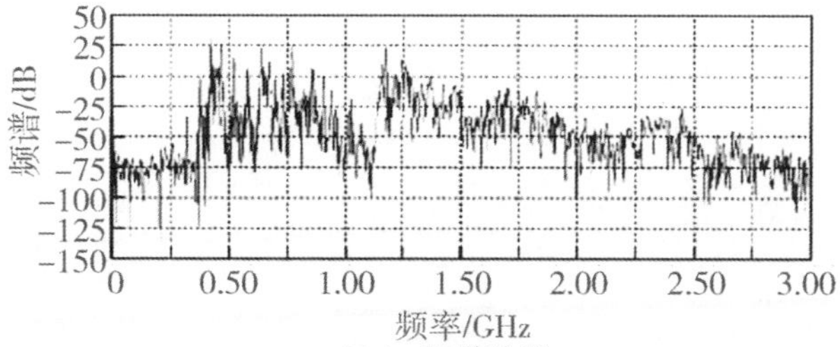

（b）频谱波形

图 7－9 标准脉冲源经发射探针辐射信号时频特征

（2）GTEM 小室。

GTEM 小室工作频率范围为 80MHz～3GHz，匹配阻抗为 50Ω，在工作频段内驻波比不大于 2，工作场强范围不低于 0.5μV/m～10V/m，GTEM 小室结构图如图 7－10 所示。

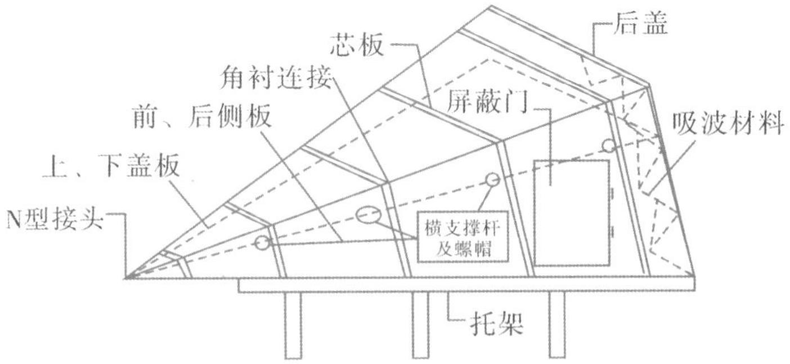

图 7－10　GTEM 小室结构图

（3）参考传感器。

参考传感器选用单极探针，如图 7－11（a）所示，其中 r 为单极天线半径，h 为单极天线长度，在频域其等效电路如图 7－11（b）所示。天线被等效成有内阻抗 Z 的源，感应电动势 U_0 即天线的开路电压，Z_L 是端接负载，h_2E_1 为单极天线感应电动势。则接收天线的感应电动势：

$$U_0 = E_i l_e F(\theta, \varphi) \tag{7-5}$$

（7－5）式中：E_i 是从（θ，φ）方向投射来的平面波；l_e 为天线的实效高度，是一个等效元天线的长度。根据互易定理，在作为发射天线时，此元天线上电流按实际天线输入端电流 $I_0(\omega)$ 均匀分布，并且在远区最大辐射方向上能产生与元天线相等的电场；$F(\theta, \varphi)$ 是用最大辐射方向的场值归一化的天线方向。

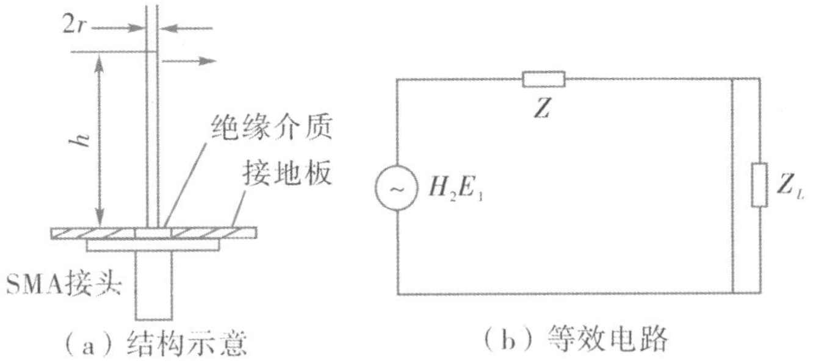

图 7－11　单极探针结构及等效电路

设长度为 $2l$ 的短偶极天线在整个来波频谱内满足 $2l \ll \lambda$（λ 为来波中的最小波长），则线上电流可表示成三角形分布。

$$I(Z) = I_0(1 - |Z|/l) \tag{7-6}$$

（7-6）式中 $I_0(\omega)$ 为天线馈电端电流。以开路电压 U_0 作为系统对入射场 E_i 的响应，系统的传递函数 $h_e(\theta, \varphi)$，

$$h_e(\theta,\varphi) = \sin\theta\int_{-l}^{l}(1 - |Z'|/l)\mathrm{e}^{j\frac{w}{c}Z'\cos\theta}\mathrm{d}Z' = \sin\theta \cdot l \cdot \frac{\sin^2(\frac{1}{2}\frac{w}{c}l\cos\theta)}{(\frac{1}{2}\frac{w}{c}l\cos\theta)^2} \tag{7-7}$$

式（7-7）中，c 为自由空间的电磁波速。当满足 $2l \ll \lambda$ 时，$h_e(\theta, \omega) \approx l \cdot \sin\theta$。可见，系统传递函数具有频率无关性，满足不失真传递条件。

根据理论计算得到针极半径 $r = 0.65$mm，探针长度为 $h = 25$mm，其频域等效高度为 $H_e(f)$，要求实测值与理论值平均偏差不大于 10%。其实测值和理论值如图 7-12 所示。

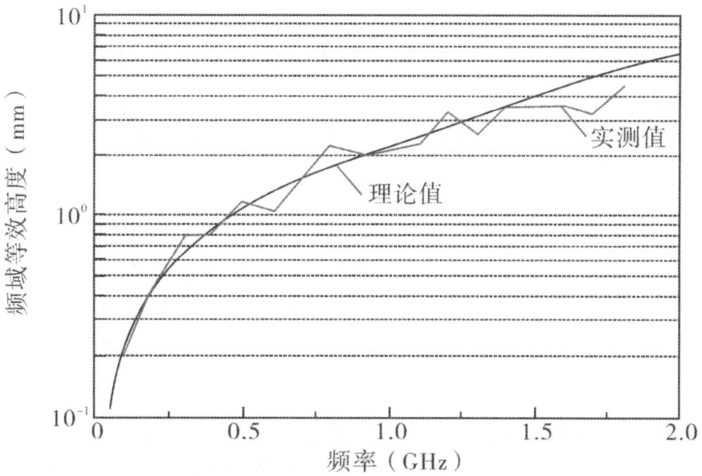

图 7-12 单极探针理论与实测传感器频响曲线对比

（4）高速示波器。

示波器模拟工作带宽不低于 3GHz，最大采样率 20GHz。

第三节　特高频局部放电检测及诊断方法

一、检测方法

（一）检测流程

1. 仪器连接

在采用特高频法检测局部放电的过程中，应按照所使用的特高频局部放电检测仪操作说明，连接好传感器、信号调理单元、检测仪器主机等各部件。

2. 测点选择

根据现场电气设备结构的不同，特高频局部放电检测点可按照以下方式选取：

（1）GIS设备：①非金属屏蔽盆式绝缘子，盆式绝缘子即为检测点；②金属屏蔽盆式绝缘子若有浇注口，将浇注口盖板打开，浇注口即为检测点；③金属屏蔽盆式绝缘子若没有浇注口，在金属屏蔽盆式绝缘子处进行检测会受到很大影响，可选择其他特高频电磁波信号能够传出的位置进行检测，如观察窗、接地端子位置、电缆出线端等。

（2）变压器：①内置传感器可选在蝶阀处进行安装；②外置传感器可放置在变压器箱体密封接缝处。

（3）开关柜：特高频传感器可放置在柜体缝隙处及散热孔处进行检测。

3. 背景测试

进入设备区后，首先测试空气中特高频背景噪声，判断空间背景噪声是否会对特高频测试造成影响。如果空间中特高频信号较大，且影响测试，则需要采取措施，直到能够很好地排除外部干扰信号对特高频测试的影响。干扰信号的排除手段主要有屏蔽带法（用于GIS）、背景干扰屏蔽测量法、滤波器法。

4. 特高频测试

对待测设备进行特高频检测，测试时在检测仪器PRPS模式下观察是否具有“局部放电典型缺陷谱图”特征，同时保存PRPS谱图。如发现存在与背景差异较大或具有“局部放电典型缺陷谱图”特征信号，则判断为异常，需进一步进行定位诊断。

5. 定位诊断

当发现异常信号后，首先需要判断信号是来自设备内部还是外部，然后确定内部放电源具体位置，最后进行放电缺陷类型识别及诊断。

变电站内部分电气设备暴露在空气中，如进出线路、500kV母线等。这些电气设备容易发生电晕放电及悬浮放电，对特高频局部放电检测造成影响。这类干扰信号也属于放电信号，很难通过干扰排除手段进行抑制。因此，发现异常信号时，需要判断异常信号是来自设备内部还是外部，常用判断方法有幅值比较、信号源查找等。

6. 测试数据整理

测试结束后，需要将测试图谱导出，上传至分析主机。

详细检测流程可参考图 7－13。

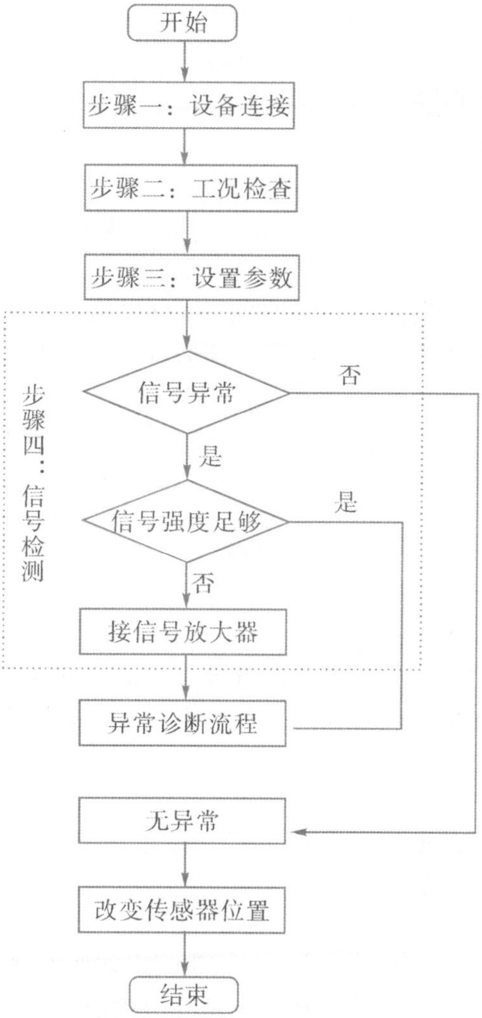

图 7－13 现场检测流程图

（二）检测注意事项

（1）检测中应将同轴电缆完全展开，避免同轴电缆外皮受到剐蹭损伤。

（2）GIS 特高频局部放电检测时，传感器应与盆式绝缘子紧密接触，且应放置于两根禁锢盆式绝缘子螺栓的中间，以减少螺栓对内部电磁波的屏蔽及传感器与螺栓产生的外部静电干扰；在测量时应尽可能保证传感器与盆式绝缘子的接触，不要因为传感器移动引起的信号而干扰正确判断。

（3）在检测时应最大限度保持测试周围信号的干净，尽量减少人为制造出的干扰信号，例如：手机信号、照相机闪光灯信号、照明灯信号等。

（4）在检测过程中，必须要保证外接电源的频率为50Hz。

（5）在开始检测时，可不加装放大器进行测量。若发现有微弱的异常信号，可接入放大器将信号放大以方便判断。

二、异常诊断方法

（一）诊断流程

1. 干扰排除

在开始测试前，尽可能排除干扰源的存在，比如关闭荧光灯和关闭手机。

2. 局放源定位

假如临近位置没有发现该异常信号，就可以确定该信号来自被测设备内部。假如附近都能发现该信号，需要对该信号尽可能地定位。放电定位是重要的抗干扰环节，可以通过强度定位法或者借助其他仪器定出信号的来源。如果在设备外部，可以确定是来自其他电气部分的干扰；如果是设备内部，就可以作出异常诊断了。

3. 放电类型判断

将检测谱图与典型放电谱图进行比较，确定其局部放电的类型。

4. 严重程度

综合分析特高频放电信号波形特征、相位分布特征及放电源位置，可判断放电缺陷类型。局部放电缺陷的严重程度应根据放电类型的识别结果和检测特征量的发展趋势进行综合判断，分析中应参考局部放电超声检测和气体分解物检测等诊断性试验结果。

5. 检修策略

根据放电类型及严重程度给出检修策略，指导开展检修工作。

（二）干扰抑制方法

1. 常见干扰

特高频法虽然抗低频电晕干扰能力较强，但在变电站内仍存在较多干扰，测试前应尽可能排除干扰源的存在。常见的干扰信号大致可分为两类，一类是非放电类干扰信号，常见的主要有雷达干扰、电机干扰、手机干扰、节能灯干扰和硫灯干扰，表7－3简明列举了上述几种干扰的典型谱图及特征；另一类是放电类干扰信号，常见的主要有金属构架上的电晕放电和悬浮放电。

除根据谱图特征来识别干扰外，还可利用传感器检测信号的强度变化规律和时延规律来判断干扰。比如在GIS设备盆式绝缘子上发现信号后，将传感器拿开朝向外侧，如果信号变强，则很可能是受到外部的干扰。

表 7－3 典型干扰信号谱图及特征分析

干扰类型	PRPS 谱图	PRPD 谱图	特征分析
雷达干扰	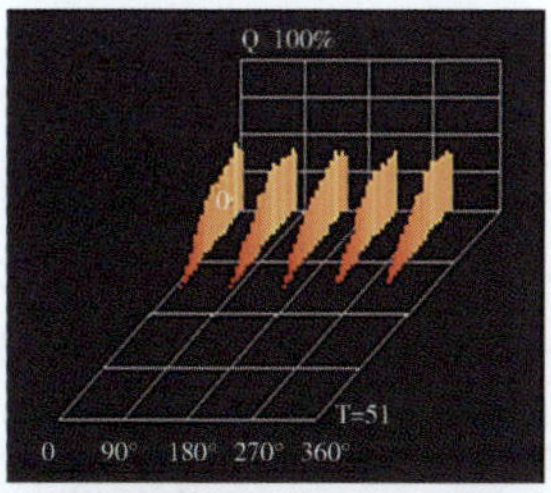	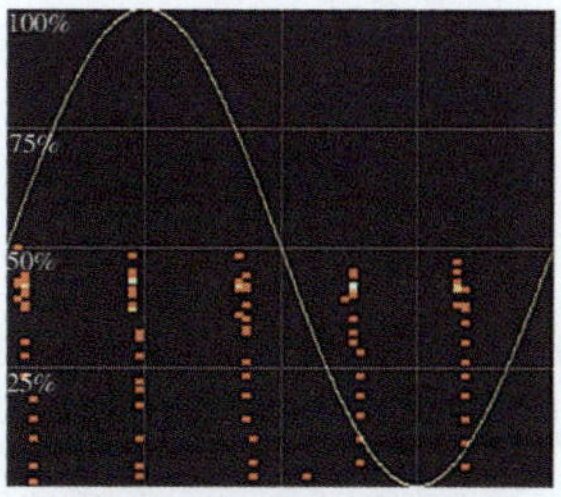	信号有规律重复产生，但无工频相关性，幅值有规律地变化
电机干扰	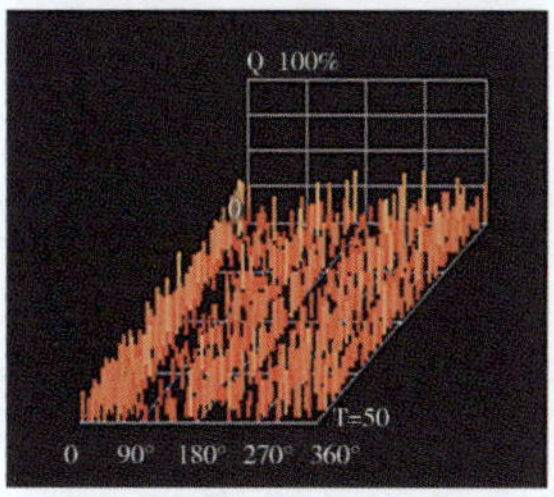	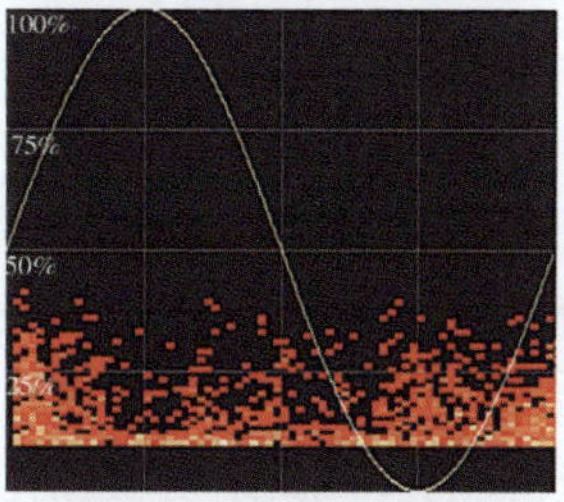	信号无工频相关性，幅值分布较为分散，重复率低
手机干扰	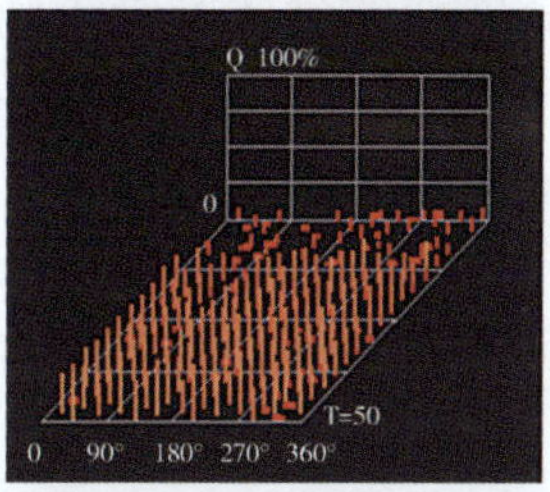	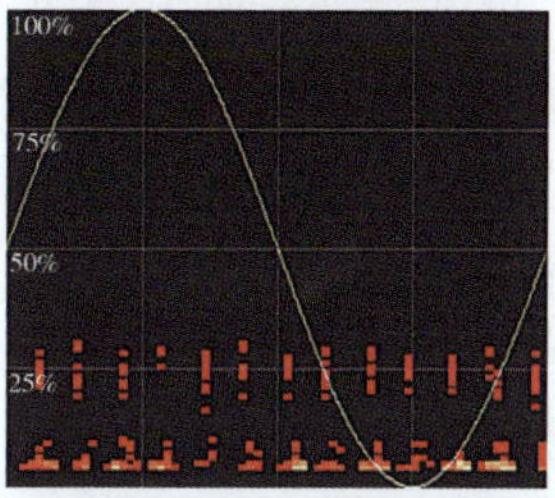	波形相对固定，幅值稳定，没有工频相关性，不具有相位特征，有特定的重复频率
节能灯干扰	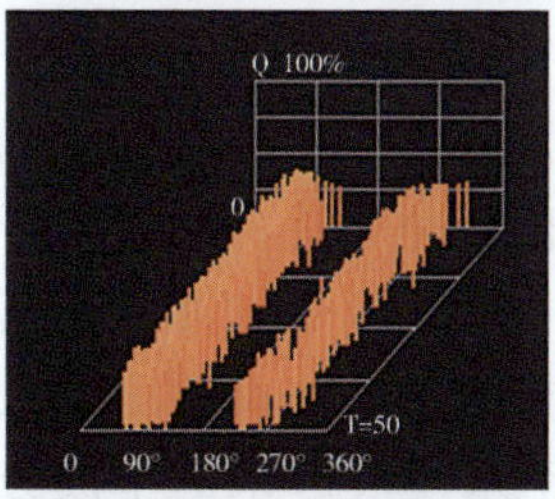	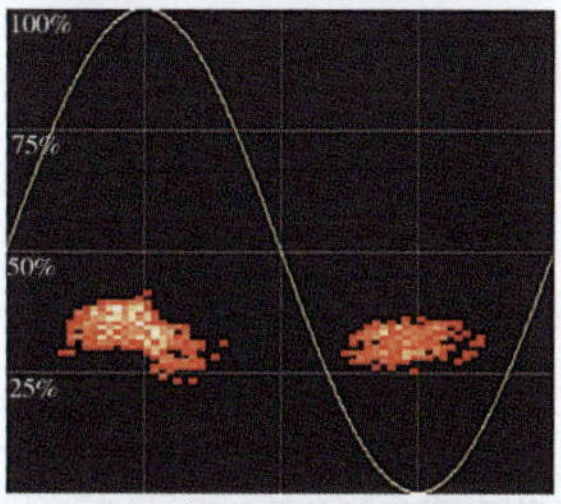	波形幅值变化较大，有工频相关性，具有相位特征
硫灯干扰	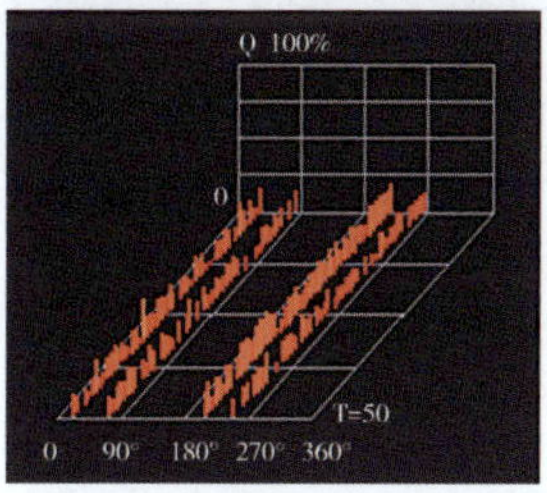	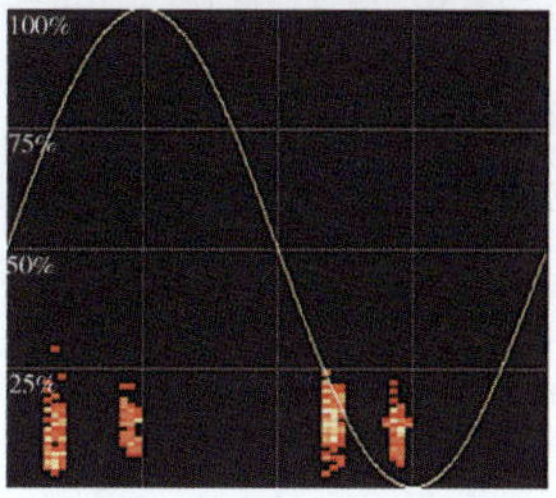	波形相对固定，幅值稳定，有工频相关性，具有相位特征

2. 抗干扰措施

（1）硬件措施。

硬件抗干扰措施主要包括滤波器法、背景干扰测量屏蔽法及屏蔽带法，其中应用最多的是滤波器法。

①滤波器法。滤波器法是利用滤波器抑制干扰，如较强的电晕信号，在300MHz以上幅值仍很高，可采用下限截止频率为500MHz的高通滤波器进行抑制；对于常见的手机通信干扰则可采用900MHz的窄带阻波器进行抑制；还可使用窄带法检测，如采用300～600MHz避开高频干扰信号，或采用1GHz以上避开低频干扰信号。

②背景干扰测量屏蔽法。背景干扰测量法是在被检测设备附近放置一背景噪声传感器，同时检测周围环境中的电磁波信号。软件自动分析来自被检测设备上的信号与来自噪声传感器的信号，并将与背景噪声相同的信号滤掉，从而达到抗干扰效果。这种方式虽能达到抗干扰效果，但由于外部放电类干扰有可能与内部放电信号重叠使检测灵敏度降低，或内部存在较强放电时，因背景噪声传感器检测到的为内部辐射出的电磁波信号，导致错误消除，对检测结果造成很大影响。因此，一般情况下仅作为参考使用。

③屏蔽带法。屏蔽带法主要用于不带金属屏蔽的盆式绝缘子消除检测时的外部干扰。检测时，如果发现有异常信号，采用由金属丝制成的屏蔽带，将除传感器放置位置外的盆式绝缘子其他外露部位全部包扎起来，使得外部干扰信号无法直接进入传感器，从而实现抗干扰的效果。这种方式简单，对检测灵敏度无影响，但是干扰较强时，信号仍可通过套管或其他盆式绝缘子处进入，抗干扰效果有限。

（2）软件措施。

局部放电测量中的干扰信号是多种多样的，按频带可分为窄带干扰和宽带干扰，按时域信号特征通常可分为连续的周期性干扰、白噪声和脉冲型干扰。而脉冲型干扰又可分为周期性脉冲干扰和脉冲干扰。如手机干扰属于连续周期性干扰，金属构架上的电晕放电和悬浮放电属于脉冲型干扰信号。对于连续周期性干扰，主要有两种抑制方法：模拟滤波法和数字滤波法。对于白噪声干扰，传统的频域方法很难去除，近年来发展起来的小波分析为局部放电去噪提供了新的强有力工具。图7－14列举了一种分层去噪方法，该方法采用混沌阵子滤波器抑制窄带周期干扰，采用自适应最优小波去噪抑制白噪声，最后采用脉冲序列分析抑制随机脉冲干扰，较好抑制了干扰。

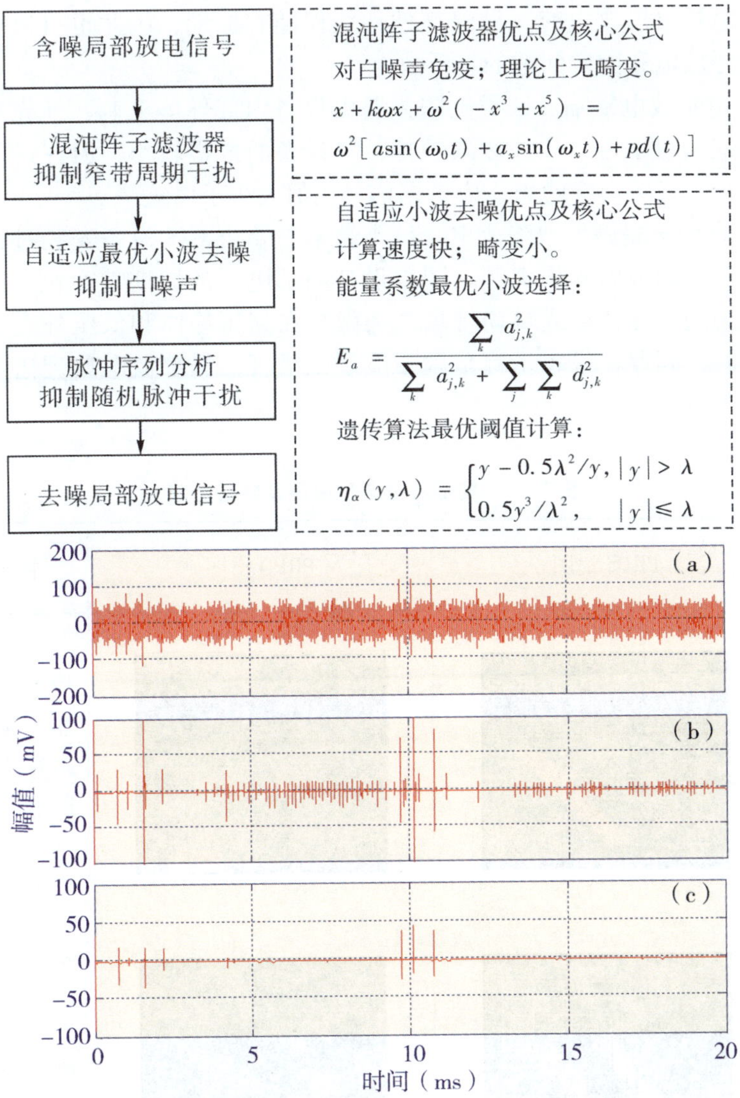

（a）原始信号；（b）分层去噪信号；（c）传统方法去噪信号

图 7－14　去噪效果图

（三）典型谱图

常见的典型缺陷有以下几种：

（1）绝缘内部空穴或沿面放电缺陷。该类型缺陷主要有设备绝缘内部存在空穴、裂纹、绝缘表面污秽等引起的设备内部非贯穿放电现象。该类缺陷与工频电场具有明显的相关性，是引起设备绝缘击穿的主要威胁。

（2）悬浮电极放电缺陷。悬浮电极放电是指设备内部某一金属部件与导体（或接地体）失去连接，存在一较小间隙，从而产生的接触不良放电。通常在产生悬浮电极放电时，悬浮部件往往伴随着振动，因此也可以分为可变间隙的悬浮放电和固定间隙的悬浮放电。

（3）电晕放电缺陷。该类缺陷主要由设备内部导体毛刺、外壳毛刺等引起。该类缺陷较小时，往往逐渐蚀掉，对设备的危害较小，但在过电压作用下仍旧会存在设备击穿隐患，应根据信号幅值大小予以关注。

（4）自由金属微粒缺陷放电。该类缺陷主要由 GIS 设备安装过程或开关动作过程产生的金属碎屑引起，随着设备内部电场的周期性变化，该类金属微粒表现为随机性移动或跳动现象。当微粒在高压导体和低压外壳之间跳动幅度加大时，则存在设备击穿危险，应予以重视。局部放电典型谱图及特征分析见表 7－4。

表 7－4　局部放电典型谱图及特征分析

放电类型	PRPS 谱图	PRPD 谱图	特征分析
电晕放电	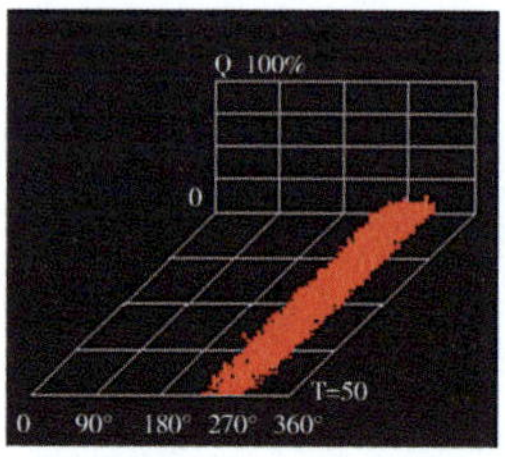 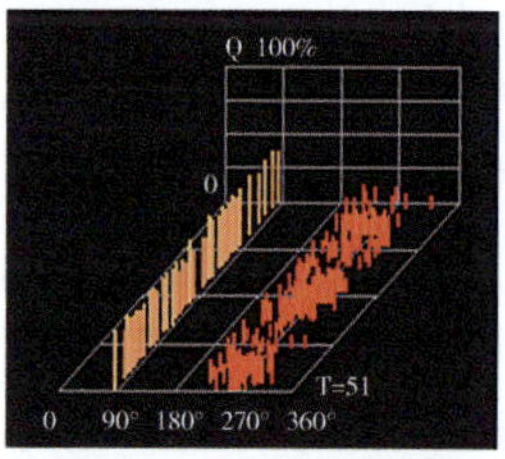	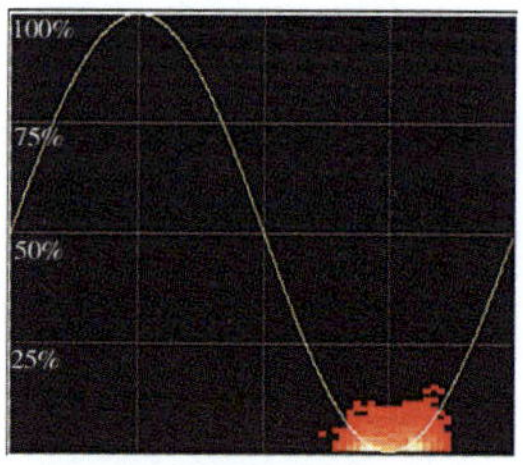 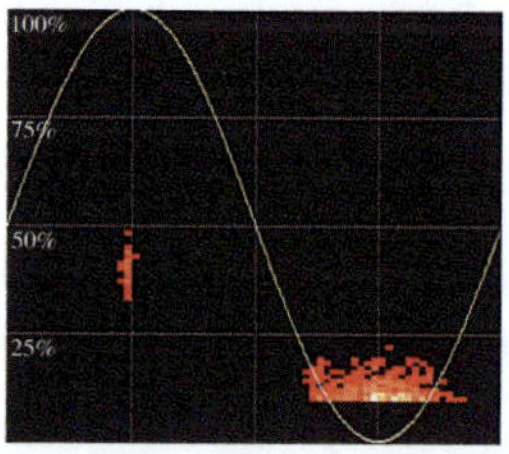	放电极性效应非常明显，通常在工频相位的负半周出现。放电次数较多，放电幅值分散性小。当电压较高时，另一个半周也可能发生放电，放电幅值更高且相位分布较窄，放电次数较少
悬浮电极放电	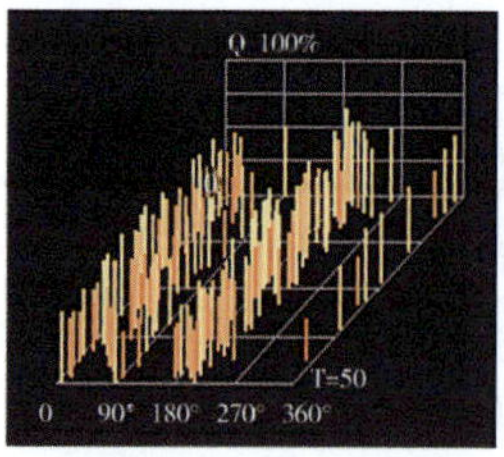	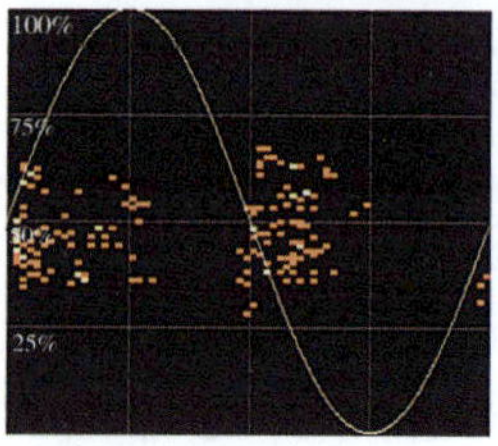	放电信号具有一定对称性，脉冲幅值很大，且相邻放电时间间隔基本一致，放电次数少

（续上表）

放电类型	PRPS 谱图	PRPD 谱图	特征分析
悬浮电极放电	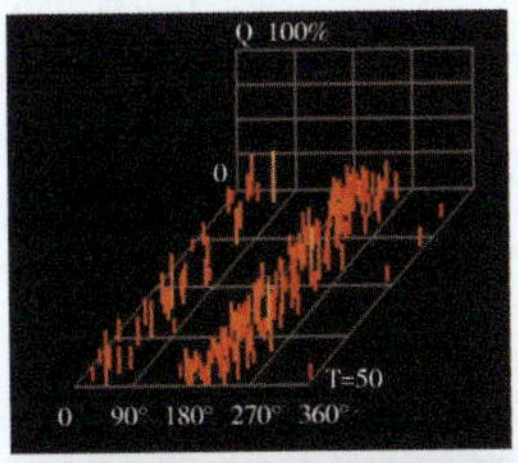	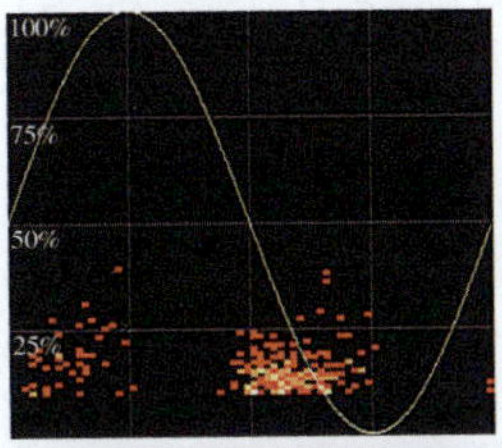	放电信号具有一定的对称性，放电信号幅值较分散，且放电次数较少，放电相位较稳定
沿面放电	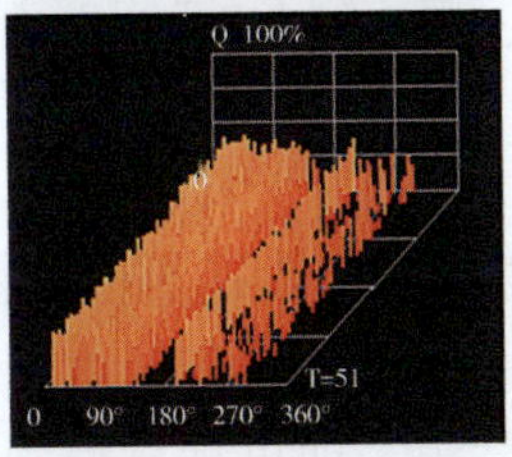	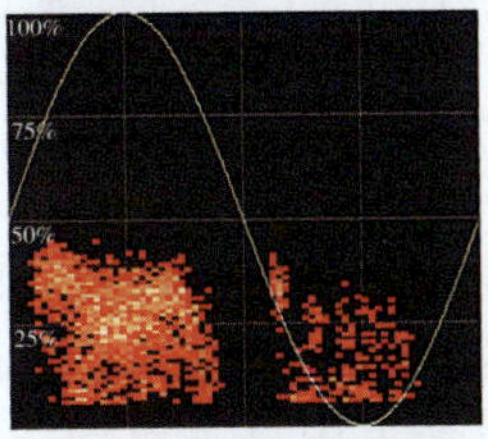	放电幅值分散性较大，放电时间间隔不稳定，极性效应不明显
自由金属颗粒放电	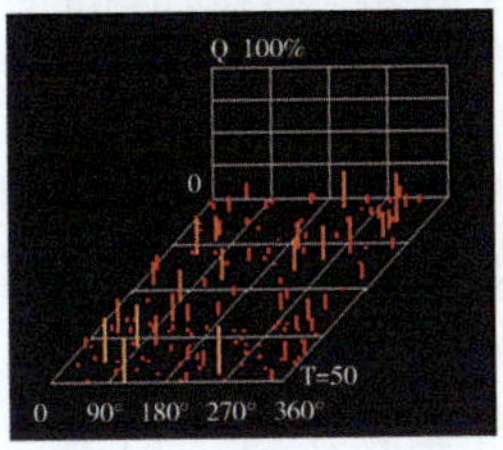	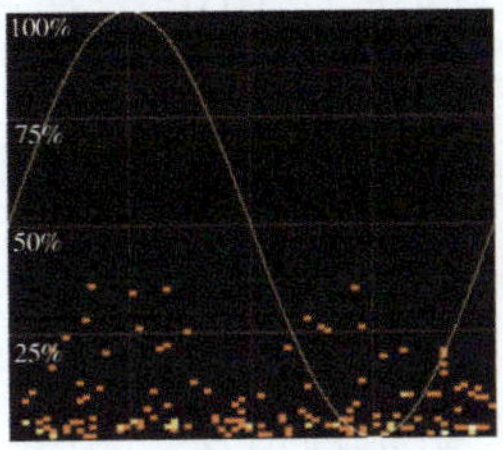	放电极性效应不明显，任意相位上均有分布，脉冲幅值无明显规律，放电时间间隔不稳定

（四）放电源定位方法

准确定位放电源能够极大提高缺陷排查针对性和检修工作效率。放电源的定位往往和干扰信号的排除综合进行。特高频定位方法有幅值比较定位法和三维空间定位法。下面介绍幅值比较定位法和三维空间定位法，时间差比较法是三维空间定位法在一维空间的特例，主要应用于 GIS 设备。

1. 幅值比较定位法

幅值比较定位法的基本思路是：距离放电源最近的传感器检测到的信号最强。在多个点同时检测到放电信号时，信号强度最大的测点可判断为最接近放电源的位置。幅值比较定位法的准确性往往受到现场检测条件的限制。当放电信号很强时，在较小的距离范围内难以观察到明显的信号强度变化，使精确定位面临困难。当设备外部存在干扰放电源时，也会在不同位置产生强度类似的信号，难以有效定位，同时也难以区分设备是内部还是外部的放电。

2. 三维空间定位法

特高频电磁波信号在均匀介质中匀速传播，基于最小光程原理，可以根据到达不同测点信号的时间差实现局部放电定位。假定信号以直线路径到达传感器。设放电点的坐标为（x，y，z），传感器 $S_i(i=0, 1, 2, 3)$ 的坐标为（x_{S_i}，y_{S_i}，z_{S_i}），则放电信号在均匀介质空间的传播方程为：

$$\begin{cases}(x-x_{S_0})^2+(y-y_{S_0})^2+(z-z_{S_0})^2=(v_s t)^2\\(x-x_{S_1})^2+(y-y_{S_1})^2+(z-z_{S_1})^2=[v_s(t+\tau_{01})]^2\\(x-x_{S_2})^2+(y-y_{S_2})^2+(z-z_{S_2})^2=[v_s(t+\tau_{02})]^2\\(x-x_{S_3})^2+(y-y_{S_3})^2+(z-z_{S_3})^2=[v_s(t+\tau_{03})]^2\end{cases} \tag{7-8}$$

式中：t 为信号从放电点到达传感器 S_0 的传播时间，τ_{0i} 为传感器 S_0 和 S_i 接收到的信号之间的时间差，v_s 为信号在介质中的传播速度。由于时间差可以通过测量获得，通常采用最小二乘法求解方程组，即可计算得到放电点的物理坐标。可见，时间差是 UHF 定位中的关键参数，求解时间差方程组是 UHF 定位中的关键环节。

在现场干扰环境下，准确测量计算放电信号时间差是实现精确定位的关键。目前在现场应用较多的是根据时域信号起始沿求取时间差，但当时域信号波头发生畸变时，起始沿将难以确定。国内外学者在获取时间差方法上做了大量研究，如信号初始峰值法、相关法、能量累积法等，但当信号发生畸变时，各种方法求得的时间差均有较大误差。

在局部放电特高频定位中，时间测量误差不可避免，这有可能导致时间差方程组无解。国内外学者在定位算法方面做了大量研究，如清华大学提出采用空间搜索算法对故障源进行快速定位，无须求解方程组，弥补了空间几何定位算法无解的不足。

下文以变电站高压室开关柜局部放电检测与定位为例，介绍一种基于双 UHF 传感器平分面发电源定位方法，步骤如下：

（1）在待检测现场，按照图 7－15（a）布设检测系统，现场检测流程见图7－15（b）。

（2）将 UHF 传感器 1 放置在待检测现场地面并远离待测设备，进行背景噪声测试，如背景噪声超标，则应在数据采集单元的输入通道前端加装可选滤波器组件，直至背景噪声满足现场测试要求。

（3）将 UHF 传感器 1 放置在待检测设备（高压开关柜）前后面板观察窗，检测判断有无放电信号，如无放电信号，记录数据并转到下一个待测设备；如有放电信号则转至步骤（4）。

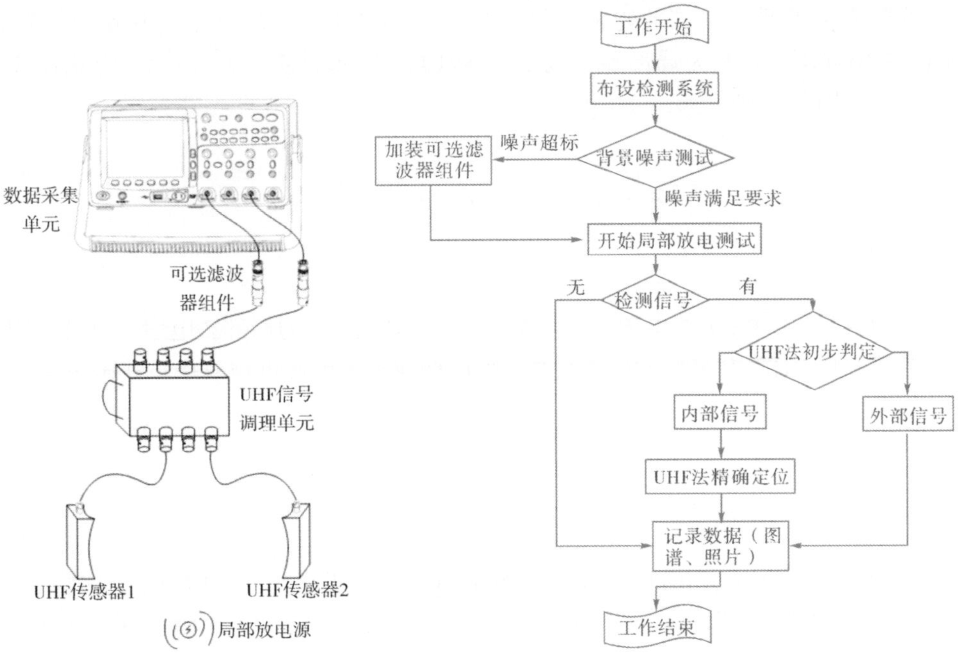

（a）检测系统　　　　（b）现场检测流程

图 7－15　局部放电检测系统及现场检测流程

（4）将 UHF 传感器 1、UHF 传感器 2 放置在待检测设备附近，并相互分开约 1m 距离，根据时差原理初步判断信号是否来自待测设备本体，如为外部信号而非来自设备本体，记录数据并转到下一个待测设备；如放电信号来自待测设备本体则转至步骤（5）。

（5）将 UHF 传感器 1、UHF 传感器 2 放置在待检测设备附近地面，并分开一定距离，观察所述数据采集步骤（4）采集的放电信号波形，并适当移动 UHF 传感器 1 和 UHF 传感器 2 的位置。当两路 UHF 信号波形起始沿时刻相同时，即比较局部放电源到达两路 UHF 传感器的信号时间差，当信号时间差为 0 时，表明图 7－16（a）中局部放电源位于 UHF 传感器 1 与 UHF 传感器 2 连线的中垂面（P_{xz}中垂面）上。

（6）同理，如图 7－16（b）所示，适当移动调整 UHF 传感器 1、UHF 传感器 2 的位置，以确定 P_{yz}中垂面。

（7）同理，如图 7－16（c）所示，在垂直地面方向上适当移动调整 UHF 传感器 1、UHF 传感器 2 的位置，以确定 P_{xy}中垂面。

（8）P_{xz}中垂面、P_{yz}中垂面和 P_{xy}中垂面相交形成的一个点即为待查找的局部放电源的位置，最后结合放电谱图、设备内部结构进行缺陷类型和部位的确认。

（9）如步骤（7）中由于局部放电源的位置较高，受现场安全影响 UHF

传感器 2 位置低于局部放电源，则按图 7－16（d）计算局部放电源的位置，图 7－16（d）中 P 为局部放电源，A 为 UHF 传感器 1，B 为 UHF 传感器 2，O 为坐标原点，则有：

$$\sqrt{\overline{PO}^2+\overline{AO}^2}-\sqrt{\overline{AO}^2+(\overline{PO}-\overline{AB})^2}=\overline{PA}-\overline{PB}=v\times\Delta t \tag{7-9}$$

（7－9）式中；v 为电磁波在媒质中传播速度；Δt 为局部放电信号到达 UHF 传感器 1 与 UHF 传感器 2 的时间差，则局部放电源的高度位置由下式确定：

$$\overline{PO}=\frac{1}{2}\left(\overline{AB}+v\times\Delta t\sqrt{\frac{4\,\overline{AO}^2}{\overline{AB}^2-(v\times\Delta t)^2}+1}\right) \tag{7-10}$$

（7－10）式中：$\overline{PO}$为局部放电源距地面的垂直距离；$\overline{AB}$为 UHF 传感器 1 与 UHF 传感器 2 的距离；$\overline{AO}$为局部放电源在地面上的投影至 UHF 传感器 1 间的距离。

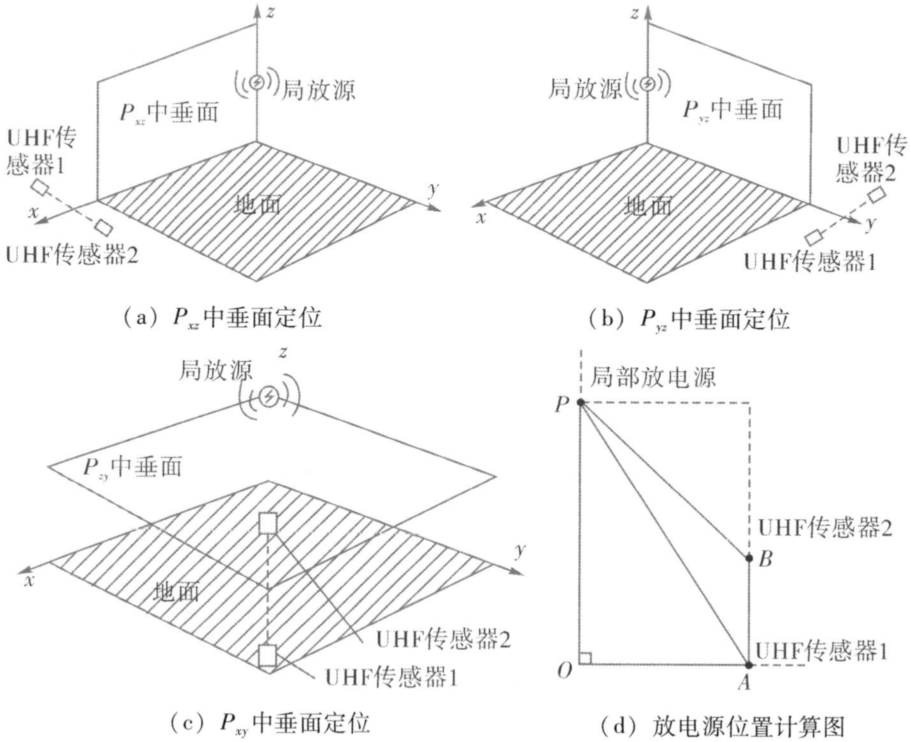

图 7－16

第四节 典型应用分析

一、10kV 开关柜穿屏套管悬浮放电

（一）案例简介

2015 年 12 月，对某 110kV 变电站 10kV 开关柜进行带电检测时，使用特高频局部放电检测仪发现明显的异常放电信号。利用特高频时差定位法将放电源定位于 916 开关柜与 917 开关柜母线室间穿屏套管位置，放电类型为悬浮放电。当晚停电检查后，发现 916 开关柜与 917 开关柜母线室间穿屏套管 A 相存在悬浮金属板，且金属板有明显放电烧蚀痕迹，母排热缩套绝缘有明显的放电灼烧痕迹。

（二）检测分析方法

12 月 30 日，采用特高频局部放电检测仪发现 916 开关柜母线室存在明显的异常放电信号，并对信号源进行了精确定位，同时使用超声波法进行定位验证，定位结果相符。

1. 特高频检测

采用特高频局部放电检测仪进行时差定位，两个特高频传感器分别布置在 916 与 917 开关柜背面顶部缝隙处，且两个传感器距两开关柜交界面等距离，如图 7－17 所示。一个工频周期内放电波形如图 7－18 所示，放电特征为：一个工频周期内存在两簇放电信号，放电脉冲幅值稳定，且相邻放电时间间隔基本一致。

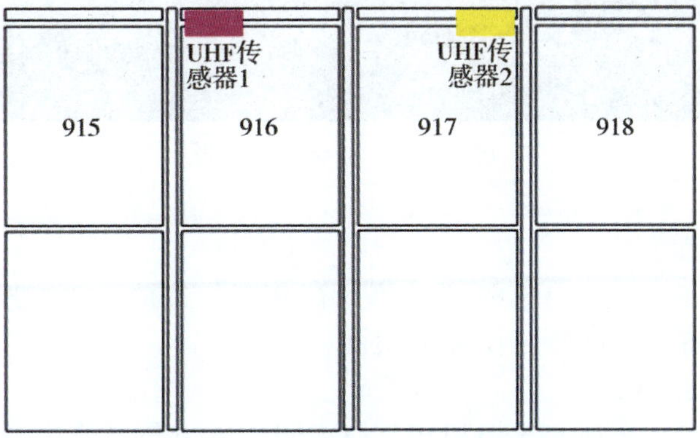

图 7－17 特高频时差定位示意图

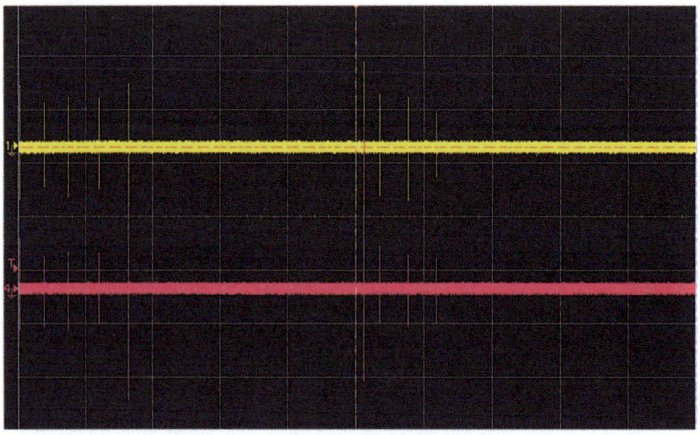

图 7－18　一个工频周期放电波形

两个传感器检测放电脉冲波形如图 7－19 所示，两个传感器检测脉冲波形特征基本一致，且起始沿非常接近，可认为两个传感器与放电源距离基本一致，即放电源位于两个传感器连线中垂面（916 柜与 917 柜交界面）上。结合放电特征与部位，初步判断为 916 与 917 开关柜母线室穿屏套管处存在悬浮放电。

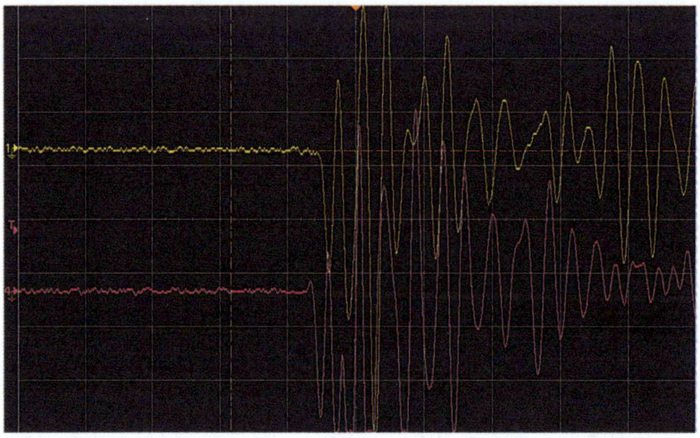

图 7－19　放电脉冲波形

2. 超声波检测

使用超声波局部放电检测仪检测，在 916 开关柜母线室发现异常超声波信号，定位位置与特高频定位结果相符。

3. 停电检查处理

停电检查后，发现 916 柜和 917 柜之间 A 相穿屏套管内侧存在金属杂质，如图 7－20（a）所示。将 A 相穿屏套管及母排拆下后，发现母排与套管接触部位存在放电痕迹，且热缩套被击穿，如图 7－20（b）所示；穿屏套管内金属板及连接螺栓有明显放电痕迹，如图 7－20（c）所示；穿屏套管与柜体连接螺栓处也存在放电痕迹，如图 7－20（d）所示。

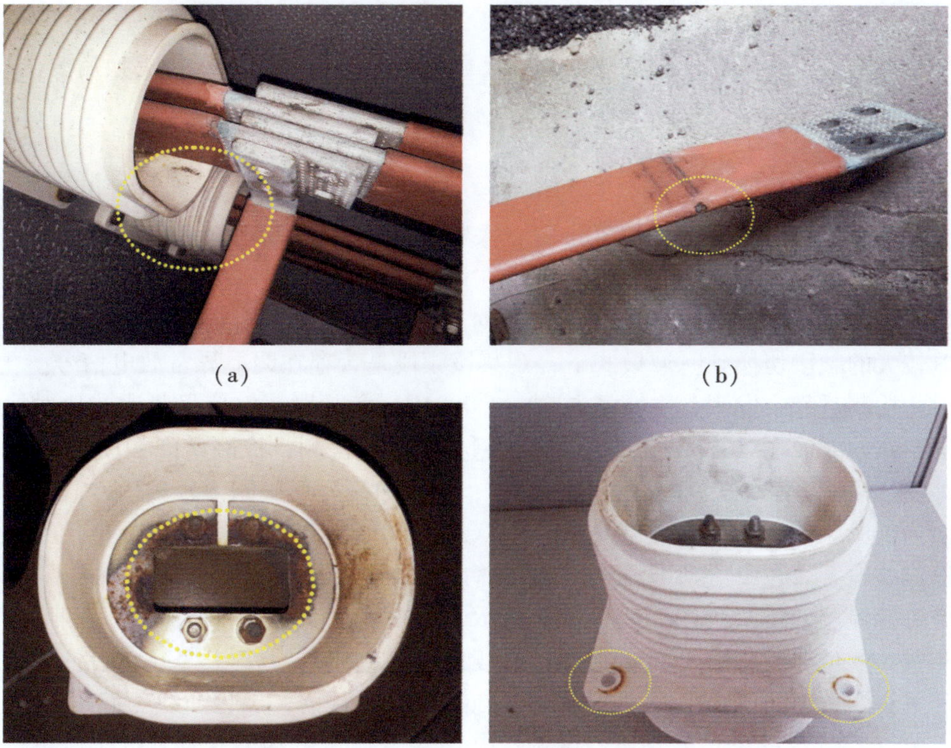

(a) (b) (c) (d)

图 7 - 20 解体照片

放电原因分析：穿屏套管内部存在金属板及螺栓，金属板与螺栓既未与母排连接，也未与地连接，形成悬浮电位体，并发生放电；放电逐步发展，导致母排热缩套击穿；母排与金属板间存在放电，金属板与母排可能通过间歇性电弧连接，导致穿屏套管表面电场发生畸变，引起穿屏套管与柜体连接螺栓同时发生放电。

对该穿屏套管及母排进行更换，处理后复测，异常放电信号消失。

（三）经验体会

特高频电磁波信号在开关柜内传播路径复杂，即便只有一个放电源存在，采用特高频进行时差定位时也可能检测到多个时间差，造成误判。因此需要仔细甄别，当检测到的特高频放电信号波头较陡，且起始沿明显时，可认为传感器距离放电源较近。

二、110kV 主变压器 10kV 过桥瓷瓶放电

（一）案例简介

2015 年 2 月，对某 110kV 变电站一次设备进行局部放电带电检测，使用

特高频局部放电检测仪发现#2 主变 10kV 过桥#5 瓷瓶处有明显的异常放电信号。停电检查后，发现该瓷瓶存在明显放电痕迹，对该瓷瓶进行更换后复测，异常放电信号消失。

（二）检测分析方法

使用特高频巡检测试仪对变电站室外高压场区一次设备进行带电检测。在距离变电站内一次设备约 30m 处，采集 50 ~ 1 000MHz 各频段信号形成的频谱（背景信号）作为比对标准。随后在被检测设备处再次采集 50 ~ 1 000MHz 各频段信号频谱，并与比对标准进行对比，观察两者的偏差。在两者幅值偏差较大的频段切换到时域模式下，观察该频段是否存在明显异常放电信号。

检测过程中发现，主变场区 50 ~ 1 000MHz 各频段放电信号频谱与比对标准存在偏差。在#1、#2 主变高、低压侧分别进行检测，检测谱图如图 7 – 21、7 – 22 所示，其中红色曲线为比对标准，绿色曲线为高压侧信号频谱，蓝色曲线为低压侧信号频谱。可见，#2 主变低压侧 50 ~ 1 000MHz 各频段放电信号频谱偏差较大。在#2 主变低压侧穿墙套管、穿墙套管瓷瓶及低压侧过桥#5 瓷瓶处进行检测，检测谱图如图 7 – 23 所示，其中红色曲线为#1 主变低压侧信号频谱，蓝色曲线为#2 主变低压侧信号频谱，绿色曲线为#2 主变穿墙套管处信号频谱，黄色曲线为#2 主变穿墙套管瓷瓶处信号频谱，黑色曲线为#2 主变低压侧过桥#5 瓷瓶处信号频谱。可见，由#2 主变低压侧穿墙套管及低压侧出口向过桥#5 瓷瓶靠近时，信号强度逐渐增大。初步判断放电源位于#2 主变低压侧过桥#5 瓷瓶处。

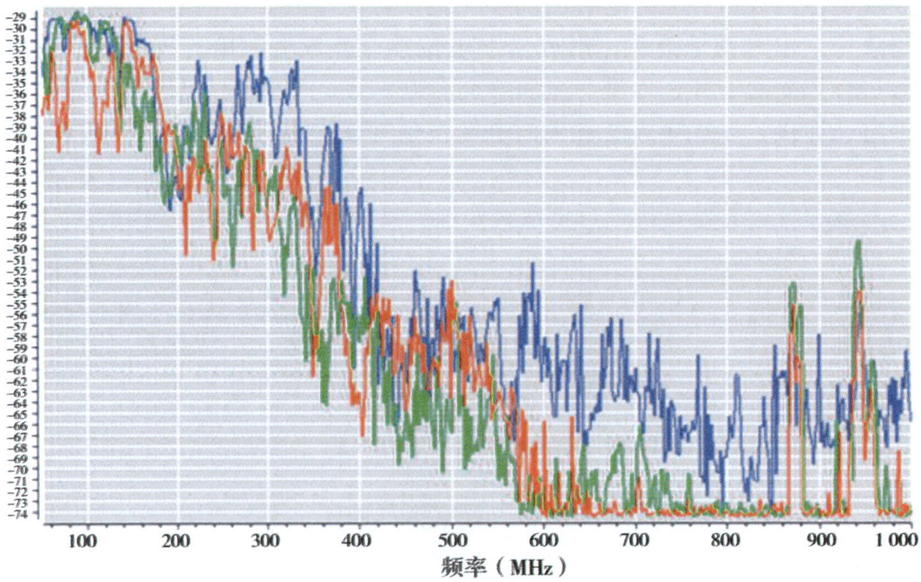

图 7 – 21　#1 主变高、低压侧信号频谱

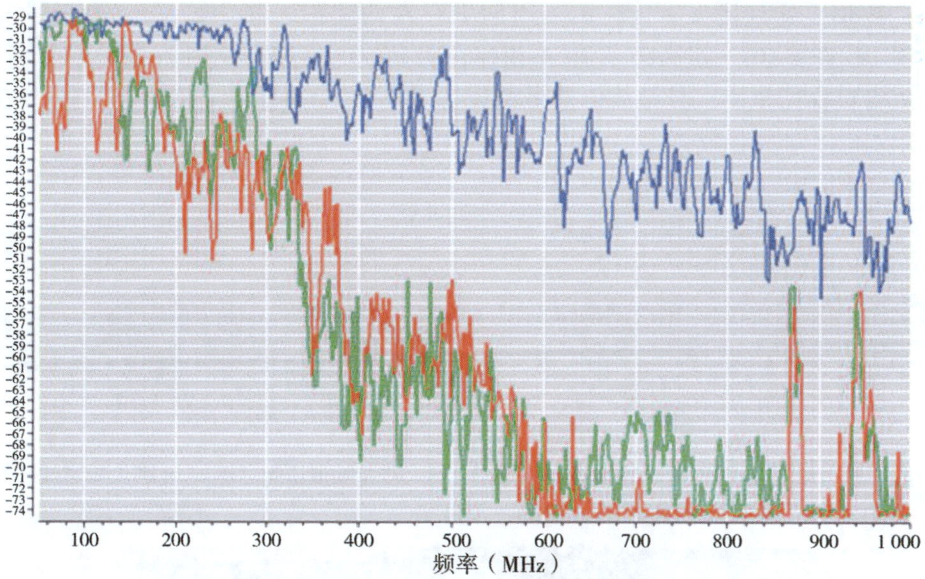

图 7－22 #2 主变高、低压侧信号频谱

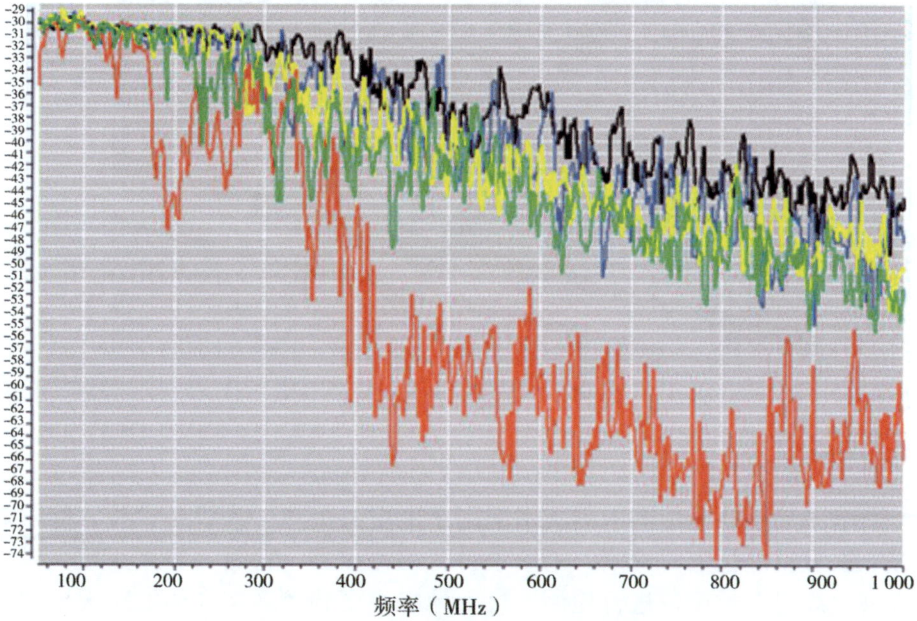

图 7－23 #2 主变低压侧各测点信号频谱

切换到时域模式下，选择多个测点处信号强度较背景信号存在明显上升的频率点为中心频率，带宽 1MHz 进行观测，均发现明显放电信号，见图 7－24、7－25。在#2 主变 10kV 侧过桥#5 瓷瓶处信号幅值 －44dB（背景

为 –79dB）达到最大，且在单一周期中存在两簇信号集中特征。停电检查，发现 #2 主变 10kV 过桥#5 瓷瓶 A 相存在明显放电痕迹，见图 7–26。对该瓷瓶进行更换后复测，异常放电信号消失。

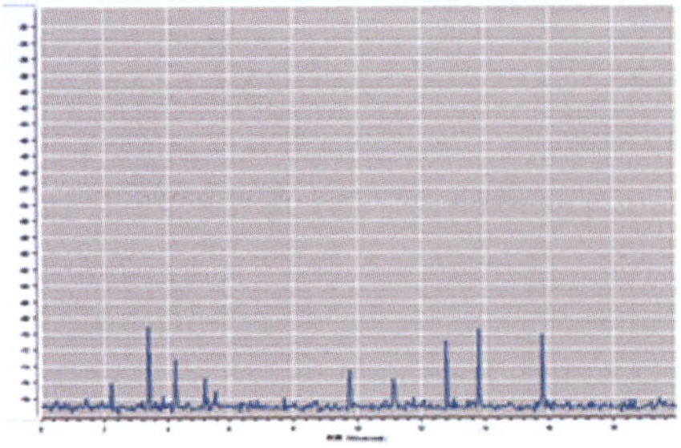

图 7–24　#2 主变高压侧时域信号

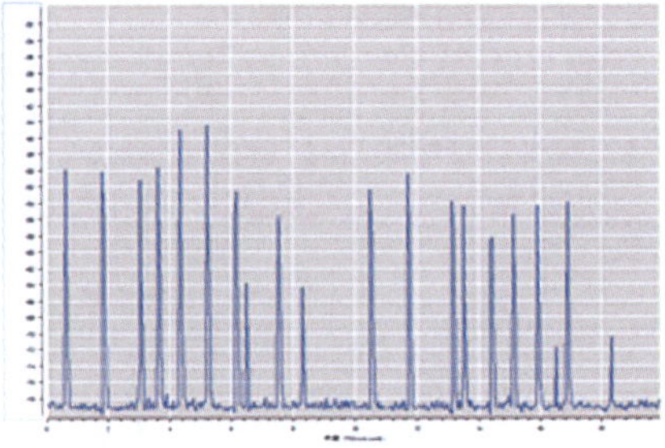

图 7–25　#2 主变低压侧过桥 #5 瓷瓶 A 相时域信号

图 7–26　#2 主变 10kV 过桥#5 瓷瓶

（三）经验体会

特高频局部放电带电检测技术应用于变电站高压一次设备巡检，能够对全站一次设备进行全面检测。采用手持式检测仪器，检测人员按照预先设定的巡视路线对全站设备进行检测，极大地提高了检测效率，能够从大范围巡视区域中快速检测出存在疑似放电现象的设备。

三、特高频、高频局部放电联合判断主变疑似放电缺陷

（一）案例简介

2013 年 5 月，对某 110kV 变电站进行例行带电检测，发现#2 主变存在疑

似放电信号，且相位特征明显。为确认该信号是否为变压器本体放电产生，使用特高频、高频联合诊断方法对#2 主变开展了局部放电带电检测，发现放电信号来自#2 主变 10kV 902 开关封闭母线桥穿墙套管，#2 主变本体未发现异常放电信号。

（二）检测分析方法

1. 例行带电检测

例行带电检测发现该站#2 主变存在疑似放电信号，铁芯接地线处高频信号谱图见图 7－27，相位特征明显，放电幅值超过 1 000mV。

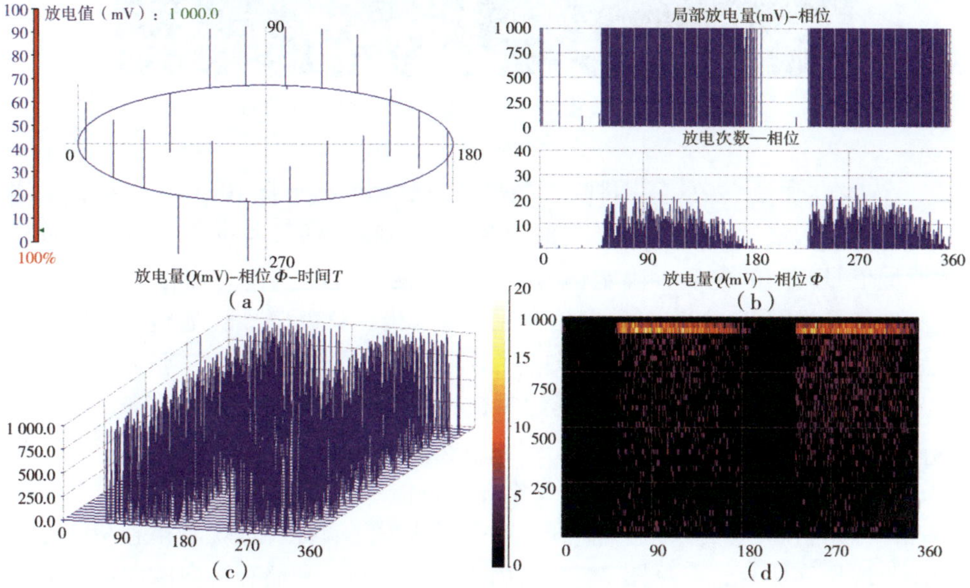

图 7－27　铁芯接地线处高频信号谱图

2. 特高频、高频联合诊断

高频脉冲电流传感器钳在#2 主变铁芯接地线上，特高频传感器布置在#2 主变附近空地上。检测图谱如图 7－28 所示，其中绿色通道为高频信号，红色通道为特高频信号。高频信号存在明显工频周期相关性，在 5 个工频周期内出现了 10 簇脉冲，奇数簇峰峰值约 1 500mV，偶数簇峰峰值约600mV，一个工频周波内两簇脉冲幅值差异较大；特高频信号背景噪声较大，其脉冲与高频法检测脉冲具有较好的对应性，但峰值仅为30mV 左右，表明两类信号来源相同，初步判断信号来自外部而非#2 主变本体。

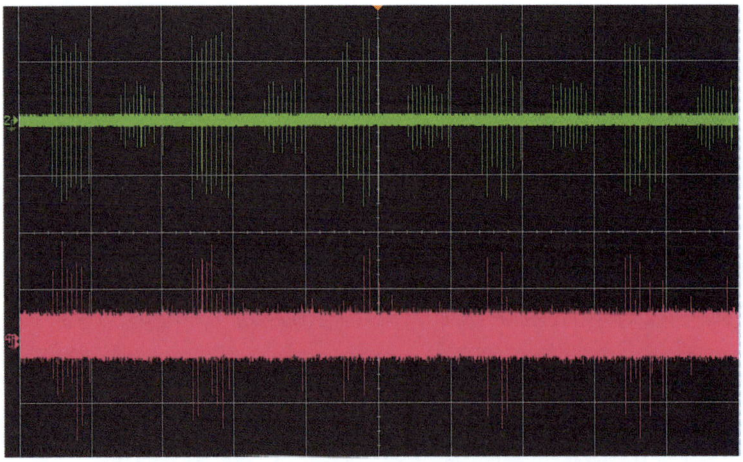

图 7－28　#2 主变 HFCT 和 UHF 现场测试信号

经过在变电站户外逐一排除，初步判断信号可能来自 10kV 开关柜，检测人员进入高压室，关闭日光灯。采用两个特高频传感器通过比较不同位置检测时域信号时间的先后，确定信号源位置。两个特高频传感器检测的单个放电脉冲信号见图 7－29，100ms 信号见图 7－30，紫色信号（通道 3）传感器放置在 902 开关柜前面板地上，红色信号（通道 4）传感器由试验人员托举在封母正下方。通道 3、4 信号时延约 8.5ns，两个传感器距离约 2.5m；封闭母线内部存在放电幅值达 500mV 的浮电位型放电，且放电信号具有很强的间歇性；此处特高频信号幅值为#2 主变本体附近信号幅值的 30～40 倍。最终定位脉冲信号来自#2 主变 10kV 902 开关封闭母线桥穿墙套管。现场检查 902 开关封闭母线桥穿墙套管，见图 7－31。由于进水受潮，穿墙套管内墙面已大面积鼓包，封母螺栓已锈蚀。

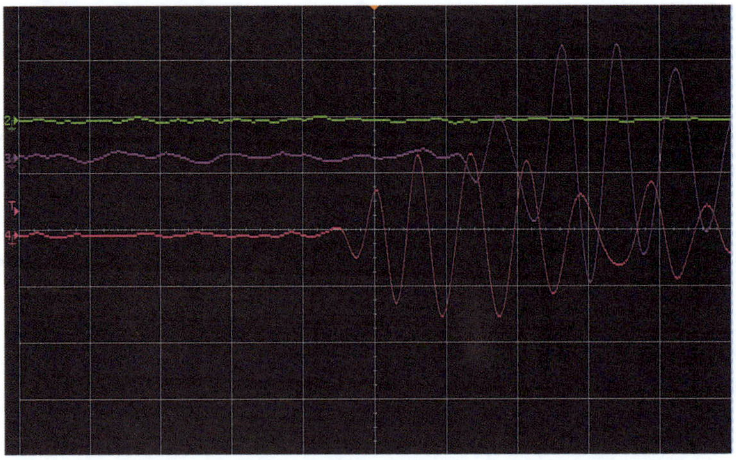

图 7－29　#2 主变 3、4 通道 UHF 现场测试定位数据（单个放电脉冲）

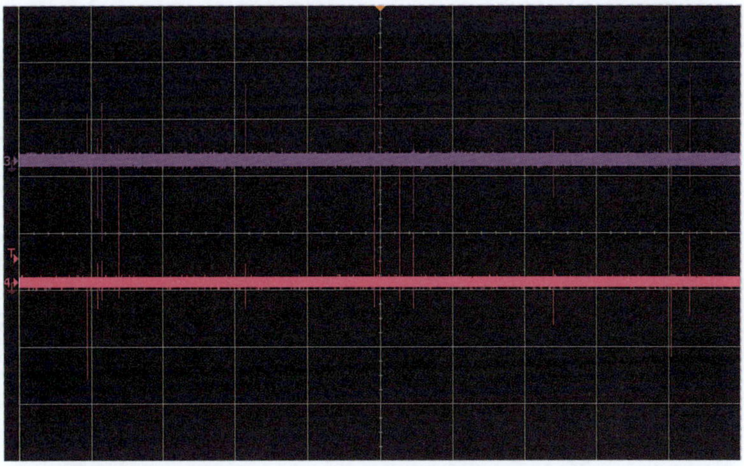

图 7－30 #2 主变 3、4 通道 UHF 现场测试定位数据（100ms）

（a）穿墙套管侧

（b）穿墙套管外侧

图 7－31 902 开关封闭母线桥穿墙套管

3. 停电处理

结合停电对 902 开关封闭母线桥穿墙套管进行了密封处理，并在套管上部加装了防雨棚。

（三）经验体会

（1）高频法局部放电检测从变压器铁芯、夹件接地线上耦合信号，其操作较为方便，灵敏度较高，但仅通过 HFCT 很难排除来自高、中、低压三侧出线的干扰信号，因此无法判断检测的放电信号是否来自变压器本体。

（2）将高频法例行局部放电检测结果与典型谱图相比，疑发现放电信号，且放电幅值大于 500mV 时，应及时联合特高频、超声波等多种检测手段对信号来源进行精确定位。

（3）变电站高压室开关柜局部放电精确检测及定位可采用特高频方法，其检测灵敏度高，定位速度快。

四、10kV 开关柜内电缆放电

（一）案例简介

2013 年 6 月，对某 220kV 变电站 10kV 开关柜进行带电检测，特高频法、超声波法均发现 10kV 化工线 911 开关柜后面板存在异常放电信号。通过特高频精确定位分析，在开关柜后面板观察窗仔细检查发现出线电缆 B、C 相间，B 相与零序电流互感器间，以及 A 相电缆表面存在 3 处明显的放电火花。停电检查后，发现电流互感器上存在明显的放电灼烧痕迹。对电缆缠绕绝缘处理后复测，异常放电信号消失。

（二）检测分析方法

使用超声波局部放电检测仪对该高压室进行巡检，发现 10kV 化工线 911 开关柜后面板超声波信号异常，信号幅值达到 17dB；随即利用特高频局部放电检测仪进行检测，发现该开关柜后面板观察窗有异常超高频信号，信号幅值 25dB，初步判断该柜体内存在异常放电信号。仍需采用特高频法进行精确定位。

1. *左右定位分析*

采用特高频时差法，对异常放电信号进行定位。特高频传感器布置及检测数据如图 7－32 所示，可以判断放电信号源距红色传感器位置（右侧）与黄色传感器（左侧）距离相等，信号源来源于两个传感器的中垂面上。

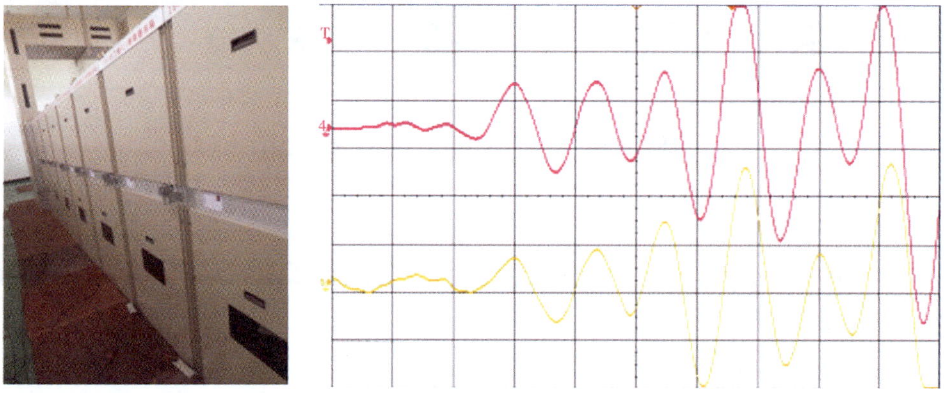

（a）　　　　（b）

图 7－32　左右定位传感器布置及检测数据

2. *上下定位分析*

特高频传感器布置及检测数据如图 7－33 所示，可以判断信号源距红色传感器位置（上部）超前于黄色传感器（下部）大约2ns，距离约为0.6m。两个传感器之间的距离超过0.6m。

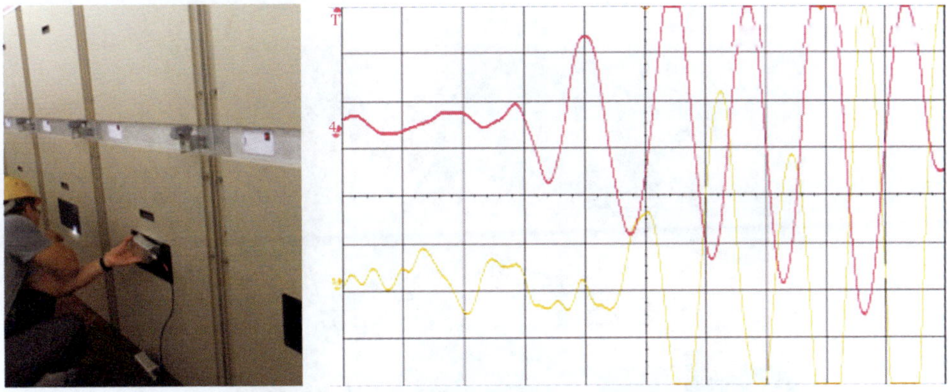

（a）　　　　　　　　　　（b）

图7-33　上下定位传感器布置及检测数据

3. 放电类型及放电位置

5个工频周期的特高频放电信号如图7-34（b）所示，信号有较强的工频相关性，从放电幅值和工频周波的分布特性来看，判断存在多个放电点。通过特高频定位分析大致判断放电源在图7-34（a）所示红色点朝开关柜内侧，位于开关柜后面板出线电缆附近。

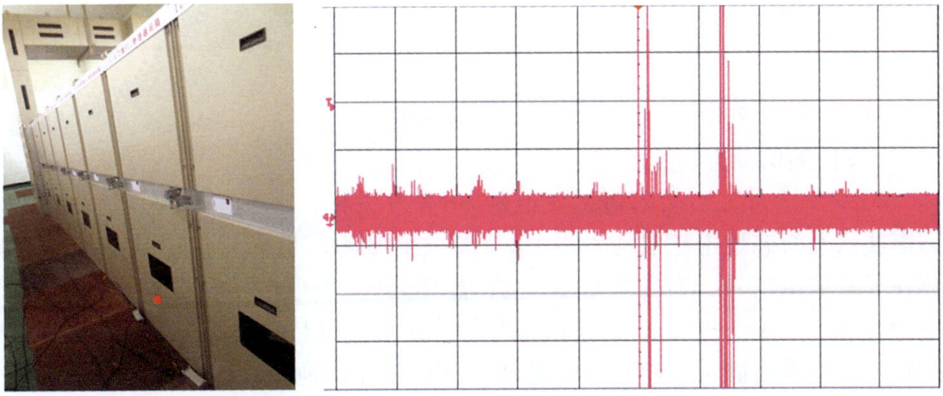

（a）　　　　　　　　　　（b）

图7-34　放电源位置及放电信号谱图

4. 解体检查及处理

停电检查后，发现B、C两相电缆相间，A相电缆表面，B相电缆与CT

之间存在明显的放电灼烧痕迹，见图 7 – 35。CT 上部有明显的白色粉末，应为 B、C 相电缆放电导致绝缘老化落下所致，最后对电缆缠绕绝缘处理，送电后局放测试结果正常，该放电缺陷得以消除。

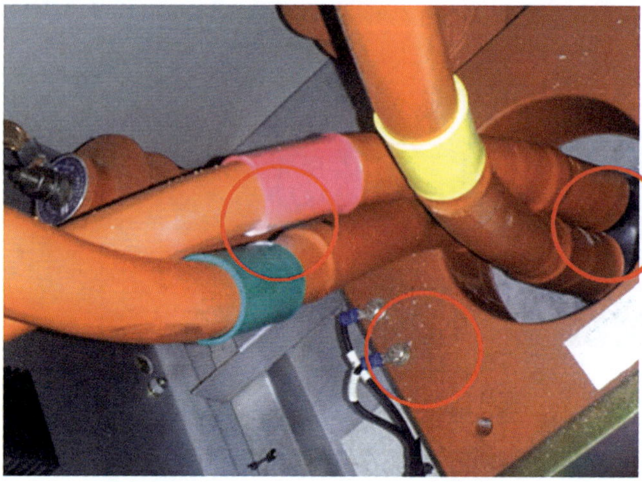

图 7 – 35　911 开关柜停电检查

（三）经验体会

（1）特高频、超声波局部放电检测都能够有效发现开关柜内部部分局部放电缺陷；但特高频时差定位技术能够有效定位开关柜内部局放源位置。

（2）当用一种局部放电检测方法检测到疑似放电信号时，宜采用多种手段进行相互验证。

五、10kV 开关柜电缆室多放电源放电

（一）案例简介

2015 年 7 月，对某 220kV 变电站 10kV 开关柜带电检测，使用特高频法、超声波法及暂态地电压法均发现 10kV 开关柜#3 电容器 918 开关柜后面板底部存在异常放电信号，初步判断#3 电容器 918 开关柜电缆室存在绝缘问题。停电检查后，发现贴近后面板的电缆头存在异常痕迹且两相之间外绝缘护套已经粘连；沿着后面板向内查找，发现 C 相避雷器接地位置螺母松动。

（二）检测分析方法

在 10kV 开关柜#3 电容器 918 开关柜后面板底部发现异常信号，其中超声波信号幅值为 4dB，地电波最大值 44dB，特高频峰值信号达 60dB；其他开关柜检测数据大致为，超声波信号幅值 – 10dB，地电波最大值 15dB，特高频峰值信号 30dB，初步判断 918 开关柜后面板底部存在绝缘问题。为确保检测的

正确性，使用特高频局部放电定位仪进行精确定位。

1. 特高频定位

使用特高频局部放电定位仪对918开关柜进行检测，发现异常特高频信号，见图7-36。放电信号极性效应非常明显，放电次数较多，信号幅值较小，判断为电晕放电。

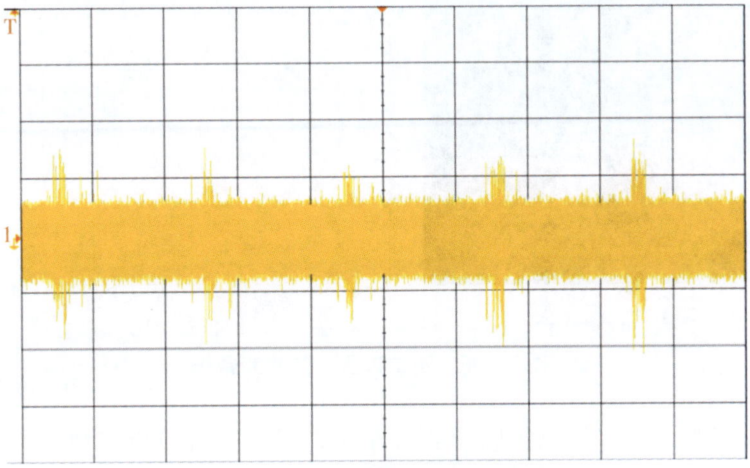

图7-36 918开关柜特高频信号

对该信号定位过程中，左侧2#电容器合闸，检测数据发生变化，如图7-37所示。2#电容器919开关合闸后，出现一组新的特高频信号，即信号2。该组放电信号次数少，信号幅值较大，最大值达到2.88V，判断为悬浮电位放电，对信号2进行定位。

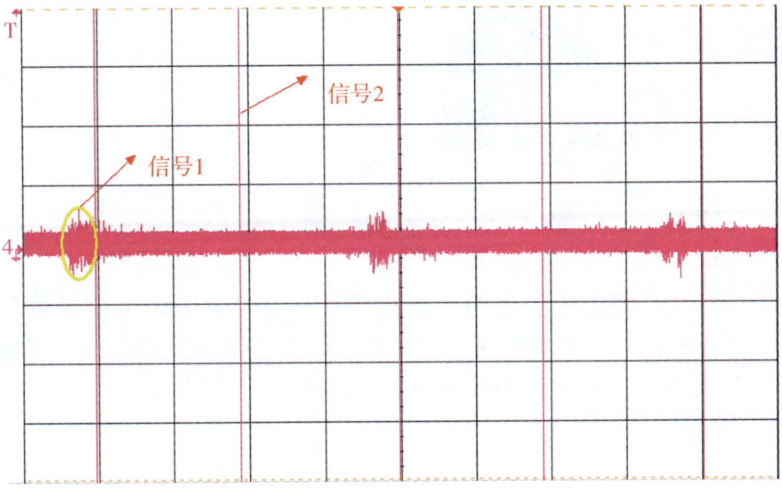

图7-37 919开关柜特高频信号

定位过程一：将黄色传感器放置在919开关柜后面板中部观察窗，红色传感器放置在918开关柜后面板中部观察窗，定位数据见图7－38。可见，红色传感器信号明显超前于黄色传感器，判断放电源靠近918开关柜。

(a)

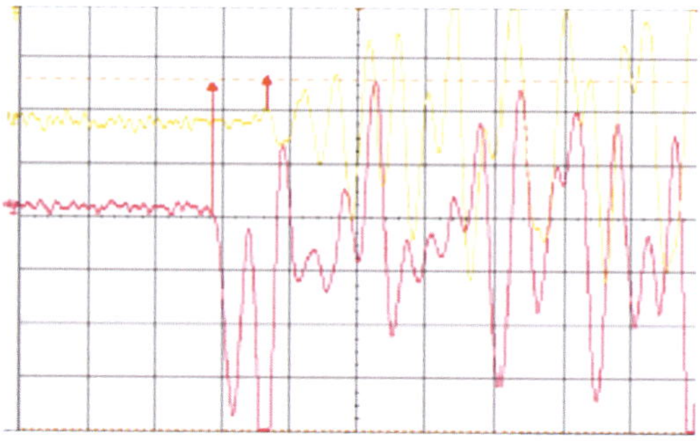

(b)

图7－38　定位过程一的检测数据

定位过程二：将红色传感器放置在918开关柜后面板下观察窗，黄色传感器放置在右侧开关柜下观察窗，定位数据见图7－39。可见，红色传感器信号明显超前于黄色传感器，结合定位过程一，判断放电源位于918开关柜。

(a)

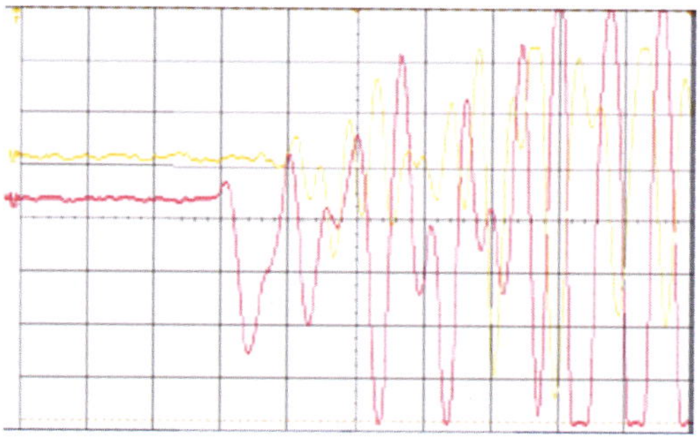

(b)

图7－39　定位过程二的检测数据

定位过程三：将红色传感器放置在918开关柜后面板左侧，黄色传感器放置在中部观察窗，定位数据见图7－40。可见，红色传感器信号超前于黄色传感器0.4～0.8ns，两传感器距离约30cm。判断信号来源于918开关柜左侧，靠近红色传感器。

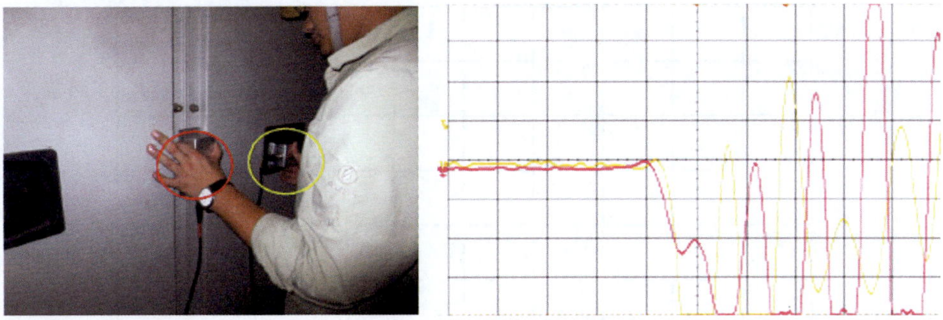

(a)　　　　　　　　　　　　　　(b)

图 7－40　定位过程三的检测数据

定位过程四：将黄色传感器放置在 918 开关柜后面板中部观察窗，红色传感器放置在下观察窗，定位数据见图 7－41。可见，红色传感器信号超前于黄色传感器 3～4ns，两传感器距离约 70cm。判断信号来源于 918 开关柜下部，靠近红色传感器。

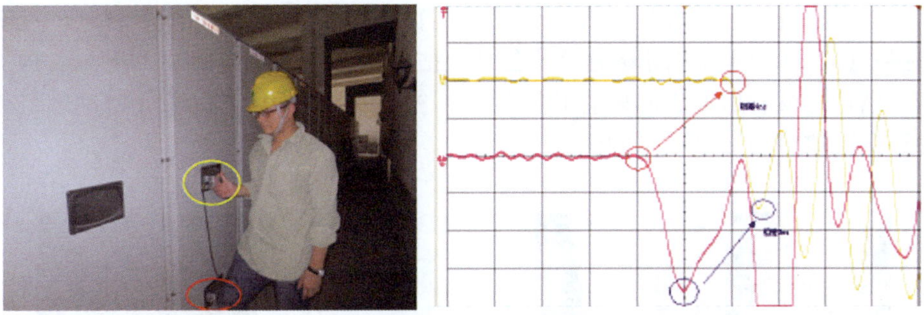

(a)　　　　　　　　　　　　　　(b)

图 7－41　定位过程四的检测数据

定位过程五：将红色传感器放置在 918 开关柜后面板下部，黄色传感器放置在前面板下部，定位数据见图 7－42。可见，红色传感器信号超前黄色传感器约 0.5ns，判断信号源位于开关柜内部中间偏后位置。

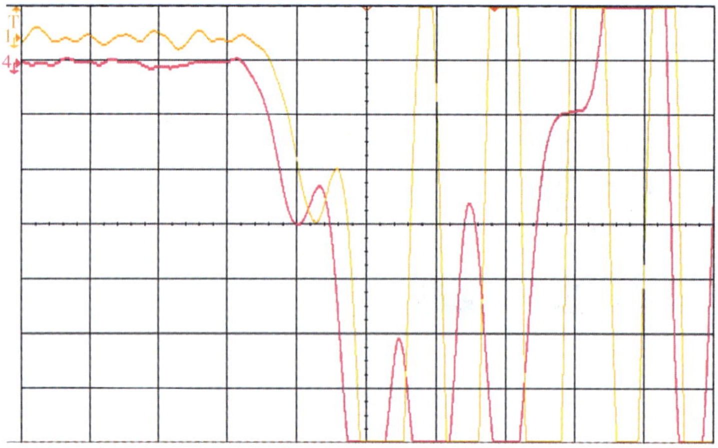

图 7-42　定位过程五的检测数据

综上所述，918 开关柜存在悬浮电位放电，放电幅值达到 2.88V，信号源位于开关柜内部中间位置，偏向开关柜后面板。

2. 停电检查

停电检查后，发现 918 开关柜贴近后面板的电缆头存在异常痕迹，见图 7-43（a），且两相之间外绝缘护套已经粘连，判断该处为信号 1 来源；根据定位结论，沿着后面板向内查找，发现 C 相避雷器接地位置螺母松动，该处悬浮电位放电为信号 2 来源。

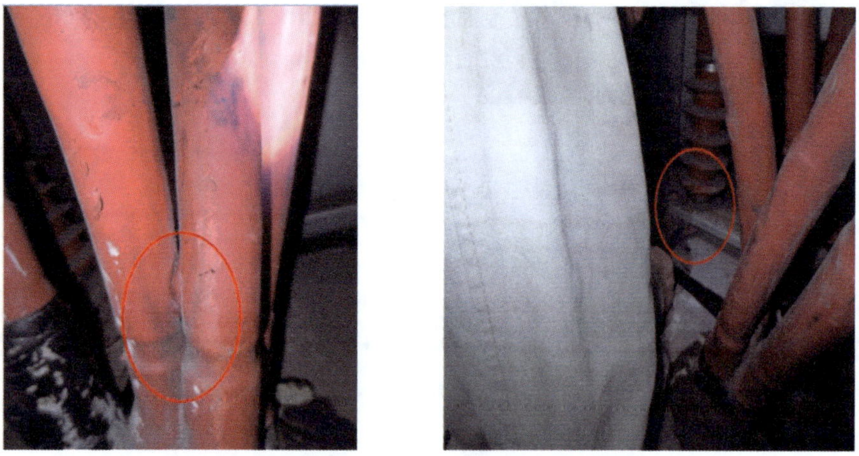

（a）电缆缺陷　　（b）避雷器接地位置螺母松动

图 7-43　电缆缺陷和避雷器接地位置螺母松动

（三）经验体会

运用特高频法、暂态地电压法、超声波法等多种检测手段联合检测可有效排查设备故障；运用特高频定位技术准确定位放电源，可提高检修工作效率，减少不必要的停电检修时间，减少电能损失，提高经济效益。

六、10kV 开关柜母排悬浮放电

（一）案例简介

2013 年 5 月，对某 110kV 变电站开关柜进行局部放电带电检测，使用特高频法发现“9201 母联”开关柜内存在明显的异常放电信号。停电检查后，发现“9201 母联”开关柜内 B 相母排与其夹紧件间存在悬浮电位放电，现场紧固螺栓后复测，异常信号消失。

（二）检测分析方法

1. 特高频巡检

利用特高频巡检仪在各开关柜的前面板观察窗处放置 UHF 传感器进行检测，结果见图 7－44，可见“9201 母联”开关柜附近 UHF 信号幅值最大达到 55dB，同时，“9201 母联”开关柜附近其他 7 个开关柜观察窗处均可检测到幅值约 40dB 的放电信号，横向比较发现，以“9201 母联”为中心，其他开关柜放电信号有逐步减小的趋势，初步判断放电信号位于“9201 母联”开关柜内部。

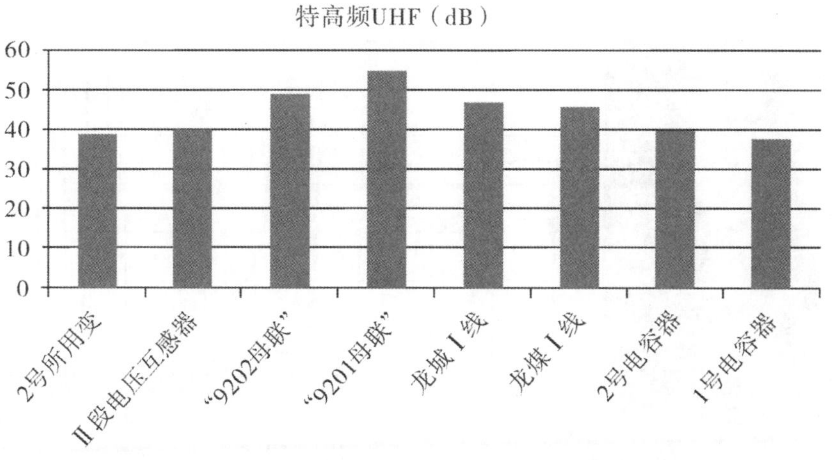

图 7－44　特高频局部放电巡检仪检测结果

2. 特高频精确定位

在“9201 母联”前柜观察窗处放置两只 UHF 传感器，检测的两路 UHF 放电信号如图 7－45 所示，时间窗为 100ms 即 5 个工频周波，该信号具有很强的工频相关性，且在一个周波内放电脉冲很少，放电幅值较为稳定，根据信号相位分布特征初步判断为悬浮电位体型放电，需进一步定位信号来源。

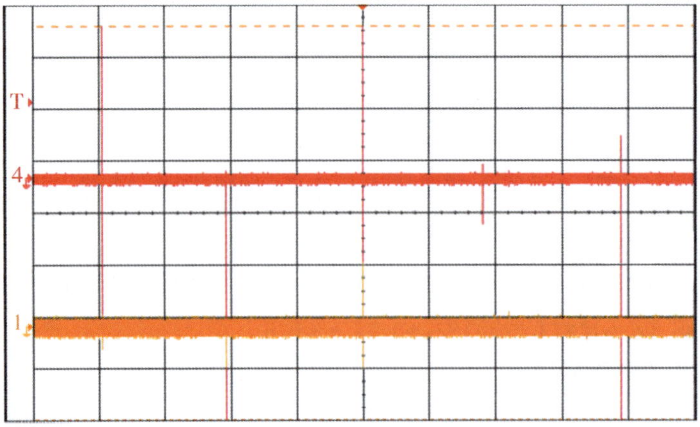

图 7－45 “9201 母联”开关柜 UHF 放电信号

如图 7－46（a）所示，将蓝色传感器放置在“9201 母联”下方，红色传感器放置在右侧的“龙城 I 线”开关柜下方，检测得到的放电信号波形图见图 7－46（b），蓝色传感器检测的信号明显超前红色传感器，表明放电源在“9201 母联”开关柜附近。下面将放电信号源初步锁定在“9201 母联”开关柜，进行精确定位分析。

（a）传感器布置

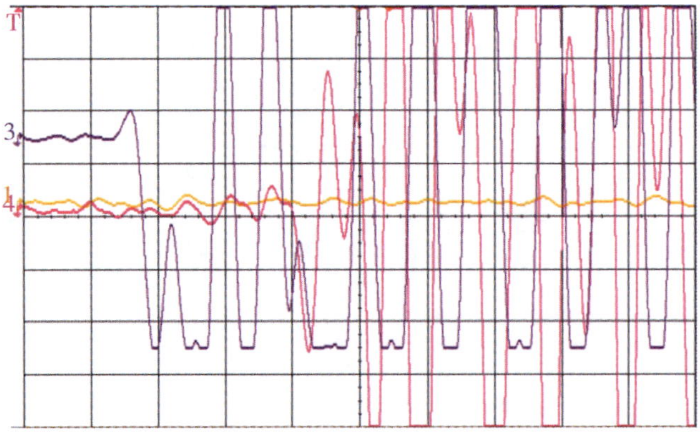

（b）UHF 信号波形

图 7－46 UHF 定位时延信号波形

将蓝色特高频传感器放置在“9201 母联”开关柜左侧中部，红色传感器放置在右侧中部，检测信号到达两个传感器时延相同，如图 7－47 所示，表明信号来源于两个传感器的中垂面附近。

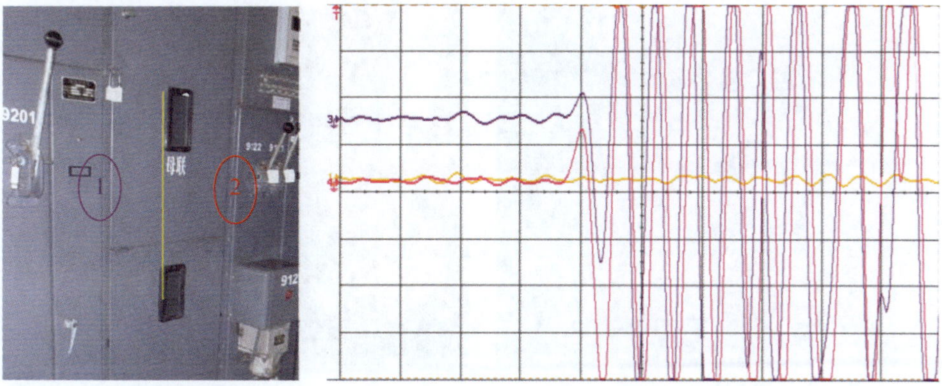

（a）传感器布置　　（b）UHF 信号波形

图 7－47　“9201 母联”开关柜左右定位传感器布置及信号

将蓝色特高频传感器放置在“9201 母联”开关柜前面板上部观察窗，红色传感器放置在前面板下部观察窗，通过特高频放电信号到达两个传感器的时延可知，信号源位于两个传感器的中垂面附近，略靠近蓝色传感器，如图 7－48 所示。

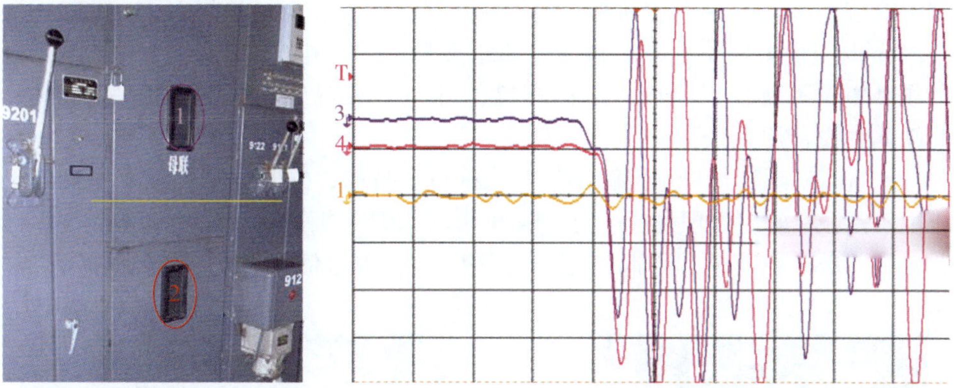

（a）传感器布置　　（b）UHF 信号波形

图 7－48　“9201 母联”开关柜上下定位传感器布置及信号

通过双 UHF 传感器中垂面定位分析可知，图 7－49（a）中红色方框位置的内部为放电源所在位置，通过观察窗和高度定位判断信号源来自 CT 位置附近，如图 7－49（b）所示右图位置，放电类型为金属悬浮电位体型。

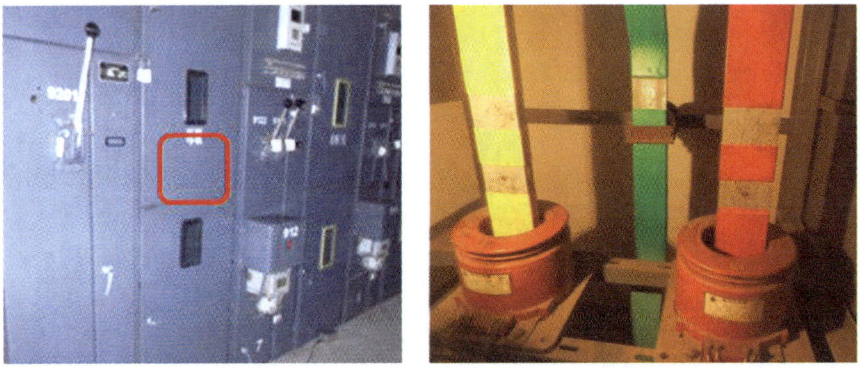

（a）柜体前部　　　　（b）母排

图 7－49　放电位置及类型确定现场照片

3. 停电检查及处理

根据放电源精确定位结果，对“9201 母联”开关柜进行停电检查，主要针对定位分析的放电源位置附近进行详细检查，发现 B 相母排夹紧件螺帽松动，如图 7－50（a）所示，螺帽松动较为严重。

将图 7－50 所示红色圆圈内的夹紧件取下，发现如图 7－50（b）所示的放电痕迹，该放电缺陷为典型的悬浮电位型放电。由于母排表面涂覆有一层绝缘介质，而夹紧件为金属材质，属于典型的悬浮电位体。悬浮电位体在强电场环境中不断积累电荷，从而螺栓的外边沿尖锐处与母排之间发生放电，此缺陷为设计原因产生。

在现场对螺栓与母排接触部位绝缘进行了打磨，并紧固螺栓使夹紧件与母排电气接触良好，处理完成后对“9201 母联”开关柜进行了耐压试验，耐压试验合格。送电后进行了局部放电带电复测，发现放电信号消失，缺陷得以消除。

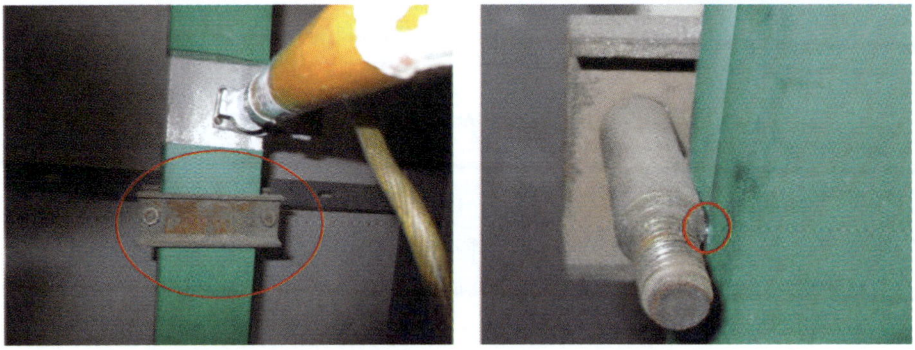

（a）夹紧件　　　　（b）放电点

图 7－50　B 相母排夹紧件螺栓与母排之间悬浮放电痕迹

参考文献

[1] 国家电网公司运维检修部. 电网设备带电检测技术 [M]. 北京：中国电力出版社，2014.

[2] 王昌长，李福祺，高胜友. 电力设备的在线监测与故障诊断 [M]. 北京：清华大学出版社，2006.

[3] 李端姣，唐志国. GIS局部放电特高频检测系统标定研究 [J]. 高电压技术，2015，41（10）：3348-3354.

[4] 陈金祥. 特高频电磁波在变压器放油管道内的传播规律 [J]. 电网技术，2014，38（3）：817-822.

[5] 王有元，刘强，陆国俊，等. 开关柜结构对超高频电磁波传播特性的影响分析 [J]. 电工技术学报，2013，28（11）：293-300.

[6] 李军浩，司文荣，杨景刚，等. 电力变压器局部放电特高频信号外部传播特性研究 [J]. 西安交通大学学报，2008，42（6）：718-722.

[7] 刘明军. 油浸变压器局放UHF电磁波传播特性仿真研究 [J]. 水电能源科学，2011，29（9）：171-175.

[8] 赵煦，孟永鹏，成永红，等. 变压器绕组对局部放电电磁波传播特性的影响 [J]. 西安交通大学学报，2015，49（4）：6-11.

[9] 常文治，唐志国，李成榕，等. 变压器局部放电UHF信号传播特性的仿真分析 [J]. 高电压技术，2009，35（7）：1629-1634.

[10] 高文胜，丁登伟，刘卫东，等. 采用特高频检测技术的局部放电源定位方法 [J]. 高电压技术，2009，35（11）：2680-2684.

第八章 暂态地电压局部放电检测技术

开关柜承担直接向用户供电的任务，但大多数用电线路难以像输电线路按照“N－1”可靠性原则配置，开关柜设备的可靠性直接决定了向用户供电的可靠性。由于高压开关柜数量众多，设备造价低，监测设备成本高，开关柜不可能采用像高压变压器、GIS 设备那样的在线监测装置，实现全面、实时的在线监测。

根据中国电科院对 1989 年至 1997 年间和 2004 年 40.5 kV 以下电压等级开关设备的故障类型调研结果，绝缘与载流性故障（含障碍）占 30%～53%，如图 8－1 所示。而广东电网公司对 1992 年至 2002 年间开关设备故障类型的统计结果显示，绝缘与载流性故障的比例甚至高达 66%。而上述两种故障均与放电现象密切相关。近年来，英国电力企业对其国内使用的中压真空开关所做的故障统计结果如图 8－2 所示。结果表明，高达 44% 的故障都可以通过局部放电检测技术检测出来，而 85% 的破坏性故障都是与局部放电现象相关的。因此，开关设备实施带电检测对降低设备的故障率有着重要积极作用。

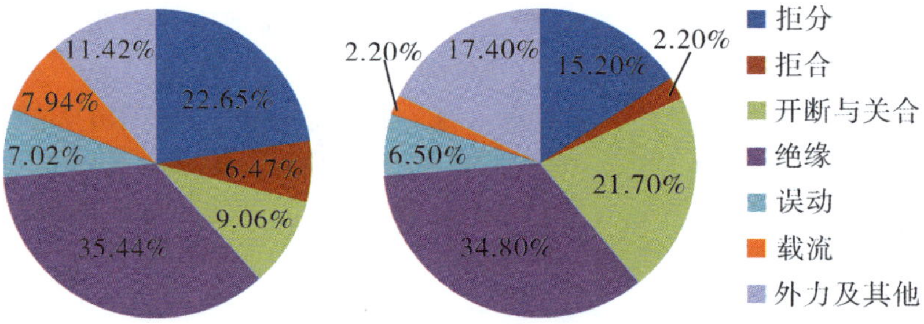

（a）1989—1997 年　　（b）2004 年

图 8－1　高压开关设备事故按类型分布统计结果

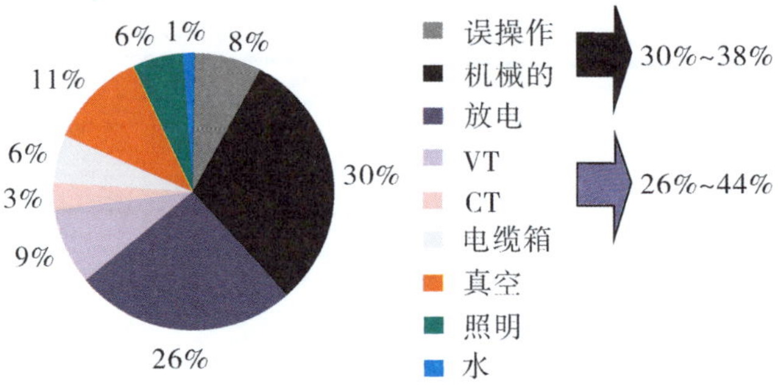

图 8－2　英国中低压真空开关故障统计结果

第一节 高压开关柜基础

一、高压开关柜

高压开关柜是用于电力系统的成套电气设备，其作用是在电力系统进行发电、输电、配电和电能转换的过程中进行开合、控制和保护等。高压开关柜，由高压断路器、负荷开关、接触器、高压熔断器、隔离开关、接地开关、互感器及站用电变压器，以及控制、测量、保护、调节装置，内部连接件、辅件、外壳和支持件等组成的成套配电装置，其柜内的空间主要以空气或复合绝缘材料作为介质，用作接受和分配电网的三相电能。

二、高压开关柜的组成

根据相关的功能和应用要求，高压开关柜主要由柜体和断路器两大部分组成。柜体一般由壳体、电器元件、各种机构、二次端子及连线等组成。所有高压开关柜的生产、制造、试验等均满足 GB 3906—2006《3.6 kV ~ 40.5 kV 交流金属封闭开关设备和控制设备》的要求。其中，柜内的电器元件主要由一次设备和二次元件等组成，一次设备主要有电流互感器、电压互感器、接地开关、避雷器、隔离开关、高压断路器、高压接触器、高压熔断器、变压器、高压带电显示器、穿墙套管、触头盒、绝缘子、绝缘护套、主母线和分支母线等；二次元件主要有继电器、电度表、电流表、电压表、功率表、功率因数表、频率表、熔断器、空气开关、转换开关、信号灯、电阻、按钮、微机综合保护装置等。

高压开关柜按不同的回路方案或不同的功能进行划分，一般分为进线柜、出线柜、PT 柜、计量柜、分段联络柜、所用变柜、电容器柜等，因此，不同回路方案的开关柜内部的一次电器元件也不同，如电缆进线方案一般包括断路器、CT、避雷器、带电指示器、电缆等一次元件。

三、高压开关柜的分类

高压开关柜具体的分类，如表 8－1 所示。

表 8－1 高压开关柜的分类

区分方式	类型	主要特点	示例
断路器安装方式	手车式	主要电器元件安装在可抽出的手车上	KYN28A－12
	固定式	柜内所有的电器元件均为固定式安装	XGN2－10

（续上表）

区分方式	类型	主要特点	示例
安装地点	户内	只能在户内安装使用	KYN28A－12
	户外	可以在户外安装使用	XLW
柜体结构	金属封闭铠装式	主要组成部件分别装在接地的、用金属隔板隔开的隔室中，如断路器等	KYN28A－12
	金属封闭间隔式	主要电器元件分别装于单独的隔室内，但具有一个或多个符合一定防护等级的非金属隔板	JYN2－12
	金属封闭箱式	开关柜外壳为金属封闭式的	XGN2－12
	敞开式	无保护等级要求，外壳有部分是敞开	GG－1A（F）

四、高压开关柜的结构特点

高压开关柜内部结构空间有限，布置比较紧密，具有五防机械联锁功能，同时采用顶部泄压方式，内部空间一般分为断路器手车室、母线室、电缆室、继电器室等，室与室之间用钢板隔开。目前，变电站中应用较为广泛的开关柜为金属封闭铠装的手车式开关柜，俗称中置柜，常用的是 KYN28 系列，如 KYN28A－12、KYN28－12 等，如图 8－3、8－4 所示。

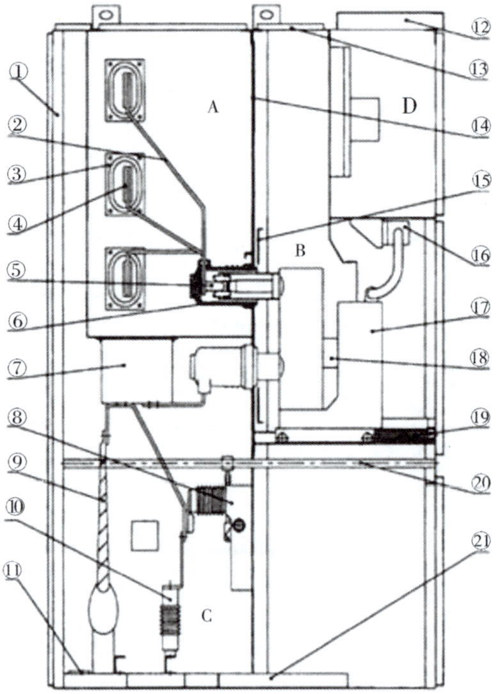

图 8－3　KYN28A－12 开关柜结构

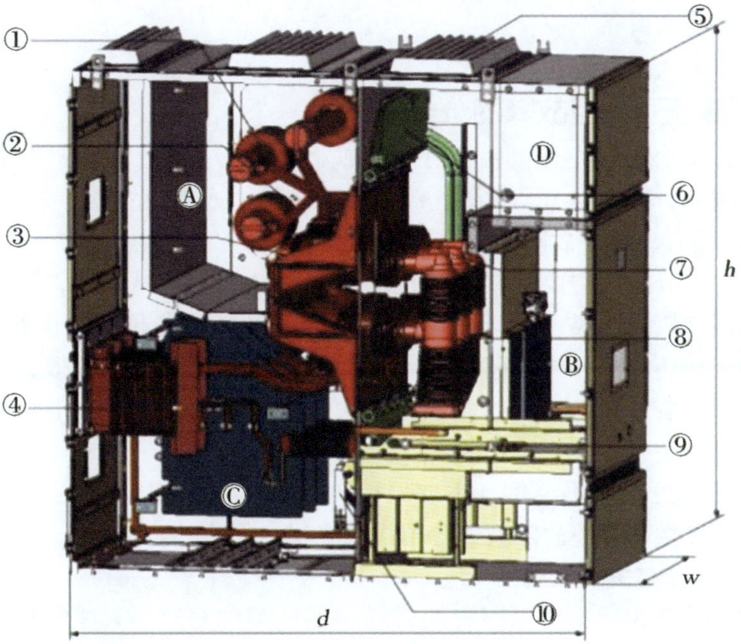

A 母线室　　C 电缆室
B 断路器手车室　　D 仪表室

①半圆型主母线　　⑥旋转折叠式活门
②穿墙套管　　⑦静触头盒
③静触头盒　　⑧VEP真空断路器或FEP SF_6断路器
④电流互感器　　⑨π型导轨
⑤压力释放装置　　⑩ESW型接地开关

图 8－4　KYN28－12 开关柜结构

（一）断路器手车室

断路器手车室装有导轨的断路器，可在运行、试验/隔离两个不同位置之间移动。

（二）母线室

母线从一个开关柜引至另一个开关柜，需通过分支母线和套管固定。矩形的分支母线直接用螺栓连接到主母线上，没有任何连接夹。所有的母线一般用绝缘护套覆盖，套管板和套管将柜与柜之间的母线隔离起来，并起到支撑作用。

（三）电缆室

电缆室内空间大，电缆连接高度高，电缆头安装方便，可连接多根电缆。此外，电缆室内还可能安装 PT、接地开关、避雷器等设备。

（四）仪表室

仪表室一般安装有继电保护元件、计量、显示仪表、带电显示器，以及特殊要求的二次设备。

五、高压开关柜故障的分类

高压开关柜的故障类型一般可分为以下几种：拒合、拒分故障，误动故障，绝缘故障，开断与关合故障，载流故障，外力或其他故障。

（一）拒合、拒分故障

拒合、拒分故障主要包括操动机构和传动系统的机械故障，以及电气控制和辅助回路故障两类。操动机构故障的主要表现形式有机构卡塞、部件变形、位移、损坏、分合闸铁芯松动卡塞、轴销松断、脱扣失灵等，原因在于制造质量及安装、调试、检修问题。二次回路故障的主要表现形式为二次接线接触不良、端子松动、接线错误、分合闸线圈因机械卡塞或转换开关不良烧损、辅助开关切换不灵等，主要原因为二次接线、辅助开关、操作电源、合闸接触器、微动开关故障及分合闸线圈烧损、保险丝熔断等。

（二）开断与关合故障

开断与关合故障主要原因有油式断路器的喷油短路、灭弧室烧损，以及断路器开断能力设计不足、关合时爆炸等。对于真空断路器来说，除上述原因外，灭弧室及波纹管漏气、真空度降低也会导致此类故障。

（三）绝缘故障

绝缘故障主要表现为外绝缘及内绝缘的对地闪络，以及相间绝缘闪络击穿；因雷电、操作过电压等引起的闪络击穿；瓷瓶套管、电容套管的闪络、污闪、击穿、爆炸；提升杆闪络；CT 闪络、击穿、爆炸；绝缘件开裂等。一般来说，高压开关柜内部出现绝缘故障的主要原因包括绝缘部件本身内部存在杂质或气泡、柜内一次电器器件积污、受潮、绝缘尺寸或安装的绝缘间隙不够、导体接触不良、螺丝松动、瓷瓶开裂、电缆接头制作不合格、过电压等。

（四）载流故障

载流故障主要原因在于断路器以及隔离开关的触头接触不良、触头接触电阻偏大、触点烧蚀严重、断路器插接不到位、偏离中心等。开关柜内部发热的突出部位主要为：主变总开关大电流回路内手车的触头部位、开关刀闸引线连接处、电流互感器接线板、闸刀主刀口接触部位等。

（五）外力及其他故障

外力及其他故障主要有驱动机构和断路器本体的漏油、漏气，零部件损坏，驱动电机动作频繁，小动物等异物侵入引起短路等。

第二节 局部放电的基本知识及其检测技术

一、局部放电的定义

局部放电为导体间绝缘仅被部分桥接的电气放电，一般是由于绝缘体内部或绝缘表面局部电场特别集中而引起的。

二、局部放电伴随的现象

局部放电是一种复杂的物理过程，除了伴随着电荷的转移和电能的损耗之外，还会产生电磁辐射、声音、超声波、光、热以及新的气体生成物等。从电性方面分析，放电时，在放电处有电荷交换、有电磁波辐射、有能量损耗。

局部放电对电气设备绝缘会产生严重的危害，主要表现在由于放电产生的局部发热、带电粒子的撞击、化学活性生成物以及射线等因素导致对绝缘材料的损害。这种对绝缘的破坏作用是一个缓慢发展的过程，对运行中的高压电气设备是一种隐患。

三、局部放电产生的原因

局部放电产生的主要原因是介质内部或表面的电场强度过高，具体的表现形式有绝缘部件内部存在气泡或杂质导致击穿场强不同、某一金属部件没有电的连接形成悬浮电位体放电、导体间连接点接触不良形成电位差、绝缘表面脏污引起电场分布不均、高压导体尖端附近的电场强度达到了空气的击穿场强等。

四、局部放电的分类

局部放电一般分为内部放电、表面放电、电晕放电、悬浮电位放电。不同类型局部放电的详细描述，如下所述。

（一）内部放电

在绝缘介质内部或介质与电极之间的气隙放电，属于内部局部放电。内部放电产生的放电脉冲一般发生在电源电压周期的第一和第三象限，且两个相位段的放电特征比较对称。

（二）表面放电

在电场中介质有一平行于表面的场强分量，当其这个分量达到击穿场强时，则可能出现表面放电。这种情况可能出现在套管法兰处、电缆终端部，也可能出现在导体和介质弯角表面处。表面放电产生的放电脉冲一般发生在电源电压周期的第一和第三象限，但两个相位段的放电特征缺乏对称性。

（三）电晕放电

电晕放电是在电气设备电场极不均匀的情况下，导体表面附近的电场强度达到气体的击穿场强时所发生的放电。如果高压导体存在着尖端电晕放电，其放电脉冲一般快速连续地出现在电源的负半周峰值附近。反之，如果放电脉冲发生在电源电压周期的正半周峰值附近，那么可能是由接地端的尖端突起造成的电晕放电。

（四）悬浮电位放电

悬浮电位放电是指高压设备中某个导体部件存在结构设计缺陷，或者其他原因导致接触不良断开，最终造成该部件位于高压电极与低压电极之间根据其位置的阻抗比获得分压发生放电。一般在电气设备内高电位的金属部件或者处于低电位的金属部件上容易发生悬浮电位放电。

五、局部放电的检测技术

按照实现的技术手段或者检测方法的基本原理进行分类，局部放电的检测方法可分为直接法和间接法。直接法的理论基础是经典电路理论，如脉冲电流法，也称传统检测法。间接法主要通过检测局部放电伴生现象而实现放电现象的检测方法，如化学法、光学法、电磁法、声波法、热扫描或测温法等。

（一）局部放电的传统检测方法

传统的局部放电检测法是根据 IEC 60270 来测量高压电气设备的视在电荷，是指在试品两端注入一定电荷量，使试品端电压的变化量和局部放电时端电压变化量相同，此时注入的电荷量称为局部放电的视在放电量，放电的强度以单位 pC 表达，如图 8 –5 所示。

目前人们通常习惯于根据这一参数来判断局部放电的严重程度，这也是标准和规程对局部放电的描述参数。但这一参数指标只有通过停电校准并做一系列的局部放电实验才能获得，所以该方法仅限于应用在电力设备局部放电的离线检测，存在很大的局限性。

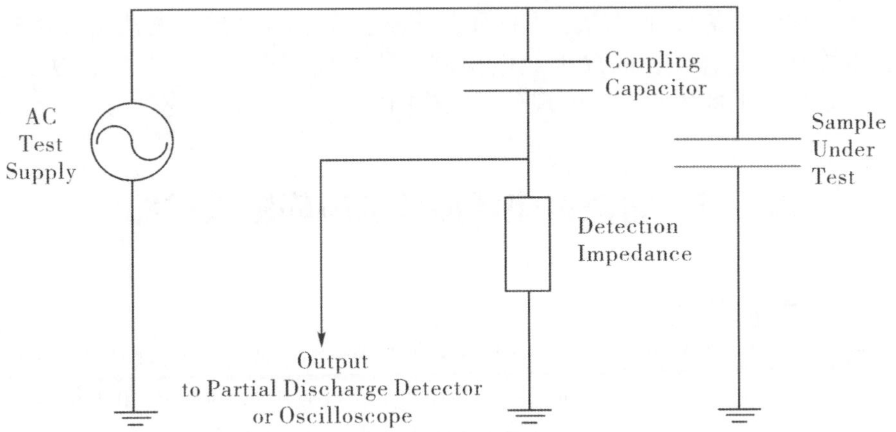

图 8-5　传统的局部放电检测原理

（二）局部放电的间接检测方法

基于对发生局部放电时产生的各种电、光、声、热等现象的研究，局部放电检测技术中也相应出现了无线电干扰测量法（RIV 法）、超高频检测法、介质损耗分析法、暂态地电压 TEV 检测法等电学检测法和光测法、声测法、红外热测法等非电检测方法。

局部放电的伴生现象主要包括：

1. 电磁波发射

局部放电发生时出现的电荷快速迁移会引起周围电磁场的快速变化，从而激发电磁波现象，其频段可能覆盖高频到超高频范围。对配电设备来说，局部放电产生的电磁波信号的频谱范围一般在 100 MHz 以下。

2. 声音信号

局部放电时导致的机械振动会激发声音信号，频谱范围从可闻频段到超声波频段都有，主要与具体的放电类型有关，但以超声波频段为主。为了降低环境噪声的影响，一般选择超声波频段作为局部放电检测的主要频段。

3. 气体生成物

局部放电现象的热效应会引起绝缘介质的分解，从而生成氮化物、碳化物或氟化物。对气体生成物浓度的检测构成了局部放电现象的化学检测技术。

4. 光现象

放电导致的空气电离会激发红外光或紫外光，对红外或紫外光的检测则构成了局部放电现象的光学检测法。

5. 温度异常

局部放电导致的发热现象会导致电气设备的局部温度升高，对设备进行温度扫描，可以发现绝缘劣化的关键部位。由于温度测量的灵敏度较差，因此温度扫描仅用于极度劣化或者接触不良导致的放电现象。

鉴于配电设备敞开式的结构特征，化学、光学及电流行波法难以用于局部放电检测，配电设备的局部放电检测手段主要以电磁法、超声波法为主，对于严重接触不良导致的放电现象可以热扫描法作为有益补充。

第三节　暂态地电压局部放电检测技术原理

一、基础知识

暂态地电压局部放电检测技术也属于间接法局部放电检测技术的范畴，其信号波动范围大，随机性强，而且检测结果与放电源的位置和传播途径存在复杂的关联关系，因此难以按照 IEC60270 标准的要求进行标定。

为了实现对高压开关柜局部放电严重程度的带电检测，并考虑间接法检测的实际特点和检测设备设计的复杂性，其指标体系经常采用无线电电子学的测量单位，最经常使用的单位主要有 dBmV、dBμV 和 dBm。但在实践过程中，dBmV 与 dBμV 有时全部简写为 dB。

（一）dBmV

对于高压开关柜来说，其局部放电所产生的暂态地电压信号的幅值一般在 1mV ~ 1V。暂态地电压测量系统一般以电压为基准，以 dBμV 为单位进行测量。

按照标准定义，dBmV 是以 1mV 为基准，测量电压 V_m（有效值或者峰—峰值）以 mV 为单位进行的测量。即有：

$$\mathrm{dBmV} = 20\log\left(\frac{V_m}{1\mathrm{mV}}\right) \tag{8-1}$$

根据定义，对于 1mV 的暂态地电压信号，其对应的 dBmV 值为 0；而对于 1V 的暂态地电压信号，其对应的 dBmV 值则为 60。显然，幅值变化范围为 1 000 倍的暂态地电压信号被压缩到 100 以内。

（二）dBμV

对于高压开关柜来说，其局部放电所产生的超声波信号幅值变化比暂态地电压还要大，范围在 0.5μV ~ 100mV。超声波测量系统一般以电压为基准，以 dBμV 为单位进行测量。

按照标准定义，dBμV 是以 1μV 为基准，测量电压 V_m（有效值或者峰—峰值）以 μV 为单位进行的测量。即有：

$$\mathrm{dB\mu V} = 20\log\left(\frac{V_m}{1\mu\mathrm{V}}\right) \tag{8-2}$$

根据定义，对于 0.5μV 的超声波信号，其对应的 dBμV 值为 -6；而对于

100mV 的超声波信号，其对应的 dBμV 值则为 100。显然，幅值变化范围为 20 000倍的超声波信号被压缩到 100 以内。

（三） dBm

dBm 是 dBmW 单位的缩写。无论是 dBmV 还是 dBμV，都是一种电压测量体系，与负载阻抗没有关系，而 dBm 则是一种功率测量体系。

根据标准定义，dBm 是以 1mW 为基准，信号功率 P_m 以 mW 为单位进行的测量。即有：

$$\text{dBm} = 10\log\left(\frac{P_m}{1\text{mV}}\right) \tag{8-3}$$

对于大多数射频测量设备，输入阻抗和负载阻抗一般为 50Ω。

根据定义，将（8-1）式代入（8-3）式，则有：

$$\begin{aligned}\text{dBm}_{50} &= 10\log\left(\frac{V_m^2 \times 1\text{ohm}}{1\ 000 \times R \cdot (1\text{mV})^2}\right) \\ &= 20\log\left(\frac{V_m}{1\text{mV}}\right) - 10\log(50 \times 1\ 000) \\ &= \text{dBmV} - 46.99\end{aligned} \tag{8-4}$$

其中，V_m 单位是 mV，P_m 单位是 mW。

对于 75Ω 测量系统，则有：

$$\begin{aligned}\text{dBm}_{75} &= 10\log\left(\frac{V_m^2 \times 1\text{ohm}}{1\ 000 \times R \cdot (1\text{mV})^2}\right) \\ &= 20\log\left(\frac{V_m}{1\text{mV}}\right) - 10\log(75 \times 1\ 000) \\ &= \text{dBmV} - 48.75\end{aligned} \tag{8-5}$$

（四）dBmV、dBμV 和 dBm 之间的相互转换

根据前面的定义，可知：

$$\text{dBmV} = \text{dB}\mu\text{V} - 60 \quad \Leftrightarrow \quad \text{dB}\mu\text{V} = \text{dBmV} + 60 \tag{8-6}$$

$$\text{dBmV} = \text{dBm}_{50} + 46.99 = \text{dBm}_{75} + 48.75 \tag{8-7}$$

二、暂态地电压检测设备的基本组成

目前常见的高压开关柜暂态地电压局部放电检测设备集成了超声波局放检测功能，设备原理如图 8-6 所示。

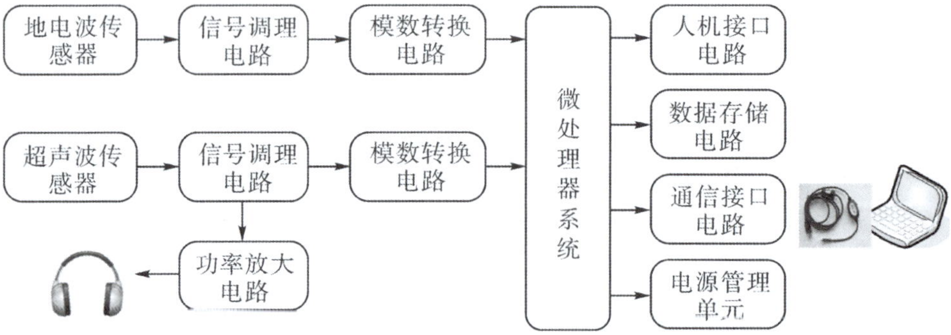

图 8－6　暂态地电压检测设备原理框图

检测设备主要有传感器及其信号调理电路、模数转换电路、微处理器系统、人机接口电路、数据存储电路、通信接口电路和电源管理单元。信号调理电路负责将微弱的暂态地电压和超声波信号转换为合适的信号电平、波形和频率。模数转换电路负责将信号调理电路输出的模拟信号转换为数字信号，并提供给微处理器系统，实现信号的处理、分析和存储。人机接口电路实现操作者与检测设备的信息交互。数据存储电路实现检测数据和设备信息的就地存储。通信接口电路用于实现检测设备终端与数据管理系统的信息交换。电源管理单元负责电源的电压变换和储能部件的充电管理及监测。

三、暂态地电压局部放电带电检测技术

当配电设备发生局部放电现象时，带电粒子会快速地由带电体向接地的非带电体快速迁移，如配电设备的柜体，并在非带电体上产生高频电流行波，且以光速向各个方向快速传播。受集肤效应的影响，电流行波往往仅集中在金属柜体的内表面，而不会直接穿透金属柜体。但是，当电流行波遇到不连续的金属断开或绝缘连接处时，电流行波会由金属柜体的内表面转移到外表面，并以电磁波形式向自由空间传播，且在金属柜体外表面产生暂态地电压（Transient Earth Voltage），而该电压可用专门设计的暂态地电压传感器进行检测，具体如图 8－7 所示。

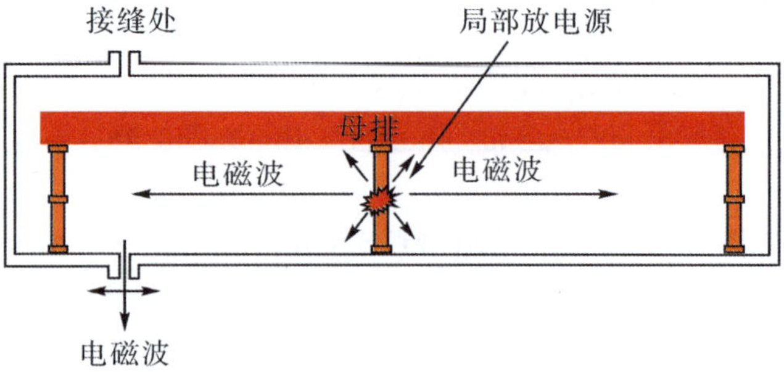

图 8－7　暂态地电压信号的产生机理示意图

由于配电设备柜体存在电阻，局部放电产生的电流行波在传播过程中必然存在功率损耗，金属柜体表面产生的暂态地电压也就不仅与局部放电量有关，还会受到放电位置、传播途径以及箱体内部结构和金属断口大小的影响。因此，暂态地电压信号的强弱虽与局部放电量呈正比，但比例关系复杂、多变且难以预见，也就无法根据暂态地电压信号的测量结果定量推算出局部放电量。

暂态地电压传感器类似于传统的 RF 耦合电容器，其壳体兼绝缘和保护双重功能。当金属柜体外表面出现快速变化的暂态地电压信号时，传感器内置的金属极板上就会感应出高频脉冲电流信号，此电流信号经电子电路处理后即可得到局部放电量的多少。由于脉冲电流信号的大小不仅取决于暂态地电压信号的强度，还与其前沿陡峭程度有关，因此基于暂态地电压检测技术的局部放电检测结果不仅取决于局部放电量多少，还取决于具体的放电类型和频谱分布，甚至与传感器的设计参数也有关系。

四、暂态地电压传感器的基本原理

暂态地电压法本质上属于外部电容法局部放电检测技术的范畴。

暂态地电压传感器的原理电路如图 8 - 8 所示。

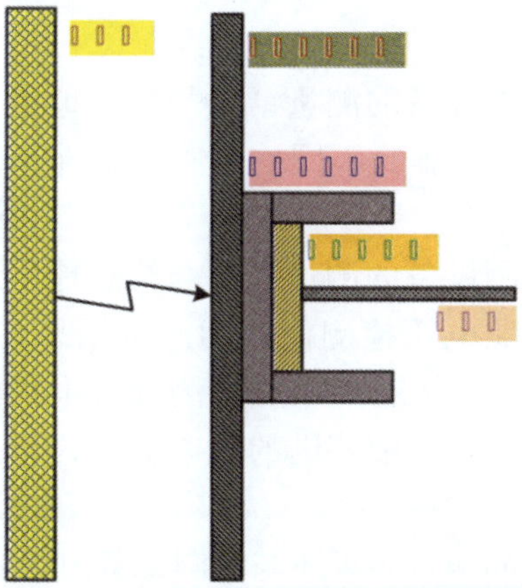

图 8 - 8　暂态地电压传感器原理示意图

暂态地电压传感器本质上是一个金属盘，前面覆盖有 PVC 材料，并用同轴屏蔽电缆引出。PVC 材料的作用一是充当绝缘材料，二是对传感器起到保护和支撑作用。测量时，暂态地电压传感器抵触在开关柜金属柜体上面，裸露的金属柜体可看作平板电容器的一个极板，而暂态地电压传感器则可看作平板电容器的另一个极板，中间的填充物则为 PVC 材料。

对于由金属柜体、PVC 材料和暂态地电压传感器构成的平板电容器来说，金属柜体表面出现的任何电荷变化均会在暂态地电压传感器的金属盘上感应出同样数量的电荷变化，并形成一定的高频感应电流。该高频电流经引出线输入到检测设备内部并经检测阻抗转换为与放电强度成正比的高频电压信号。经检测设备处理后，则可得到开关柜局部放电的放电强度、重复率等特征参数。

众所周知，耦合电容器的电压—电流关系为：

$$i_{PD} = C\frac{\mathrm{d}u_{tev}}{\mathrm{d}t} \tag{8-8}$$

式中：i_{PD}——为暂态地电压传感器输出的电流信号；

u_{tev}——为测量点处的暂态地电压信号；

C——为用电容量表征的暂态地电压传感器设计参数。

（8－8）式表示的高频电流信号在检测设备内部被检测阻抗变换为电压信号。

$$u_m = RC\frac{\mathrm{d}u_{tev}}{\mathrm{d}t} \tag{8-9}$$

根据（8－9）式，可以得出如下推论：

（1）暂态地电压检测设备的测量结果与暂态地电压传感器的设计参数密切相关。如果不采取补偿措施，不同的传感器设计参数可能会得到不同的检测结果。

（2）暂态地电压检测设备的测量结果与暂态地电压信号的频谱特性密切相关。换句话说，暂态地电压检测设备的测量结果与具体的放电类型有关。即便对于同种强度的放电，暂态地电压检测设备也可能会给出不同的检测结果。严重偏离检测设备设计频带范围的放电类型，暂态地电压法存在失效的可能性。

（3）暂态地电压法的测量结果还与检测设备内部的检测阻抗参数有关。

注意：暂态地电压传感器严格意义上不属于耦合电容器，其暂态特性更接近近场天线，会不可避免地受到边沿效应、涡流效应和邻近效应的影响。因此，按照稳态特性得出的理论计算结果往往与检测设备的实际输出存在一定的误差。

五、暂态地电压信号调理技术

暂态地电压信号调理电路的原理示意图如图 8－9 所示。其中，模拟滤波电路用于对暂态地电压传感器馈入的模拟进行处理，限制其带宽，以最大限度降低外部环境的电磁干扰和提高局部放电检测的灵敏度；对数放大电路用于对暂态地电压信号进行非线性放大；峰值检波电路用于对持续时间短至 ps 级的局部放电信号进行处理，提取对局部放电检测最为重要的幅值信号，而将其持续时间展宽至 μs 级，以降低后续采样与转换电路的设计指标要求。

图 8－9　暂态地电压信号调理电路原理示意图

暂态地电压信号调理电路具有下列基本特征：

（1）信号调理电路的频谱特性需要兼顾灵敏度和抗干扰特性的要求。对于主导频率处于所设计频带范围之外的局部放电现象，检测设备存在失效的可能。对于高压开关柜来说，局部放电所产生电磁波信号的最高频率一般不超过 100MHz。

（2）对数放大器对于弱信号具有很高的放大增益，因此对于轻微的局部放电现象具有较高的灵敏度。同时对数放大器对于大信号又具有很小的增益，因此对于剧烈的放电现象能够自动限制信号幅值，保证检测设备的电气安全。

（3）峰值检波电路能够保留对局部放电检测最为重要的峰值信息，而忽略了局部放电原始信号的频率信息。一般来说，检波时间常数可达到 100μs，因此即便采用 1MHz 的采样率也能够正确测量局部放电。对便携式检测设备的采样率提出过高的技术要求毫无必要。

（4）重复率过高的局部放电信号将会导致峰值检波电路的输出存在很大的直流分量，不同的信号提取算法可能会导致不同的测量结果。

六、暂态地电压检测设备的指标体系

暂态地电压检测设备的主要技术指标包括：

（一）频带范围

频带范围是指设备能够正确检测的射频信号频带范围，一般为 3～100MHz。注意：由于局部放电信号属于非稳态高频信号，频带范围的标定标准与常见标准存在差异，一般很难沿用 －3dB 标准。同时，对于高压开关柜的局部放电现象，射频信号主导频率低于 3MHz 的概率很高。因此，对于特定类型的局部放电，不同的暂态地电压法检测设备给出的检测结果可能存在较大的差异。但是，大幅度降低下限频率，也会导致检测设备抗干扰能力的降低，或导致电子设备损坏。

（二）标称电容

标称电容是指暂态地电压传感器电容参数的计算值或稳态测量值，单位为 pF。不同的检测设备生产厂商根据设计要求，可能选择不同标称值的传感器，但一般不会超过 100pF。根据前面的介绍，传感器参数会影响设备的检测结果，这需要设计者和使用者谨慎评估设备的灵敏度需求和抗干扰性能。

（三）测量范围

检测设备能够测量的射频信号的最大值或有效值，单位一般为 dBmV。如果采用 dBm 标定，使用者可根据前面的介绍自行变换。由于对数放大器对大信号的增益非常小，且目前尚无可靠的测量误差标定办法，因此测量范围能够满足要求即可，不必提出苛刻的要求。

（四）重复率

检测设备单位时间内或每工频周期能够正确分辨的放电活动次数。一般情况下，检测设备采用 2s 作为基准计数单位。考虑工频周期为 50Hz，则前述指标除以 100 即可得到每周期的放电次数。注意：重复率仅统计放电强度超过设定水平的放电脉冲。由于每个设备厂商设定的判定标准存在差异，因此重复率的测量结果可能会存在差异。

局部放电活动的根本特征是放电强度和重复性。实践过程中，对于放电强度过大而重复率过小，或者放电强度过小而重复率很大的局部放电现象，可能都属于干扰的范畴。

七、声电联合检测的有效性验证

自 2008 年起，国家电网公司系统内的北京电科院、福建电科院和上海电力公司就开始在高压试验室物理模拟开关柜的局部放电现象，先后制作完成了沿面放电模型、尖端放电模型、绝缘子表面放电模型、电晕放电模型和绝缘子内部缺陷模型，并利用高压开关柜和工频试验变压器开展了局部放电检测技术的物理模拟试验，具体如图 8－10 所示。

（a）沿面放电模型　（b）瓷绝缘子表面放电模型　（c）开裂瓷绝缘子内部放电模型

图 8－10　局部放电物理模型

经过长期研究，可以得到如表 8－2 所示的普遍性结论。

表 8－2 各放电模型检测技术区别

放电模型	暂态地电压检测技术	超声波检测技术
沿面放电模型	不敏感	敏感、有效
绝缘子表面放电模型	不敏感	敏感、有效
尖端放电模型	敏感、有效	更敏感、有效
电晕放电模型	敏感、有效	敏感、有效
绝缘子内部缺陷模型	敏感、有效	不敏感

需要强调两点：

就两种检测技术本身来说，上述结论仅为试验室根据特定物理模型得出的一般性结论，而现场局部放电现象的电磁特征和产生机理是复杂多变的，因此难以涵盖所有的局部放电现象。在实践过程中，确实遇到过与上述结论相矛盾的案例。

就配电设备局部放电的频谱特征来说，两种检测技术的频谱覆盖范围存在间断现象，因此依然存在两种检测技术均无效的局部放电现象，实践过程中可根据情况辅以其他有效的检测手段。例如，金属部件接触不良导致的局部放电现象，热扫描可能会比上述两种方法更为直接和有效。

第四节 暂态地电压局部放电检测数据的分析

局部放电数据分析技术的目的在于总结指导状态检修的普遍性规律，并以此在长期、连续积累的数据中发现“异常情况”。但是，“异常情况”并不代表故障必然发生，而仅仅表示设备出现故障的可能性。必须说明的是，这些分析技术都有其应用的前提条件和适用范围，单纯地依靠某一种分析技术而给出具有普遍性的结论，既不现实，也不可能。从实践需要的角度出发，科学的数据分析技术应综合利用各种分析技术和检测手段，才能得出科学、准确的结论。因此，科学的分析技术需要结合阈值比较技术、横向分析技术以及趋势分析技术等多种分析技术，并充分发挥每种分析技术的优势，从不同维度挖掘检测数据中隐藏的设备状态信息。

一、背景噪声的影响及测量

暂态地电压检测之前，必须首先检测现场的背景噪声并做好记录措施。

然后，开始按照正常程序检测开关柜的暂态地电压数据，并按照一定的阈值准则综合背景噪声和实测数据，评估开关柜的实际局部放电数据。注意，阈值准则一般情况下仅能给出开关柜是否存在局部放电的信息，而放电程度的表征是很不严格的，但这种分析方法比较直接和快捷。另外，也应当考虑背景噪声的波动特性，每隔一段时间就应当重测背景噪声，以保证背景噪声的时效性。

在简单阈值分析无法给出正确的放电信息时，特别是放电程度相对偏弱时，还可以利用横向分析技术实现对单台或多台开关柜局部放电活动的判断。

从能量角度来看，开关柜金属柜体的暂态地电压可认为是外部空间电磁干扰与局部放电共同作用的结果。假设：

符号	定义
dB_N	金属门等处测量的噪声分贝值，即背景噪声值
dB_{NS}	开关柜实测的暂态地电压分贝值，包含噪声的影响因素，即实测值
dB_S	开关柜局部放电的暂态地电压理论分贝值，即实际值

按照正常的检测程序，可以分别测量得到 dB_N 和 dB_{NS}，通过公式（8－10）可以计算得到 dB_S。

$$dB_S = f(dB_{NS} - dB_N) + dB_N \tag{8-10}$$

其中，$f(*)$ 为非线性函数。

根据（8－10）式并通过实际计算，可以得到以下基本结论：

（1）实际值与实测值存在误差，不能以实测值代替实际值，也不能简单地以实测值减去背景噪声值代替实际值。

（2）实测值与背景噪声值之间的差值越大，则实测值越接近于实际值。

（3）当背景噪声值很小，如不超过 10dB 时，当实测值与背景噪声值的差值达到 20dB 时，可认为实测值与实际值基本等值。

（4）当背景噪声值很大，如超过 20dB 时，当实测值与背景噪声值的差值超过 15dB，即可认为实测值与实际值基本等值。

二、阈值比较技术

阈值比较技术通过将开关柜的暂态地电压局部放电检测数据与局部放电状态判断阈值进行比较，可以初步判断开关柜目前的运行状况。

具体的阈值（推荐参考值）比较流程如下：

（1）当开关室内背景噪声值在20dB以下时，这里开关柜的检测值指的是实测值。

①如果开关柜的检测值在20dB以下，则表示开关柜正常，按照巡检周期安排再次进行巡检。

②如果开关柜的检测值在20～25dB，应对该开关柜加强关注，缩短巡检周期，观察检测幅值的变化趋势。

③如果开关柜的检测值在25～30dB，则表明该开关柜可能存在局部放电现象，应缩短巡检的时间间隔，必要时应使用定位技术对放电点进行定位。

④如果开关柜的检测值在30dB以上，则表明该开关柜存在明显的局部放电现象，应使用定位技术对放电点进行定位，必要时可使用在线监测装置对放电点进行长期在线监测。

（2）当开关室内背景噪声值在20dB以上时，要求开关柜的检测值（实测值）与背景噪声值之间应有较大的差别，使得开关柜的检测值接近实际值，从而从背景噪声中被区别出来判断局部放电的状态。

①如果开关柜的检测值与背景噪声值之间的差距在15dB以下，则表示开关柜正常，按照巡检周期安排再次进行巡检。

②如果开关柜的检测值与背景噪声值之间的差距在15～20dB，应对该开关柜加强关注，缩短巡检周期，观察检测值的变化趋势。

③如果开关柜的检测值与背景噪声值之间的差距在20～25dB，则表明该开关柜可能存在局部放电现象，应缩短巡检的时间间隔，必要时应使用定位技术对放电点进行定位。

④如果开关柜的检测值与背景噪声值之间的差距在25dB以上，则表明该开关柜存在局部放电现象，应使用定位技术对放电点进行定位，必要时应使用在线监测装置对放电点进行长期在线监测。

所有故障处理过的开关柜，应再次对该开关室进行局部放电检测，检测结果与处理前的进行比较，衡量故障处理的准确性。

阈值比较技术比较简单，易于掌握，非常适合巡检现场使用。阈值比较技术关注于每次巡检时开关室内每个开关柜的局部放电检测状况，但是无法分析开关室内所有开关柜在此次巡检的整体状况。当遇到一个开关室内存在多个异常的开关柜或所有开关柜均异常时，阈值比较技术的作用有限，此时就需要采用横向分析技术来进一步分析。

三、横向分析技术

横向分析技术适用于对开关室内开关柜的同次检测结果进行对比分析，从中发现存在故障缺陷概率较高的开关柜。

开关室内开关柜一般呈“一”字形排列并按顺序依次编号。由于同一个开关室内开关柜多数来自同一厂家，运行年限也相差不大，运行环境和电磁环境也基本相同，因此可认为正常运行的开关设备，其绝缘水平不会存在明显的差异。因此，通过计算同次检测结果的总体平均水平，并衡量每个开关柜偏离总体平均水平的程度，可以判断设备是否存在绝缘缺陷。

由于正常情况下每面开关柜的测量结果差别不大，因此横向分析曲线基本在总体平均水平上下波动，得到的曲线应该非常平缓。但是，当某一开关柜的检测结果明显偏离总体平均水平时，可以认为此开关柜存在缺陷的概率较高。

（1）若曲线平缓，如图 8－11 所示。说明金属封闭开关柜内不存在明显的放电现象。

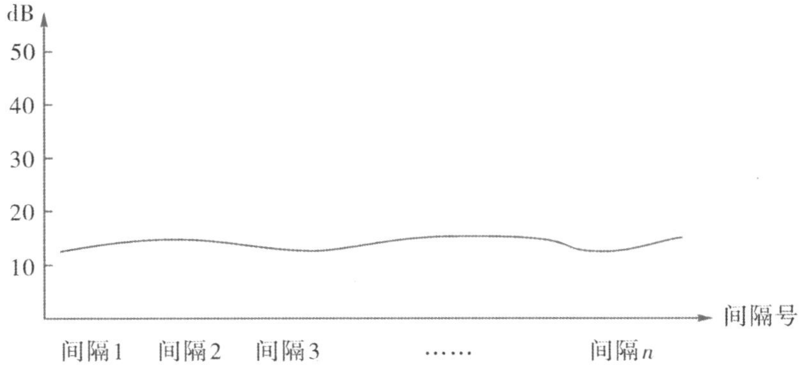

图 8－11　正常状态的横向分析曲线

（2）若在某个开关柜处（如间隔 3）的曲线突出，且其两边开关柜的曲线逐渐下降（如图 8－12 所示），说明此间隔存在故障的概率较高。

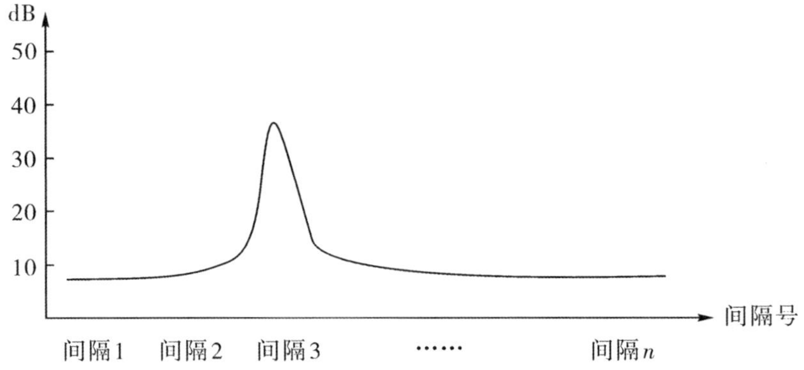

图 8－12　异常状态的横向分析曲线

四、趋势分析技术

趋势分析假定某一开关柜的绝缘水平不会发生突发性恶化，连续性的局部放电检测数据也不会出现大的跃变，即变化量基本保持稳定，且在平均水平上下波动。因此，可以通过分析某次局部放电检测数据偏离平均水平的变化程度来判断该设备是否存在绝缘缺陷及缺陷严重程度。

趋势分析需要基于一定的连续检测数据，数据量越大，时间间隔越短，分析结果越准确。

（一）基本趋势分析

对同一开关柜不同时间的检测数据以曲线或数值形式描述其随时间的趋势变化，可利用预测值或其与实测值的差值是否越限作为控制状态检修的时刻。

（二）累积和分析技术

控制论中常称之为 CUSUM 图。该技术通过不断按照时间顺序对实测值与状态数据序列递推均值之差进行累加求和，当累积和 SH 或 SL 结果超出警戒线 H 时（见图 8－13），说明该设备的状态已经偏离正常水平，从而可以确定合适的检修时刻。

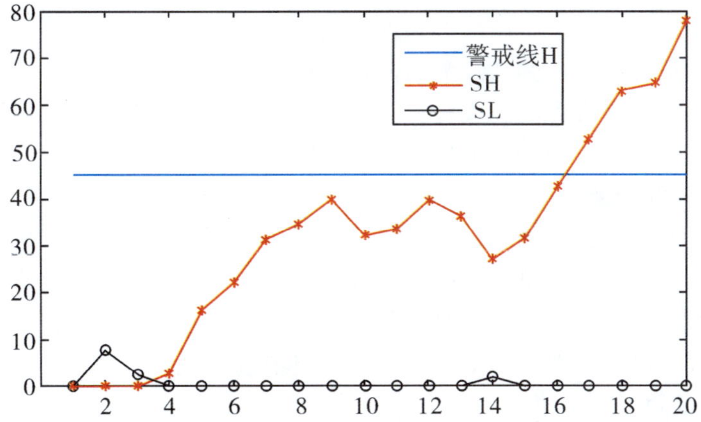

图 8－13 趋势分析之 CUSUM 图

（三）指数加权移动平均技术

控制论中常称为 EWMA 图。该技术为不同时刻的数据赋予不同的权重，近期数据赋予较大的权重，而历史数据的权重较低。通过不断按照时间顺序计算指数加权移动平均值，当该平均值 EWMA 超出警戒线 UCL 或 LCL 时（见图 8－14），说明所检测的设备状态发生异常偏离，从而起到预警的效果。

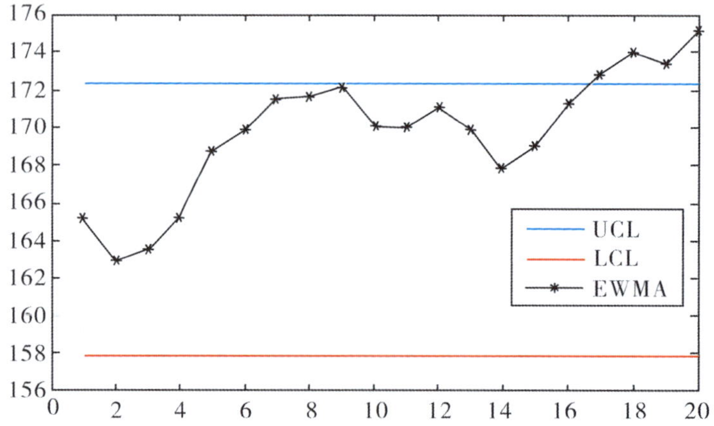

图 8－14　趋势分析之 EWMA 图

第五节　暂态地电压现场测试工作规范

一、检测仪器要求

（一）基本功能

（1）能显示暂态地电压信号强度。

（2）具备单次测试和连续测试两种测试模式。

（3）具备报警设置功能及警告功能。

（4）具备数据管理和数据导入导出功能。

（二）高级功能

（1）具备脉冲计数功能，可以显示 2s 脉冲数。

（2）可通过不同测量模式的综合分析进行局部放电定位和种类识别。

（3）通过数据管理软件，对开关柜进行绝缘状态分析、数据统计分析等。

（4）可通过超声波检测法进行局部放电辅助判断。

（三）使用条件要求

（1）环境温度：－10℃～55℃。

（2）环境相对湿度：0～85%。

（3）大气压力：80～110kPa。

（四）性能指标要求

（1）测量量程：0～60dBmV。

（2）分辨率：1dBmV。

（3）误差：不超过 ±2dBmV。

（4）传感器频率范围：3～100MHz。

二、检测人员要求

检测人员应具备以下条件：

（1）熟悉暂态地电压局部放电检测的基本原理、判断程序和缺陷定性的方法。

（2）了解暂态地电压局部放电检测仪的技术参数和性能；掌握暂态地电压局部放电检测仪的使用方法。

（3）了解开关柜设备的结构特点、运行状况。

（4）熟悉相关导则，接受过暂态地电压局部放电检测技术的培训，具备现场测试能力。

（5）具有一定的现场工作经验，熟悉并严格遵守电力生产和工作现场的相关安全管理规定。

三、工作安全要求

（1）应严格执行国家电网安监〔2009〕664 号中《国家电网公司电力安全工作规程（变电部分）》的相关要求。

（2）应严格执行相关变（配）电站巡视的要求。

（3）检测至少由两人进行，并严格执行保证安全的组织措施和技术措施。

（4）应有专人监护，监护人在检测期间应始终履行监护职责，不得擅离岗位或兼职其他工作。

（5）应确保操作人员及测试仪器与电力设备的高压部分保持足够的安全距离。

（6）不得操作开关柜设备，开关柜金属外壳应接地良好。

（7）设备投入运行 30min 后，方可进行带电测试。

（8）测试现场出现明显异常情况时（如异音、电压波动、系统接地等），应立即停止测试工作并撤离现场。

四、工作条件要求

（1）开关柜设备上无其他作业。

（2）开关柜金属外壳应清洁并接地良好。

（3）应尽量避免干扰源（如气体放电灯、排风系统电机）等带来的影响。

（4）进行室外检测应避免天气条件对检测的影响。

（5）雷电时禁止进行检测。

五、检测周期要求

（1）新投运和解体检修后的设备，应在投运后 1 个月内进行一次运行电压下的检测，记录开关柜每一面的测试数据作为初始数据，以后测试中作为参考。

（2）暂态地电压检测至少每年一次。

（3）对存在异常的开关柜设备，在该异常不能完全判定时，可根据开关柜设备的运行工况缩短检测周期。

六、检测准备

（1）检查仪器完整性，确认仪器能正常工作，保证仪器电量充足或者现场交流电源满足仪器使用要求。

（2）对于高压开关柜设备，在每面开关柜的前面、后面均应设置测试点，具备条件时，在侧面设置测试点，检测位置可参考图 8 – 15。

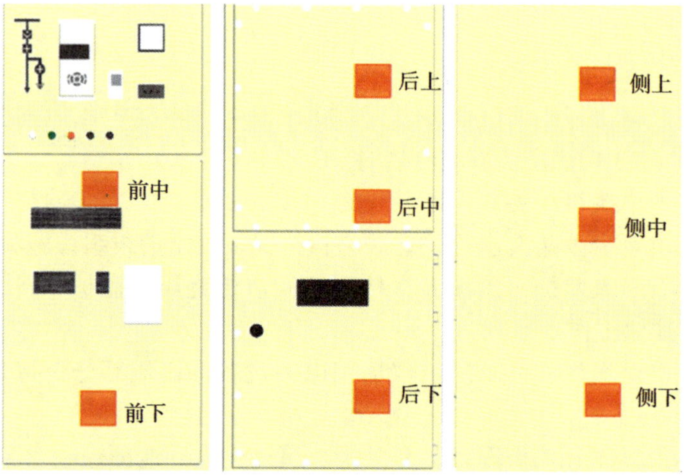

图 8 – 15　暂态地电压参考检测位置示意图

七、检测部位

（1）一般按照前面、后面、侧面进行选择布点，前面选 2 点，后面、侧面选 3 点，后面、侧面的选点应根据设备安装布置的情况确定。如存在异常信号，则应进行多次、多点检测，查找该开关柜信号最大点的位置。

（2）应尽可能保持每次测试点的位置一致，以便进行比较分析。

（3）根据现场需要设置相应的检测位置。

八、检测步骤

（1）检测准备。

（2）测试环境（空气和金属）中的背景值，并在表格中记录。一般情况下，测试金属背景值时可选择开关室内远离开关柜的金属门窗；测试空气背景时，可在开关室内远离开关柜的位置，放置一块 20cm × 20cm 的金属板，将传感器贴紧金属板进行测试。

（3）对开关柜进行检测，检测时传感器应与高压开关柜柜面紧贴并保持相对静止，待读数稳定后记录结果，如有异常再进行多次测量。

（4）一般可先采用常规检测，若常规检测发现异常，再采用定位检测进一步排查。

（5）对于异常数据应及时记录保存，记录故障位置。

（6）填写设备检测数据记录表，进行检测结果分析。

（7）注意测试过程中应避免信号线、电源线缠绕在一起。排除干扰信号，必要时可关闭开关室内照明灯及通风设备。

九、数据分析方法

（1）暂态地电压结果分析方法可采取横向分析法或趋势分析法。判断指导原则如下：

若开关柜检测结果与环境背景值的差值大于 20dBmV，需查明原因。

若开关柜检测结果与历史数据的差值大于 20dBmV，需查明原因。

若本开关柜检测结果与邻近开关柜检测结果的差值大于 20dBmV，需查明原因。

（2）必要时，进行局放定位、超声波检测等诊断性检测。

第六节　典型应用分析

一、检测情况

2013 年 5 月 17 日，某 110kV 变电站开关柜局放带电检测过程中，发现“9201 母联”、10kV 龙城 I 线等地电波（TEV）幅值较大。7 月 16 日，联合厂家对发现异常信号的 10kV 开关柜进行了复测，并采用超高频定位法进行分析，经停电检查发现，放电部位为“9201 母联”开关柜内 B 相母排与其夹紧件间的悬浮电位放电，现场紧固螺栓后异常信号消失。

开关柜型号 GG－1AF，户内固定式，赣州电力设备公司 2002 年 9 月 1 日生产，同年 9 月 30 日投运。

二、暂态地电压检测数据分析

采用暂态地电波巡检仪器进行普测，检测得到的各开关柜前后面板处地电波信号强度见图 8－16，“9201 母联”附近信号最为强烈。

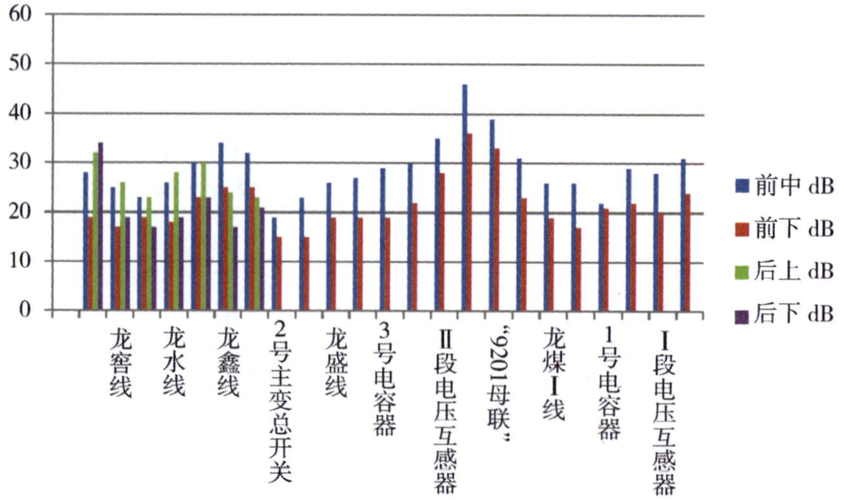

图 8－16　暂态地电压检测数据

三、超高频局部放电检测数据分析

结果见表 8－3，可见"9201 母联"、10kV 龙城Ⅰ线等柜体附近超高频信号幅值最大。重点对表 8－3 中的开关柜进行超声波检测，未检测到具有明显放电声音的超声波信号。

表 8－3　超高频巡检仪普测结果

异常间隔	超高频信号幅值（dB）
1 号主变进线	45
旁母	31
2 号所用变	35
Ⅱ段电压互感器	32
"9202 母联"	43
"9201 母联"	55
龙城Ⅰ线	47
龙煤Ⅰ线	36
2 号电容器	36
1 号电容器	40

通过双超高频传感器中分面定位分析可知，图 8－17（a）中红色方框位置的内部为放电源所在位置，通过观察窗和高度定位判断信号源来自 CT 位置

附近，如图 8 – 17（b）所示，放电类型为悬浮电位。

（a） （b）

图 8 – 17 超高频定位放电源位置

四、停电检查及试验

2013 年 9 月 2 日对“9201 母联”开关柜进行停电解体检查，耐压通过，然后通过对前期带电检测定位分析的放电源位置附近进行详细检查，发现 B 相母排夹紧件螺丝松动，如图 8 – 18 所示，松动较为严重，用手即可轻松将螺帽拧下来。

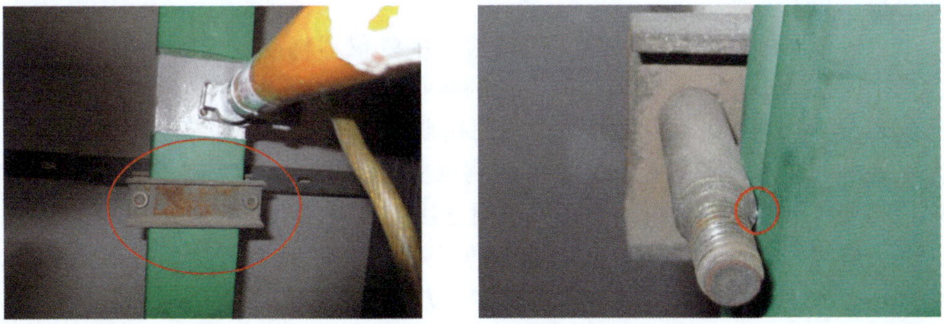

（a） （b）

图 8 – 18 “9201 母联”开关柜 B 相母排夹紧件松动

将图 8 – 18（a）中所示红色圆圈内的夹紧件取下，发现放电痕迹，见图 8 – 18（b），该放电缺陷为典型的悬浮电位型放电，由于母排表面涂覆有一层绝缘介质，而夹紧件为铁材质，未接地，也未与高压电极母排完全电气连接，因此夹紧件属于典型的悬浮电位体，悬浮电位体在强电场环境中不断积累电荷，从而螺栓的外边沿尖锐处与母排之间发生放电。

在现场对夹紧件螺栓进行了紧固，并对“9201 母联”开关柜进行了耐压试验，耐压试验合格。送电后复测，异常信号消失。

试验结果：

（1）暂态地电波局放检测能够有效发现开关柜内部部分局部放电缺陷；地电波检测结合超高频定位技术，能够有效定位开关柜内部局部放电源位置。

（2）本次检测的开关柜内异常信号是由悬浮电位体放电所致，建议母排夹紧件更换为绝缘件，并加强复测。

（3）耐压试验不能有效发现开关柜内部分局部放电缺陷，需按照规程定期开展局部放电带电检测，记录检测数据并存档。

五、小结

状态评价的目的，是在掌握设备状态的基础上对设备的健康状况做出准确评价，以便制订合理的停电及检修计划，因此带电检测作为一种掌握设备状态的手段，在实施过程中应达到对故障点进行定性、定量和定位的目标。所谓定性就是确定局放的类型，定量就是确定放电量的大小，定位就是要确定放电发生的部位，三者缺一不可。

超声局部放电检测技术，不仅能够对设备的放电进行定量测试，而且可对放电源进行初步定位，对于比较陡的脉冲比较敏感，对导体毛刺、悬浮放电和绝缘子的表面脏污、潮湿都比较敏感，但对电场作用下的颗粒运动不敏感。该方法操作简便，已经成为继红外热成像检测技术之后的又一项重要的状态检测技术。

由以上案例分析可以看到，现场检测中受仪器精度及干扰的影响，经常会产生误判和漏判。漏判会增加设备的运行风险，而误判增加了停电检修的时间和经费，尤其是在开展状态监测的初期，甚至会降低对带电检测的信心。但在现有的技术水平下，无论哪一种测试方法都有一定的局限性，无法准确地检测到所有类型的放电，而各种检测方法之间又具有较好的互补性。因此，为提高检测的准确性和可靠性，应根据现场的干扰源类型及开关柜的特点，综合超声、暂态地电压、红外等多种检测方法对开关柜状态进行针对性检测，并根据检测的结果、设备的结构、现场的条件及历史检测结果进行综合分析，才能够较为准确地掌握设备的状态，最终达到制定有针对性的检修策略的目的。

参考文献

［1］国网冀北电力有限公司．电力设备带电检测技术规范：Q/GDW07 002—2012—1050［S］．北京：中国电力出版社，2014.

［2］吴笃贵．配电设备的状态检修技术［J］．高电压技术：增刊.

2012，38.

［3］国家电网公司生产技术部. 国家电网公司电网设备状态检修丛书：电网设备状态检测技术应用典型案例［M］. 北京：中国电力出版社，2012.

［4］中华人民共和国国家质量监督检验检疫总局，中国国家标准化管理委员会. 3.6kV～40.5kV 交流金属封闭开关设备和控制设备：GB 3906—2006［S］. 2007.

［5］中华人民共和国国家质量监督检验检疫总局，中国国家标准化管理委员会. 局部放电测量：GB/T 7354—2003［S］. 2004.

［6］中华人民共和国机械工业部. 高压开关设备型号编制办法：JB/T 8754—1998［S］. 1998.

［7］郭俊，吴广宁，张血琴，等. 局部放电检测技术的现状和发展［J］. 电工技术学报，2005（2）.

［8］国家电网公司. 交流金属封闭开关设备暂态地电压局部放电带电测试技术现场应用导则：Q/GDW 11060—2013［S］. 2014.